Practical Strategy for Using Tourism Data

관광데이터 활용 실전전략

권 장 욱

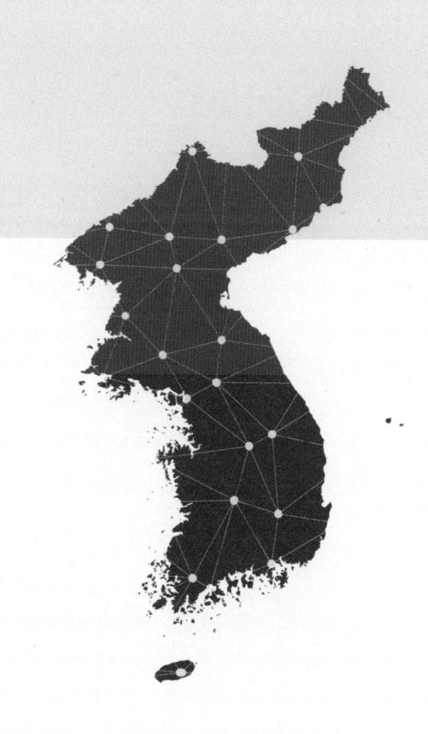

박영사

머리말

관광은 아무런 밑천이 없는 지역의 경제를 활성화하기에 더없이 좋은 대안이며, 수도권 등 대도시의 부(富)를 지방으로 분배하여 지역 간의 격차를 줄이기는 데도 큰 기여를 한다. 그러나, 관광객을 지역으로 유치하는 일이 말처럼 그리 쉬운 일은 아니다. 관광객을 맞이하기에 수용태세는 열악하고 인지도도 낮으며 매력성도 부족하기 때문이다. 매력있는 관광지를 만들기 위해서는 엄청나게 많은 예산을 필요로 하지만, 지역에서 마케팅에 투입할 수 있는 예산은 그리 넉넉하지 않다.

이에 최근 들어 정부는 각종 공모사업을 통해 가능성 있는 지역을 선별하여 중앙정부의 예산을 배분하는 정책으로 전환하고 있다. 공모사업에서 선정되기 위해서는 무엇보다 보고서를 잘 써야 한다. 좋은 보고서를 위해서는 무엇보다 실제 데이터에 근거하여 우리 지역의 상대적인 경쟁력이나 관광객의 수요를 명확히 파악해야 한다. 그러나 다년간 지역에서 공모사업에 도전하는 지자체나 벤처기업을 대상으로 컨설팅 업무를 하는 과정에서 느낀 것은 관광 업계에 있는 분들이 생각보다 관광 분야의 통계 데이터에 대해서 잘 모르고 있다는 점이었다. 인트라바운드, 아웃바운드, 인바운드와 관련된 국가공인 관광객 통계나 실태조사 자료가 있음에도 불구하고, 이 통계가 공모신청서나 사업계획서 작성에 그다지 활용되지 않고 있었다.

이에 15년 이상 한국관광공사에서 관광 마케팅 업무를 하면서 익혔던 지식과 지자체 대상 컨설팅을 하는 과정에서 익힌 스킬을 바탕으로 관광통계에 관한 저서를 발간하게 되었다. 이 책은 관광을 전공으로 공부하는 학생들을 위한 교재이기도 하지만, 지역 관광을 보다 데이터에 기반하여 분석하고자 하는 관광목적지 마케팅 담당자나 관광이라는 콘텐츠를 바탕으로 비즈니스를 기획하고 계신 기업체 분들을 염두에 두고 만들어졌다. 의욕만 가득한 상태에서 만든 책이라서 부족한 점도 많겠지만, 관광에 관심 있는 분들에게 조금이나마 도움이 되기를 희망한다.

끝으로 어려운 출판 환경에도 불구하고 선뜻 출판을 결정해 주시고, 편집을 비롯한 많은 지원을 아끼지 않으신 박영사 가족 여러분들에게 깊은 감사를 드린다.

목차

CHAPTER 01 프롤로그

CHAPTER 02 국민 국내여행

CHAPTER 03 외래관광객 조사

CHAPTER 04 국민 해외여행

CHAPTER 05 빅데이터 분석 사이트

CHAPTER

01

프롤로그

1. 수리통계와 기술통계
2. 관광통계

관광 분야에 관심 있는 입문자용

관광데이터 활용 실전전략

관광객 통계, 실태조사,
빅데이터 실무에 활용하기

01

수리통계와 기술통계

통계란 무엇인가?

통계의 영문 표기인 statistics란 로마 시대의 statista(국가, 정치)에서 유래했다고 하는데, 통치 세력들이 해당 지역의 인구와 경제력을 파악하여 세금을 징수하기 위한 목적으로 시작되었다고 한다. 결국 전수 조사를 통해 실제 현황을 파악하기 위한 것이라고 할 수 있다. 이후 19세기 초반에 들어 통계가 하나의 학문으로 자리잡으면서 무언가를 증명하는 분석 기법이 새롭게 추가되어 발전되기 시작하였다.

앞선 로마의 사례처럼 실제 현황을 있는 그대로 파악하는 통계는 기술통계라고 하고, 무언가를 증명하는 복잡한 분석을 하는 통계는 수리통계라고 한다. 흔히 통계 또는 통계학이라고 하면, 샘플을 추출하여 모집단에 가까운 표본을 추출하여 데이터를 수집하고, 정제하여, 분석하는 기법(교차분석, 요인분석, 상관관계 분석, 회귀분석, 군집분석)인 수리통계의 의미로 더 많이 사용된다. 그래서 어렵게 느껴지고 접근하기가 싫어진다.

그러나 이 책에서 다루는 영역은 기술통계에 국한된다. 따라서 어려울 것이 없다. 기술통계만으로도 관광에 대한 많은 것들을 이해할 수 있고, 전문성을 높일 수 있다. 단지, 기술통계와 수리통계가 각각 무엇이고, 기술통계의 한계는 무엇이며, 수리통계로는 무엇이 가능한 것인지를 이해하는 것은 꼭 필요하다.

기술통계와 수리통계의 차이

기술통계와 수리통계의 가장 큰 차이는 검증 또는 증명 여부라고 하겠다. 기술통계는 현황을 파악하기 위한 것이다. '누가 무엇을 얼마나 선호하는지'와 같은 것으로 일반적으로 우리가 알고 있거나, 뉴스와 기사에서 자주 접하는 통계가 바로 이것이다. 예를 들어, 기술통계는 '우리나라를 찾는 외래 관광객 중 20대 여성이 가장 큰 비중을 차지한다.'라던가, '우리나라를 방문하는 외래 관광객 중 70%는 인천공항으로 입국한다.'와 같이 현황을 파악하기 위한 것들이다. 이런 통계를 많이 알면 알수록 관광에 대한 지식은 축적되고, 각 수치가 의미하는 배경을 알게 되면서 전문성이 생겨난다.

반면 수리통계는 데이터 자체에는 큰 차이가 없는데, 일단 그 목적이 다르다. 현황을 파악하는 것을 넘어서, 근본적으로는 어떤 명제를 증명하기 위한 것이다. 이 증명이라는 것이 가장 중요한 포인트이다. 증명이란 누군가에게 얘기했을 때 상대방이 어떠한 반박도 하지 못하게 만드는 수준이다. '아마도 그럴거야'라던지, 또는 '대부분이 그래'와 같은 애매모호한 개념이 아니라는 것에 주목해야 한다.

관광객을 유치하기 위해 실무에서 마케팅을 하다 보면, 의사결정을 해야하는 수많은 상황에 직면한다. 예를 들어, 지역에 관광객을 유치하기 위해 광고 업무를 수행하는 경우, 어떤 매체에 광고를 하면 가장 효과가 있을지에 대해서 고민을 하게 될 것이다. 이 문제를 해결하기 위해서는 먼저, 특정 지역을 방문지로 선택한 이유를 질문해야 한다. 그리고 광고를 보고 왔다는 사람들이 있다면, 어떤 매체의 광고였고, 어떠한 메시지에 의한 영향을 받았는지를 질문할 수도 있다. 그런데 응답하는 사람의 입장에서 어떤 매체의 광고를 접했는지는 쉽게 묻고 답할 수 있지만, 내가 과연 어떤 광고 메시지에 영향을 받았는지는 답하기가 어렵다. 나도 나를 잘 모르는 경우가 많기 때문이다. 또한 이러한 질문은 뭔가 주최 측의 의도가 느껴지기도 한다. 그래서 '아, 뭔가 광고에 영향을 받아서 왔다는 걸 밝히고 싶은 모양이구나. 에이, 그래 그럼 그렇다고 하지 뭐 …'라고 생각하게 된다. 즉, 의도된 질문에 의도된 답변이 따르는 것이다. 때문에 학자들은 이러한 질문과 답변을 인정하지 않는다.

이처럼 '무엇이 이 관광객을 이곳에 오게 하였는가'와 같이 원인을 규명하는 것을 수리통계라고 한다. 수리통계는 대학원 석사과정에서부터 배운다. 석사과정이라는 것 자체가 수리통계를 통해서 한 가지 명제를 증명하는 방법을 배우러 가는 곳이다. 그 한 가지를 증명하기 위해서는, 문헌을 폭넓게 고찰하고, 연구를 설계하여 데이터를 수집하고, 타당성과 신뢰성 검증을 한 뒤, 회귀분석을 비롯한 각종 분석을 알아야 한다. 사실 이러한 방법을 통해서 나온 결과물을 보면, 해당 경력이 있는 사람들은 '석사 과정에서 공부해서 논문을 썼다더니 고작 이게 전부야? 이거는 증명 안 해도 현장에 있는 실무자들은 다 아는 건데, 석사 과정 같은 거 하지 말고 나한테 물어보는 게 낫겠다.'라고 생각하여 적지 않게 실망하기도 한다.

일리가 있는 말이다. 하지만 실무를 통해서 경험으로 아는 지식은 증명을 하지 않아도 진리일 가능성이 높은 것은 사실이지만, 틀릴 가능성도 있다는 것이 문제이다. 당장 몇 십억 단위의 예산이 투입되는 상황에서 십여 년 실무경력으로 터득된 경험으로는 상사, 기관장, 주무부처, 기재부, 국회의원과 시의원, 언론을 설득하기 어렵다.

이 책에서 다루는 영역은 수리통계까지는 아니고, 기술통계에만 해당된다. 따라서 현황에 대해 이해는 하되, 이해한 내용이 반드시 100% 맞을 것이라고 성급하게 결론지어서는 안 된다.

02

관광통계

관광객 통계와 실태조사

가장 정확한 통계는 전수 조사일 것이다. 그러나 모든 사람에 대한 통계자료를 확보한다는 것은 현실적으로 불가능하고, 천문학적 금액의 예산이 소요된다. 따라서 일부 표본을 추출하여 조사함으로써, 전체적으로 파악하기도 한다.

관광 분야에서는 전수 조사에 해당하는 통계가 있기는 하다. 바로 우리나라에 입국하는 외래객 관련 데이터다. 외국인이 우리나라로 들어오려면 반드시 거쳐야 하는 곳이 바로 공항과 항만이다. 북한과 대치하고 있는 상황에서 서로 왕래가 불가능하니, 우리나라는 국제관광이라는 관점에서 보면 사실상 섬나라다. 따라서 모든 공항과 항만을 잘 관리하면 이곳을 드나드는 외래객에 관한 통계를 모두 파악할 수 있다. 공항과 항만을 통과할 때, 출입국관리소에서 나온 직원들이 여권과 출입국 카드를 대조해 그 내용들을 입력하면 데이터로 축적되며, 15일 이내에 한국관광공사로 전달된다. 따라서 외래객이나 우리나라 국민 중 누가, 언제, 어디로(외래객만 해당) 나가고 들어왔는지 전수 조사에 가깝게 파악할 수 있다. 단, '누가'에 대해서는 개인 신상은 공개가 안 되기 때문에 파악이 어렵지만, 연령이나 성별은 파악이 되기 때문에, 관광 마케팅을 하는 데 매우 소중한 자료로 활용된다.

이러한 출입국 데이터를 관광객 통계 또는 관광통계라고 한다. 학술적으로 정의된 것은 아니지만, 한국문화관광연구원에서 운영하는 관광지식정보시스템에서는 관광객 통계라고 하고, 한국관광공사에서 운영하는 한국관광 데이터랩에서는 관광통계라고 부르고 있는데, 이 책에서는 관광객 통계로 부르기로 한다.

그림 1-1 관광객통계와 실태조사

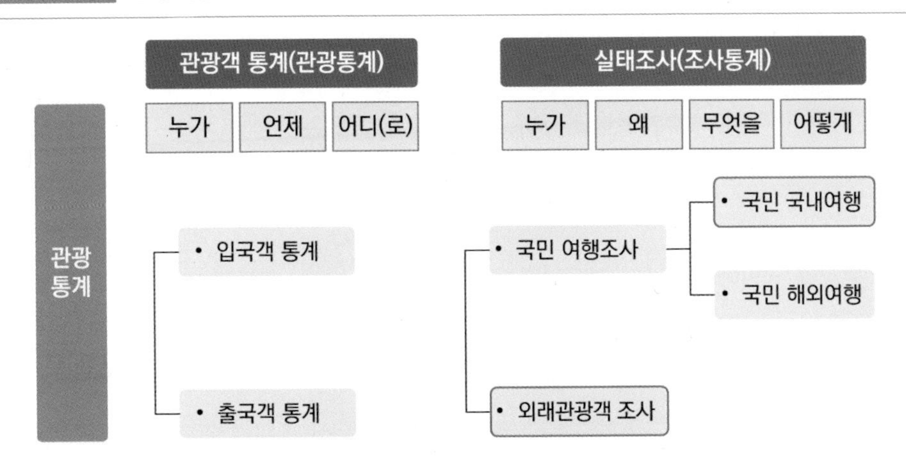

그런데, 이러한 관광객 통계는 출입국하는 모든 사람 수를 카운팅하는 전수조사면서, 누가, 언제, 어디로 입국(출국)했는지를 알 수 있지만, 왜 들어왔고, 무엇을, 어떻게 했는지에 관한 것을 알 수가 없다는 점이 문제다. 다시 말해, 출입국장에서 한 사람 한 사람 세고는 있지만, 출입국하는 사람들의 마음 속을 들여다보지는 못한다는 것이다. 또한 그 사람들의 교육 수준이나 소득 수준, 누구랑 같이 왔는지, 어느 나라와 비교하면서 고민하다가 우리나라를 선택했는지, 왜 우리나라를 선택했는지, 우리나라의 어디를 방문해서, 무엇을 했는지도 알 수 없다.

3대 실태조사

그래서 등장한 것이 바로 실태조사(조사통계)다. 관광객 표본을 추출하여 알고 싶은 질문을 던지고 이에 대한 응답을 통해 마음을 읽는 것이다. 이 역시 학술적으로 정의된 것은 아니지만, 한국문화관광연구원에서 운영하는 관광지식정보시스템에서는 조사통계라고 본다. 그리고 한국관광공사에서 운영하는 한국관광 데이터랩에서는 실태조사라고 정의하고 있는데, 이 책에서는 실태조사로 부르고자 한다.

실태조사에는 크게 3가지가 있다. 먼저 우리나라 국민들이 국내를 여행하는 것으로, 통상 인트라바운드라고 한다. 그 다음으로는 우리나라 국민들이 해외를 여행하는 것으로, 아웃바운드라고 하는 분야다. 마지막으로 해외에 사는 외국인들이 우리나라를 여행하는 것으로, 인바운드에 해당된다.

우리나라 국민이 주체가 되는 인트라바운드와 아웃바운드의 통계를 다룬 보고서가 바로 국민여행조사 보고서다. 그리고 외국인이 주체가 되는 인바운드 통계를 다룬 보고서는 외래관광객조사다. 이 책에서 다루는 실태조사는 기본적으로 이 두 보고서에 나오는 통계를 다룬다.

그림 1-2 국민여행조사와 외래관광객조사

관광지식정보시스템

국민여행조사와 외래관광객조사의 통계를 활용하는 방법에는 보고서를 읽으면서 보고서에 나온 통계 수치를 활용하는 방법도 있지만, 로데이터를 다운로드하여 더 추가적인 분석을 하는 방법도 있다. 보고서를 포함하여 로데이터를 내려 받거나 또는 교차분석을 할 수 있는 기능을 갖추고 있는 사이트가 바로 관광지식정보시스템(https://know.tour.go.kr/main/main.do)이다. 관광지식정보시스템은 한국문

화관광연구원에서 운영하는 사이트로서 실무를 하는데 도움이 될만한 정보들이 풍부하다.

관광통계와 관련된 내용을 확인하기 위해서는, 관광객 통계와 조사통계를 가장 많이 활용한다. 왜냐하면 이 두 카테고리는 관광주체인 관광객을 다루기 때문이다. 관광산업은 크게 관광주체와 관광객체, 관광매체로 분류된다. 관광객체는 관광 목적지나 관광 어트랙션을 말하고, 관광매체는 관광주체와 관광객체를 이어주는 비즈니스를 운영하는 관광 기업을 말한다. 이 중에서 데이터를 가장 많이 필요로 하는 분야는 당연히 관광주체인 관광객에 관한 것이다. 그들은 관광 비즈니스의 고객이며, 소비를 통해 기업에게 매출을 올려줄 대상이기 때문이다. 따라서

관광 기업은 그들이 무엇을 추구하고, 어디를 가며 무엇을 좋아하는지에 관한 데이터를 꾸준히 수집하고 분석해야만 새로운 비즈니스를 모색할 수 있게 된다.

관광주체에 관한 첫 번째 통계 카테고리인 관광객 통계는 통계/관광객통계 카테고리에 있는 출국관광통계, 입국관광통계, 한국관광수지, 주요관광지점입장객통계로 구성되며, 두 번째 통계 카테고리인 조사통계는 통계/조사통계 카테고리에 있는 국민여행조사, 외래관광객조사, 관광사업체조사로 되어 있다.

관광객체에 관한 통계는 관광자원통계 카테고리에 정리되어 있으며, 세부적으로 관광지, 관광단지, 관광특구, 문화관광축제, 안보관광지, 관광통역안내사, 유원시설 등으로 구성되어 있다. 또한 관광매체에 관한 통계는 관광산업통계 카테고리에서 관광숙박업 운영실적이나 관광사업체 현황, 항공통계와 같은 내용으로 정리되어 있다.

관광객통계와 조사통계에 대해서는 본론에서 하나씩 접근해 나갈 것이지만, 이 내용들은 숫자 중심으로 되어 있기 때문에, 평소에 이 통계 수치에 익숙한 사람이 아니라면, 활용법에 익숙해지기까지 꽤 많은 시간이 소요된다. 이러한 문제를 극복하기 위해 관광지식정보시스템에서는 투어고인포라는 카테고리를 만들어 운영하고 있다. 투어고인포에서는 관광객통계나 조사통계에서 만들어진 통계들을 이해하기 쉽게 인포그래픽으로 만들어 제공하는데, 이해하기 쉽고 간결하게 정리

되어 초보자들이 편하게 접근할 수 있는 콘텐츠다. 특히 현업에서 바쁜 업무에 치이는 실무자들은 방대한 통계가 실려 있는 보고서를 꼼꼼히 들여다 볼 시간적 여유가 없기 때문에, 그런 사람들에게는 정보를 조사할 시간을 절약하게 해주는 메리트가 있다.

특히 국민여행조사나 외래관광객조사 보고서에 실리지 않은 내용들도 꽤 있다. 로데이터를 가공하여 교차분석을 통해 새로운 시사점을 뽑아내기도 하고, 여러 조사 보고서에 있는 통계 데이터를 하나의 주제나 관점을 갖고 분석하여 의미를 찾아 내기도 한다. 예를 들면, 새로운 고객 특성(연령, 성별, 동행자 등)과 행동(방문자 수), 태도(만족도)와의 관계를 유추하기도 한다. 따라서 복잡한 통계만 나열되어 있는 국민여행조사나 외래관광객조사 보고서보다 이해하기 쉽고, 실무에 적용하기 좋다.

한국관광 데이터랩

한국관광 데이터랩(https://datalab.visitkorea.or.kr)은 한국관광공사가 2021년에 처음으로 오픈한 사이트로서, 관광정보시스템과 비슷한 관광통계를 제공하고 있다. 관광지식정보시스템이 연구자를 대상으로 한 로데이터나 엑셀 데이터를 제공한다면, 한국관광 데이터랩은 분석 결과를 시각화된 이미지를 통하여 초보자에

게 이해하기 쉽게 제공한다.

한편, 한국관광 데이터랩이 내세우는 가장 강력한 강점은 바로 빅데이터를 활용한 관광객 행태 데이터가 제공된다는 점이다. 각종 통신 데이터, 카드 데이터, 내비게이션 데이터를 바탕으로 다양한 분석이 가능하며, 기초 지자체 단위의 데이터를 볼 수 있기 때문에, 활용 방법만 터득한다면 목적지 마케팅의 수준을 상당히 끌어올릴 수 있다. 관광지식정보시스템은 회원가입 없이도 각종 데이터를 자유롭게 다운로드 받을 수 있지만, 한국관광 데이터랩은 회원 가입이 필요하다.

한국관광 데이터랩에서도 관광 통계 카테고리에서 관광객 통계를 제공하는데, 관광 실태조사 카테고리에서는 국민 국내여행과 국민해외여행, 외래관광객조사의 내용을 직접 확인할 수 있고, 그 이외에도 크루즈 통계, 관광객 불편신고 데이터, MICE 참가자 조사 데이터를 추가로 접할 수가 있다.

CHAPTER

02

국민 국내여행

1. 국민여행조사 개요
2. 국민 국내여행의 관광통계
3. 실무에 활용하기
4. 교차분석
5. 빅데이터 활용
6. 관광주요지점 입장객통계

관광 분야에 관심 있는 입문자용

관광데이터 활용 실전전략

관광객 통계, 실태조사,
빅데이터 실무에 활용하기

01

국민여행조사 개요

조사 방법

앞에서 설명한 국민 국내여행과 국민 해외여행 영역은 국민여행조사 보고서에 담겨 있다. 2018년 이전에는 '국민여행 실태조사'라는 명칭으로 불렸으나, 2018년부터는 '국민여행조사'로 변경되었다. 이렇게 명칭이 바뀌게 된 이유는 2018년부터 조사 주기나 방법에 큰 변화가 있었기 때문이다. 먼저, 매년 반기에 1회씩 조사를 하여 총 2회 조사하던 것을 월별 조사로 총 12회 하는 것으로 변경하였다. 또한 이전에는 여행기록부에 자기기입식으로 작성하던 것을 이제는 조사원이 직접 가구를 방문하여 면접식으로 하나 하나 질문을 설명해 주면서 시행하는 면접조사로 변경되어, 조사의 신뢰성을 대폭 강화할 수 있게 되었다.

표 2-1 국민 국내여행 조사방법의 변화

구분	변경전 (~2017년)	변경후 (2018년~ 현재)
조사명칭	국민여행 실태조사	국민여행조사
조사 주기	반기별 조사	월별 조사
조사 방법	여행기록부 자기기입 방식	조사원 가구방문 면접조사

국민여행조사는 한국문화관광연구원에서 조사하고 있으며, 조사 기간은 매년 1월 1일부터 12월 31일까지다. 조사 대상은 매년 12월을 기준으로 만 15세 이상 인구 수를 기준으로 모수 추정한 결과를 바탕으로 표본을 추출한다. 표본 수는 매월 4,000명씩으로 하며, 연간 48,000명에 이른다. 굉장히 많은 표본이며, 조사 방

법 역시 신뢰도가 높은 방식을 취하기 때문에 믿을만 하다.

국민여행조사에 나오는 통계들을 활용하는 데 있어, 조사주기나 샘플의 수, 조사방법을 사전에 이해하는 것은 매우 중요하다. 각종 관광통계를 활용하여 보고서를 만들어도, 보고를 받는 사람들은 대부분 자신이 지금까지 알고 있던 상식과 다른 정보를 접하게 되면 대부분 이를 부정하려고 하기 때문이다. 따라서 조사방법이 얼마나 신뢰성이 있는지에 대한 확신을 심어주지 않으면 제아무리 객관적인 통계 수치를 활용하더라도 좀처럼 상대방을 납득시키기 어렵다. 많은 경우 제시된 통계를 인정하고 싶지 않을 때 제기하는 공격 포인트는 바로 이 통계 수치가 전수조사가 아니라는 점이다. 여기에 추가로 질문 방식, 자료수집의 시점에 관한 것도 추가된다.

48,000명을 대상으로 한 조사라면 대대적인 규모라고 할 수 있다. 관광 분야의 씽크탱크인 한국문화관광연구원에서 조사하였으며, 통계청으로부터 국가 공인 통계 보고서로 인정받고 있다는 점을 명확히 전달해야 한다. 또한 조사원에 의한 면접조사이고, 월별로 조사된 내용이라는 것에 대해서도 숙지함으로써, 해당 통계를 부정하는 문제를 제기했을 때, 바로 현장에서 그렇지 않다고 바로 대응할 수 있어야 한다. 그렇지 않으면, 그 보고서를 검토하는 상관이나 정책결정자는 보고서 전체를 신뢰하지 못하게 된다. 만일 부정적인 문제를 제기한 시점에서 바로 대응을 하지 못할 경우, 그 부정적인 고정관념을 다시 올바르게 인식시키는 데 상당한 시간이 소요된다. 높은 자리에 있는 정책결정자들은 대부분 매우 바쁘다. 좀처럼 보고할 시간을 부여받기 어려운데다가, 이미 결론이 난 사항에 대해서 다시 검토하여 이전과 다른 결론을 내는 것을 좋아하지 않는다. 설사 재보고를 통해 원래대로 설득을 시킨다고 해도 정책결정자는 뭔가 찜찜한 기분에 사로잡히게 되기 때문에, 통계 관련 보고를 할 때는 사전에 통계가 어떻게 조사되었는지 사전에 충분히 파악할 것을 추천한다.

02

국민 국내여행의 관광통계

국민 국내여행에서 정의하는 여행

국민 국내여행에서 말하는 여행이란, 행정구역상 현 거주 지역을 벗어나 다른 지역으로 다녀오는 것을 말하는데, 현 거주지란 시/군 단위를 기준으로 하고 있다. 서울특별시나 부산광역시와 같이 특/광역시가 거주지인 경우에는 구 단위의 이동은 여행으로 인정하지 않는다. 반면, 경기도의 경우에는 같은 경기도 내의 시/군으로 이동하는 경우(예 안양시에서 남양주시로)는 여행으로 간주하고 있다.

그러나 행정구역을 벗어난 경우라도 단순 식사나 쇼핑, 영화감상만을 목적으로 한 경우나 직장이나 거주지 근처의 산책, 등산, 취미, 교양생활, 스포츠 등의 일상적이며 규칙적인 여가활동을 위해 행정구역을 벗어난 경우는 국내여행의 대상에서 제외한다.

또한 국내 여행은 관광여행과 기타여행으로 분류되는데, 관광여행은 여행의 주된 목적이 관광 또는 휴양인 경우가 해당되는 반면, 기타여행은 여행의 목적이 출장이나 업무, 단순 귀성이나 친구 또는 친지 방문인 경우가 해당된다. 단지, 기타여행을 목적으로 갔다가 그곳에서 관광 또는 휴양 활동을 한 경우는 관광여행으로 분류하고 있다. 국민여행조사 보고서상의 질문들은 기본적으로 관광여행을 할 사람들을 대상으로 행해졌지만, 여행유형과 여행 시기, 여행 방문지에 대한 질문은 기타여행을 한 사람들도 포함하여 조사되었다.

국내여행 총량

국민 국내여행의 첫 파트는 우리나라 국민의 국내여행 총량에 관한 것으로 여행 경험률, 여행 횟수, 여행 일수, 여행 지출액으로 구성된다.

그림 2-1 국민 국내여행 경험 관련 통계

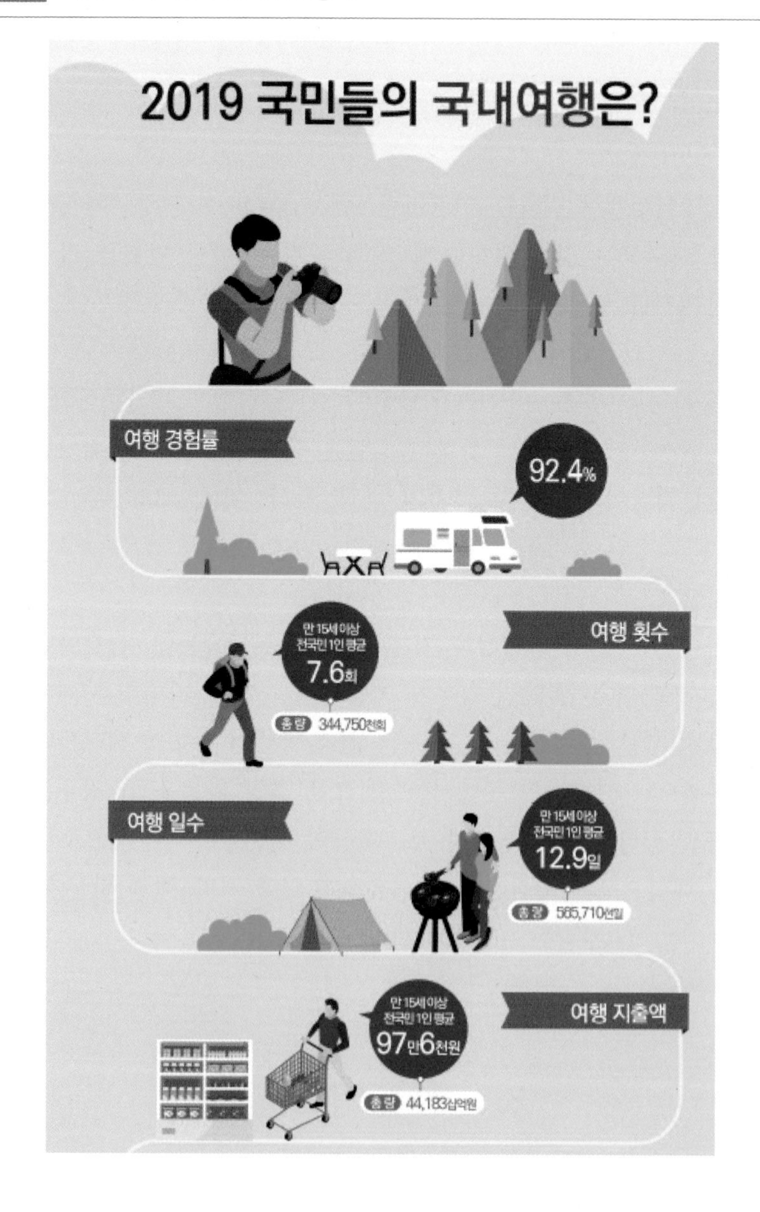

2019년도 기준으로[1] 여행 경험률은 92.4%이며, 국민 총 여행 횟수는 344,750,000회였는데, 92.4%는 관광여행과 기타여행을 모두 합친 수치로서, 관광여행 경험률은 85.0%, 기타여행 경험률은 69.5%로 분석되었다. 또한, 만 15세 이상의 우리나라 국민은 1년 간 1인 평균 7.6회의 여행을 한 것으로 나타났다. 여행일수는 ⑤ 585,710,000일로서, 1년 간 1인 평균 ① 12.9일의 여행을 하였으며, 여행에서 지출한 금액은 총 44조 1,830억 원으로 1년 간 1인 평균 ② 976,000원을 지출한 것으로 나타났다.

이 4가지 국민여행 총량 데이터만으로도 관광 관련 보고서를 작성하는데 큰 도움을 받을 수 있다. 예를 들어, 우리나라 국민 한 사람이 1일 여행하는 동안 지출하는 비용을 구할 수도 있다. 국민 한 사람이 1년 간 ② 976,000원을 지출하는데, 1년 간 총 ① 12.9일을 여행하는 것이니, ② ÷ ①을 하면 976,000(원) ÷ 12.9(일) = ③ 75,659원이 된다. 이 수치는 목적지 관광 마케팅의 성과를 증명하는 데 매우 요긴하게 활용할 수 있다.

예를 들어, 어떤 A 지역에서 트레킹 대회를 개최하여 노력한 결과 ④ 300명을 유치했다고 할 경우, 그냥 '300명 유치'라고 하는 것보다는 그 지역에 뿌려지는 경제적 효과를 금액으로 환산하여 제시한다면 훨씬 잘 와 닿을 것이다. 300명의 관광객이 하루 방문했다고 할 경우, ④ × ③을 하면, 300(명) × 75,659(원) = 22,697,700원이 된다. 만일 3,000명을 유치했다면 2억 2천만 원 이상의 경제적 효과를 낳게 될 것이고, 1박 2일로 하여 이틀을 체류하게 했다면 경제적 효과는 4억 5천만 원을 상회하게 된다.

이렇게 경제적 효과를 예측하게 되면, A 지역의 트레킹 대회에 투입할 예산의 규모 역시 도출할 수 있다. 최소한 1억 원을 집행하더라도 4.5배 이상의 수익이 발생하는 것이기 때문이다.

같은 방식으로 우리나라 국내여행 시장의 전체 시장규모도 계산할 수 있다. 만 15세 이상 우리나라 국민의 국내여행 일수가 ⑤ 585,710,000일이라고 했으니, 이 수치에 1일 여행하는 동안 지출하는 비용인 ③ 75,659원을 곱하면 ⑤ ×③ = 44조 3142억 원이 된다. 우리나라 국민들이 국내여행을 통해 만들어내는 시장규모가 무려 44조 원에 달하는 것이다. 만일 어떤 B라는 지역에 우리나라 국민여행

1) 2020년 이후의 데이터의 경우, COVID-19로 인해 상당 부분 왜곡되어 나타나고 있다고 보아, 2019년 국민여행조사 보고서의 데이터를 예로 들고 있음.

표 2-2 관광의 경제적 효과 도출 사례

항목	계산식 및 정답
1사람이 1일 여행으로 지출하는 비용	976,000원 / 12.9일 = 75,659원
300명 관광객이 하루 방문한 경제적 효과	300명 × 1일 × 75,659 = 22,697,700원
우리나라 1년간 국내여행 시장규모	585,710,000일 × 75,659 = 44조 3142억 원
B 지역의 점유율이 5.3%일 경우, 국내여행 시장규모	44조3142억 원 × 5.3% = 2조 3486억 원

객의 5.3%(방문일수 기준)가 방문한다고 한다면, B 지역의 국내여행 시장규모는 44조 3142억 원 × 5.3% = 2조 3486억 원이 된다. 이미 2조 원이 넘는 규모에 이른다는 경제적 관점에서 어필한다면 지자체장이나 지역주민들로부터 관광 분야에 더 많은 관심을 이끌어낼 수 있게 된다.

결과적으로 ② ÷① 이라는 나누기를 한 번 했을 뿐인데, 관광으로 인한 경제적 효과를 산출해 낸 것이다. 관광통계는 그냥 끄덕이며 지나칠 수 있지만, 전후 맥락을 이해하면 사업계획서를 비롯한 다양한 보고서를 작성하는데 담당자의 논리를 뒷받침하는 데 유용하게 사용할 수 있다.

여행 전 방문지 선택 이유

여행을 하기 전에 방문지를 선택한 이유를 묻는 질문에 대해 가장 많은 답변을 받은 것은 볼거리 제공(19.6%)이었다. 여기서 볼거리라는 표현은 사실 좀 구식이다. 확실히 옛날에는 유명한 관광지나 시설에 가서 둘러보고 사진 찍고 다른 곳으로 서둘러 이동했다. 그러나 요즘은 그런 여행은 잘 하지 않는다. 별로 유명하지 않고 덜 알려진 곳이라도 괜찮다. 오히려 독특해서 남들에게 자랑할 수 있는 곳이면 더 좋다. 또, 단순히 구경하기보다는 체험하고 느끼고 소통하면서 진정성을 느끼는 여행을 선호한다. 아마도 여기서 말하는 볼거리 제공이란 관광 콘텐츠가 충실하고 풍부하다는 의미일 것이다. 그리고 그곳에 가면 무엇을 하고 어디로 이동해서 무엇을 먹을 것인지 명확하게 일정이 제시되고 있다는 애기다.

그림 2-2 국민국내여행 방문지 선택 이유

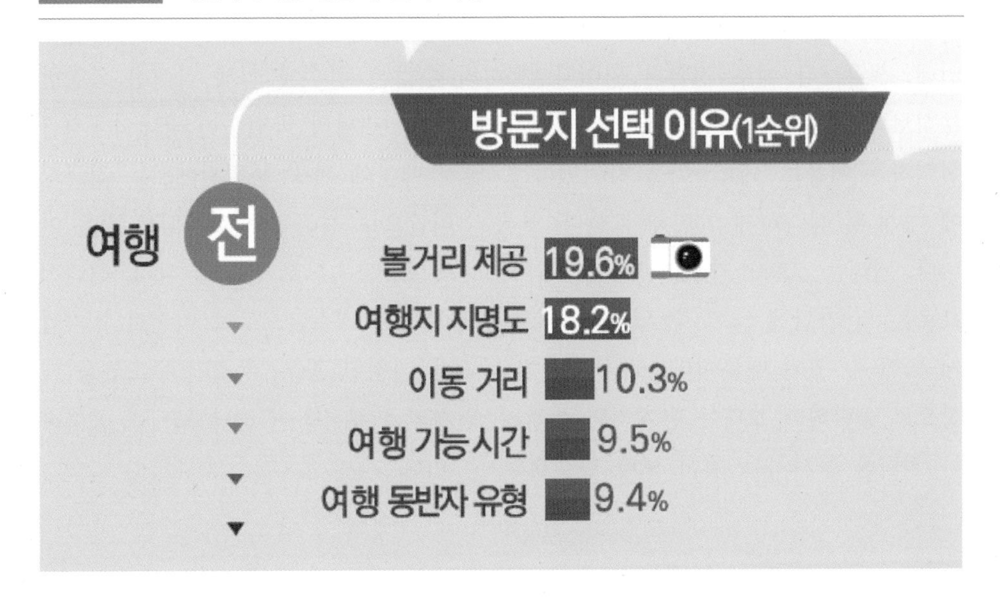

방문지를 선택한 이유에서 두 번째로 많은 답변을 받은 것은 여행지 지명도(18.2%)였다. 주변 사람들에게 여행 다녀왔다는 얘기를 했을 때, 부러워하거나 호기심을 보이는 반응을 받을 수 있을 정도의 지명도를 말한다. 따라서 관광 콘텐츠와 같은 개별 지점을 개발하는 것도 중요하지만, 해당 목적지의 브랜드 이미지를 관리하는 작업도 중요하다는 것을 알 수 있다. 따라서 해당 목적지가 잠재 관광객에게 어떻게 인식되고 있는지를 사전에 파악해야 할 것이다. 그리고 모두가 동경하며 한 번쯤은 가보고 싶은 목적지로 만들기 위해, 브랜드 아이덴티티를 정립하고 다양한 채널을 통해 통합된 커뮤니케이션 전략을 수립해서 일관되게 추진해야 할 것이다.

다음으로 많은 답변은 이동거리(10.3%)와 여행 가능 시간(9.5%)이었다. 아무리 좋은 곳이라도 너무 멀리 떨어져 있어 이동시간이 오래 소요된다면 망설여지기 때문이다. 실제 관광개발계획을 수립할 때, 수요예측에 가장 많이 사용되는 기법 중 중력모형이라는 것이 있다. 이 모형은 수요예측이라는 어려운 계산을 매우 간단한 구조로 단순화시키는데 그 변수는 인구와 거리뿐이다. 질량이 크면 끌어들이는 힘이 커지는 만유인력의 법칙처럼 주변에 위치하는 도시의 인구가 많을수록 해당 목적지를 방문할 가능성이 높다는 것이다. 또한 만유인력이 거리의 제곱에 반비례하는 것과 같이 거리가 멀어질수록 방문객이 줄어든다는 원리를 적용한 것인데, 생각보다 매우 정확한 편이다. 오히려 수많은 변수에 의해 짜여진 복잡한 분석보다 더 나은 경우가 많은데, 아니나 다를까 우리나라 국민들이 국내여행지를 선택하는 이유로 3위, 4위를 차지했다. 그렇기 때문에 관광 목적지에서는 접근성에 대해 더 심각하게 고민해야 한다. 물론 거리만으로 접근성이 결정되는 것은 아니다. 거리는 300km가 넘어도 항공이나 고속철도, 고속도로 유무에 따라, 심리적으로는 더 가깝게 느낄 수 있으며, 때로는 정체구간 해소만으로도 이전보다 가깝게 느낄 수 있기 때문이다. 또한 지역별 타겟을 설정할 경우, 무조건 수도권을 대상으로 공략하기 보다는 근거리와 중거리, 원거리로 분류하여 해당 도시를 공략하는 전략을 구사하는 것이 보다 현실적일 수 있다.

여행 중 동반자 수 및 유형

그림 2-3 국민 국내여행의 동반자 수 및 유형

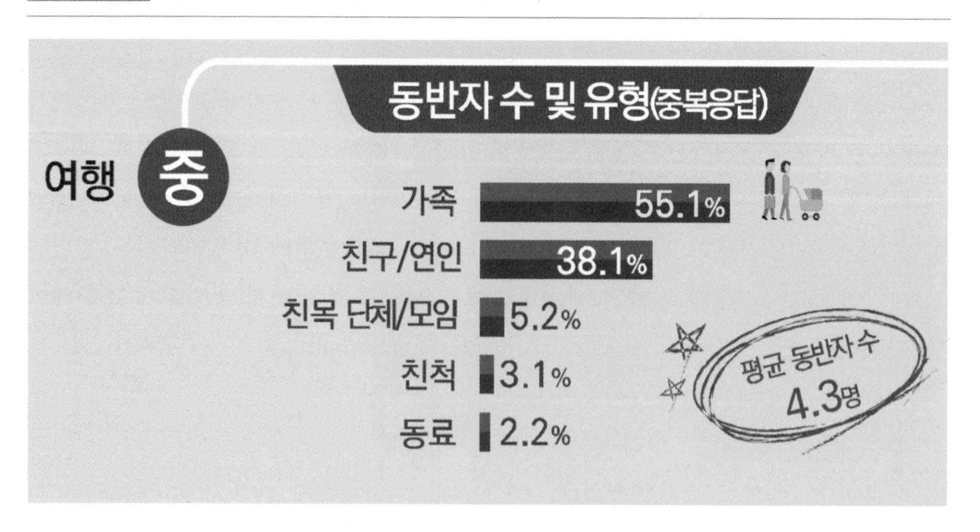

마지막으로 5위는 여행 동반자 유형(9.4%)로 나타났다. 누구와 여행을 가느냐에 따라 목적지가 달라진다는 얘기다. 그렇다면 우리나라 국민들은 누구와 여행을 할까? 여행 중의 동반자 수 및 유형이라는 질문에서 가장 높은 응답은 가족(55.1%)이었다. 전체의 절반 이상이 가족 단위로 국내여행을 한다는 것인데, 시사하는 바가 크다. 대부분의 관광 목적지에서 최근에 타겟으로 삼는 세그멘트는 20~30대 여성이나 MZ 세대이다. 이들은 혼자나 친구/연인과 동반하여 여행을 하는데, 이들보다도 가족이 압도적으로 많은 것이다. 따라서 가족 여행객을 대상으로 한 관광 콘텐츠를 확보하는 것이 순서상 먼저가 되어야 하는데, 의외로 지자체의 전략 보고서를 보면 그런 흔적이 보이지 않는다. 사실 가족 여행객에도 여러 가지 종류로 분류된다. 자녀들의 연령이 0~2세, 3~5세, 6세 이상에 따라 여행지를 선택하는 기준이 달라지기 때문이다. 0~2세의 자녀가 있는 경우에는 수유실 시설과 유모차 대여 등이 중요한 변수가 될 것이고, 3~5세 키즈카페와 같이 아이들이 몸으로 뛰어놀 수 있는 장소가 필요하며, 6세 이상이 되면 규모가 있는 테마파크(워터파크 포함)나 무언가 학습할 수 있는 체험거리가 있는지 고려할 것이다.

두 번째로는 친구/연인(38.1%)였고, 그 다음으로는 친목 단체/모임(5.2%), 친척(3.1%), 동료(2%)의 순서였다. 교차분석을 해 보면 가족은 30~40대가 가장 많고, 친구/연인은 20~30대, 친목 단체/모임은 50~60대가 가장 많아 동반자 유형은 연령대와도 관련성이 높으므로 타겟 선정을 할 때 고려해야 할 것이다.

여행 중 여행지에서의 활동

앞선 여행 전 방문지 선택 이유에서 볼거리 제공, 즉 관광 콘텐츠의 충실이 1위를 차지했다. 그렇다면 대체 어떤 콘텐츠를 준비해야 하는지에 대한 질문이 이어질 수 있다. 이에 대한 힌트를 제공할 수 있는 질문이 바로 여행 중 여행지에서의 활동이다. 대체 우리나라 국민들은 국내여행을 통해서 무엇을 하고 있을까?

가장 많은 응답은 자연 및 풍경감상(74.4%)이었다. 약간은 의외라고 할 수 있다. 많은 시간과 돈을 투자하여 어렵게 떠난 여행에서 고작 하는 게 경치 감상이라는 것이 이상하게 생각될 수도 있겠지만, 여기에도 이유가 있다.

● 도시 사람들에게 필요한 것은 일탈

먼저 여행을 자주하는 사람들은 어디에 살고 있는지 생각해야 한다. 여행을 하려면 기본적으로 소득이 있어야 한다. 이런 사람들은 대부분 도시에 몰려 산다. 높은 연봉을 보장하는 일자리는 도시에 있기 때문이다. 도시에 사는 사람들은 고소득이기는 하지만 매일 매일 반복되는 생활을 반복하면서 실적에 대한 압박을 받으며 스트레스 가득한 인생을 살고 있다. 이것이 돈 있는 도시민들의 일상적인 삶이다. 그런 인생에서 벗어나 아무런 실적에 대한 스트레스가 느껴지지 않은 곳으로 이동하여 쉬고 싶은 것이 그들의 가장 큰 바램이다. 이러한 도시민에게 위안을 주려면, 먼저 여행지는 도시와는 달라야 한다. 적어도 이 곳은 도시가 아니라는 느낌을 시각적으로 전달해야 할 것이다. 도시에 없는 것은 바로 푸른 숲과 호수, 바다와 같은 자연이다. 자연에 둘러싸여 있을 때 비로소 '아, 이곳에는 나에게 스트레스 주는 상사도 없지?'라고 생각하며, 온몸의 긴장을 풀고 마음을 짐을 내려놓고 비로소 편안함을 찾을 수 있게 된다. 이러한 동기를 일탈이라고 한다. 여행지는 멋지고 화려한 요인도 중요하지만 그보다 중요한 것은 일탈할 수 있는 환경을 갖추고 있는지 여부이다.

그림 2-4 국민 국내여행 중 여행지에서의 활동

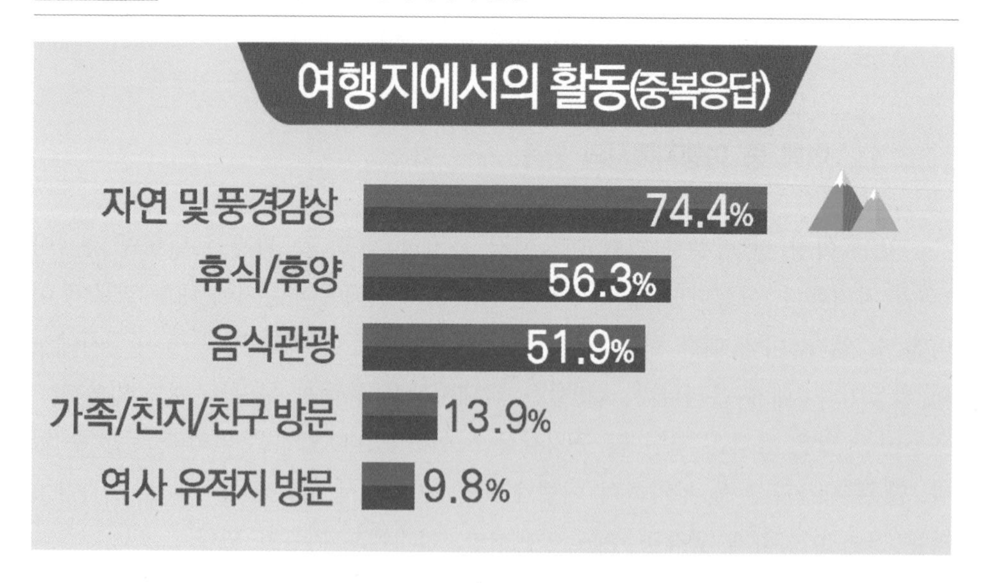

● 자연풍경을 좋아하는 또 다른 이유

환경심리학자들은 인간이 자연을 보면 기분이 좋아지는 이유를 수십만 년 동안의 축적된 경험이 유전자에 반영되어 있기 때문이라고 한다. 선사 인류가 등장한 100만 년 전부터 농경생활을 시작한 1만 년 전까지 인류는 수렵과 채집에 의존하여 영양분을 섭취했다. 그래서 늘 먹을 것이 부족했다. 먹을 것이 떨어지면 굶주리면서 먹이를 찾아 새로운 터전으로 이동했다. 그러다가 발견한 먹을 것이 풍부한 지역에는 항상 풍성한 숲과 호수, 바다가 있었다. 숲에는 열매도 있어 당이나 비타민을 섭취할 수 있고, 야생동물이 서식하기 때문에 단백질도 섭취 가능하다. 호수는 물을 제공하고, 바다는 해산물을 제공한다. 당시에도 숲과 호수, 바다가 펼쳐진 자연을 보면 마음이 편안해지고 희망이 샘솟았을 것이다. 그로부터 몇 십만 년이 지나 그 후손인 우리들 역시 이러한 자연 풍경을 접하면 마음이 편안해지고 에너지가 솟구친다. 그래서 관광 목적지가 갖춰야 할 중요한 요인 중 자연풍경은 항상 중요한 위치를 차지하는 것이다.

● 휴식/휴양 그리고 음식관광

2위와 3위를 차지한 휴식/휴양(56.3%)과 음식관광(51.9%)은 신체적 욕구와 관련이 깊다. 스트레스 가득한 도시민에게 쾌적한 기온과 습도가 보장된 공간에서 몸과 마음을 이완시키고자 한다. 따라서 마사지 서비스나 스파, 숲 체험, 싱잉볼과 같은 힐링 프로그램은 품질만 보장된다면 고가라고 하더라도 시장성이 있는 것이다. 또한 리조트나 호텔, 펜션에서도 최대한 편안한 휴식과 휴양을 취할 수 있는 방향으로 물리적 공간 설계와 시설 설치에 신경을 쓰는 것도 이러한 이유다.

음식관광 역시 여행에서 빠질 수 없는 중요한 재미인데, 인간의 욕구 중 가장 강력한 고통과 쾌감을 유발하는 것이 바로 식욕이기 때문이다. 생명체의 첫 번째 목표는 생존이다. 생존하려면 영양분을 제때 섭취해야 한다. 생존을 지속시키는 음식이 목구멍을 타고 넘어올 때 인간은 말로 형용할 수 없는 행복감을 느낀다. 그런데 그것이 여행지에서만 맛 볼 수 있는 희소성이 있는 것이면서, 현지에서 생산되는 최고의 식재료로 만들어진 것이면 그 쾌감은 더 할 것이다.

● 가족/친지/친구 방문과 역사 유적지 방문

4번째 여행지에서의 활동은 가족/친지/친구 방문(13.9%)이다. 수도권의 인구가 2천만 명을 넘어서지만 결국 그들의 대부분은 지역 출신이기 때문에, 지역에는 가족이나 친지, 친구와의 연고가 있기 마련이다. 가족이나 친지를 보러 내려갔다가 친구를 만나기도 하고, 또 올라오는 길에 다른 관광 목적지를 들러서 관광을 즐기는 경우다. 이 활동이 주목받는 이유는 정기적으로 항상 행해진다는 점이다. 그리고 COVID-19와 같은 천재지변에도 비교적 안정적으로 수요가 유지된다는 특징이 있다. 리스크의 관점에서 관광 기업의 가장 경계해야 할 점은 수요의 부족이 아니라 예측 불가능한 갑작스러운 수요의 감소다. 따라서 꾸준히 수요가 유지되는 고객을 확보하는 것이 중요한데, 그런 측면에서 가족/친지/친구 방문은 국내 관광에서 중요한 의미를 갖는다.

마지막으로 역사 유적지 방문(9.8%)이 있다. 사실 역사 유적지보다 우리가 관심을 갖는 것은 바로 여행지에서 과거부터 살았던 사람들의 삶과 연계된 스토리다. 때때로 사람들은 자신이 아닌 다른 사람의 인생을 살아보고 싶은 마음이 생기는데, 그럴 때마다 영화나 드라마, 연극을 통해 주인공의 삶을 간접 체험하며 카타르시스를 느끼기도 한다. 역사 유적지를 찾는 마음도 비슷한 것이다. 반드시 오랜 옛날일 필요도 없다. 근대라도 좋고, 바로 지금도 좋다.

새로운 장소에서 나와 다른 누군가의 삶의 흔적을 눈으로 확인하고 그 스토리에 빠져 보면 오히려 지금의 나 자신이 더 잘 보이기도 하고, 내 인생에서 더 최선을 다해 살아보겠다는 마음이 생기기도 한다.

여행 중 여행정보 획득 경로

관광객들이 여행정보를 획득하는 경로에 관한 통계 수치는 목적지 프로모션을 하는데 시사점을 제공하는데, 1순위는 주변인(39.0%), 2순위는 과거 방문 경험(28.3%)이었다. 그리고 3순위 이후로는 인터넷 사이트/모바일 앱(11.2%), 기사 및 방송 프로그램(2.6%), 광고(2.6%)의 순이었다. 각 순위에 등장한 답변의 의미를 아래와 같이 분석해 보고자 한다.

그림 2-5 국민 국내여행의 방문지 선택 이유와 여행정보 획득 경로

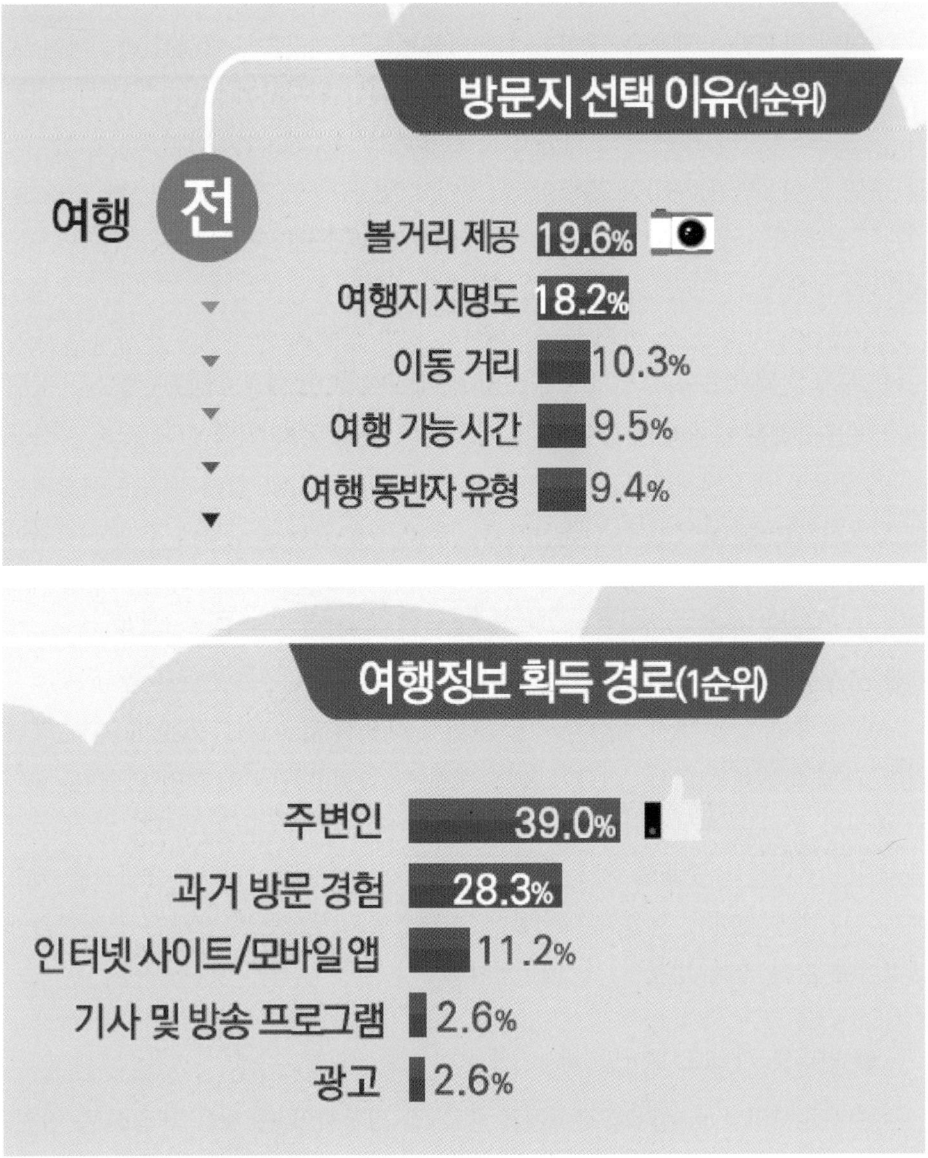

방문지 선택 이유(1순위)

여행 전

볼거리 제공 19.6%
여행지 지명도 18.2%
이동 거리 10.3%
여행 가능시간 9.5%
여행 동반자 유형 9.4%

여행정보 획득 경로(1순위)

주변인 39.0%
과거 방문 경험 28.3%
인터넷 사이트/모바일 앱 11.2%
기사 및 방송 프로그램 2.6%
광고 2.6%

● 주변인과 과거 방문 경험

현대 산업사회는 소비를 기반으로 지탱되는 사회라고 할 수 있다. 가계의 소비 수요가 기업의 공급을 유도하고 가계와 기업을 중심으로 한 경제가 돌아가는

것이다. 그 소비 수요를 극대화하기 위해 도입된 것이 바로 광고다. 광고에서는 특정 제품이나 서비스를 소비할 경우의 편익을 극도로 과장하여 강조하며, 소비자들은 이에 현혹되어 제품을 구입하려는 마음이 싹트게 되며, 미래의 소득까지 앞당겨 소비에 참여하게 된다. 그러나 그러한 광고는 대부분 과장되기 때문에, 이제 사람들은 그러한 광고를 잘 신뢰하지 않는다. 가장 확실한 신뢰성 높은 경로는 바로 주변의 믿을만한 사람들 뿐이다. 가족이나 친구, 또는 친구의 친구가 정말 좋았다고 추천하는 정보는 그대로 받아들여도 되기 때문에 바로 행동으로 이어지는 것이다.

주변인이 가장 높은 비중을 차지했다는 것은 목적지 마케팅에 시사하는 바가 크다. 목적지 마케팅이라는 것이 반드시 잠재 관광객을 대상으로 한 광고나 세일즈 프로모션만은 아니라는 것이다. 오히려 지금 현재 우리 지역에 관광 온 사람들이 더 중요한 광고매체라고 봐야 한다. 차라리 광고 예산을 현재 놀러온 관광객들을 만족시키는 걸 넘어서서, 감동시키고 감격스럽게 만드는 사업에 투자하는 것이 더 나을 수 있다는 얘기다. 감격한 그들은 주변 사람들에게 입소문을 내며 전할 것이며, 이것이 바로 주변인들의 방문을 유도하는 아주 간단한 논리를 바로 이 통계를 통해서 확인할 수 있다.

과거 방문 경험 역시 마찬가지다. 주변인보다 더 믿을만한 것은 바로 나 자신이다. 지난번 방문했을 때, 시간이 없이 미처 다 둘러보지 못한 것이 아쉬워, 당시의 좋았던 추억을 회상하다가 재방문하는 경우다. 따라서 지금 인기가 많은 관광목적지라 하더라도 수요를 지속적으로 유지하기 위해서는 새로운 콘텐츠를 계속해서 양산해야 한다는 것을 알 수 있다. 지난번에도 좋았는데 새로운 즐길거리가 생겼다니 다시 가볼 명분이 생기는 것이다.

● 인터넷 사이트/모바일 앱

얼마 전까지만 하더라도 광고매체 중 가장 영향력이 큰 것은 TV, 신문, 잡지, 옥외광고의 순이었다. 명절 연휴나 휴가철에는 광고를 하고 싶어도 자리가 없어서 못하던 이러한 매체들의 영향력은 급감하면서, 지금은 BTL(Below The Line)이라고 부르고 있다. 과거 TV와 신문의 영향력은 막강하였고, 단기간에 인지도를 높이는데 있어 이 매체들의 도달률은 실로 어마어마한 것이었다. 그러나 지금은 OTT나

유튜브, 포털사이트 뉴스, 모바일을 중심으로 한 SNS 채널과 같은 ATL(Above The Line)에 밀려 영향력이 감소하였다.

사실 BTL 매체의 가장 큰 단점은 광고 효과를 측정할 길이 없다는 점이었다. 분명 인지도는 개선되는데 그것이 구매로 이어지고 있는지는 알 길이 없어 항상 방설임이 있었고, 기업 내에서도 광고 예산 투입에 대해서는 그 내부에서도 반발과 갈등이 있어 왔다. 반면, ATL 매체는 누가 클릭을 했고, 심지로 구매로 이어지는 전환률까지 정확히 측정이 되니 광고 효과에 대한 의심의 여지가 없다.

또 하나의 BTL 매체의 단점은 타겟을 지정하여 노출시킬 수 없다는 점이었다. TV나 신문은 모든 계층이 보는 것이기 때문에, 도달률은 높을지 모르지만 타겟이 아닌 이들을 대상에게 노출시키는 비용까지도 모두 지불해야 하는 불합리한 측면이 있었다. ATL의 세계에서는 원하는 세그멘트에 해당되는 조건들(성별, 연령, 구매패턴, 선호하는 분야 등)을 수시로 체크하면서 광고를 할 수 있으니, 더더욱 효율성을 높일 수 있는 것이다.

또한 시간적인 측면에서도 과거에는 15초, 20초라는 시간적 제약 속에서 감성적인 메시지와 제품 정보, 그리고 구매를 유도하는 멘트까지 넣다보니 아쉬움이 있었다. 지금은 그런 제약이 없으니 충분한 스토리를 만들어 재미를 유도하면서 자연스럽게 제품을 홍보할 수 있게 되었다.

인터넷 사이트/모바일 앱은 소비자 입장에서는 진정성 있는 정보를 얻을 수 있다는 측면에서 매력적이다. 바로 특정 관광 목적지를 방문했던 사람들의 가감없는 댓글을 통해 진실을 접할 수 있다는 점이다. 트립어드바이저는 바로 이 신뢰성 있는 댓글을 가려내는 시스템을 구축함으로써 세계적인 기업이 되었다. 이 사이트의 리뷰는 너무나 자세하고 자신의 경험에 의존하고 있어 아르바이트생에 의한 간접 홍보라는 느낌이 전혀 들지 않는다. 진정성 있는 의견이라는 것이 마음과 마음으로 전달된다. 방문지를 최종적으로 선택하는 시점에서 큰 도움을 받을 수 있다. 그래서 주변인이나 과거 방문 경험보다는 낮지만 당당히 3위의 자리를 차지하게 되었다고 할 수 있다.

● 기사 및 방송 프로그램 그리고 광고

앞선 3위까지의 순위를 보면 사람을 움직이는 정보의 가장 중요한 속성은 진정성이라는 것을 알 수 있다. 제 아무리 멋진 영상과 음악이 난무해도 사람들은 신뢰할 수 있는 무언가를 찾게 된다. 그러다 보니 광고는 의외로 가장 낮은 2% 정도만 의존하는 것으로 나타난 것이다. 이런 광고의 문제를 극복하기 위해 진정성을 높이는 프로모션으로 PR이 함께 병용되는데, 대표적인 것이 바로 잡지나 신문의 특집 기사나 방송 프로그램이다. 과거에는 이 두 가지 방법이 목적지 홍보에 있어 대단히 효과적이었다. 특히 예능 프로그램에 특정 관광 목적지가 한번 나오면 그 효과는 바로 나타났다. 아마도 아직도 지상파 최고 인기 프로그램이라면 그래도 효과는 있을 것이다.

그러나 이전과 비교하면 효과는 상당히 떨어졌다. 이것 역시 진정성 때문이다. 이전에는 방송 프로그램이 자체 예산을 통해 순수한 기획 의도로 만들어진다고 생각했지만, 특정 목적지가 스폰서로 참여해 PPL과 같은 느낌으로 영향력을 행사하면서 인공적으로 만들어진다는 것을 알기 시작했다. 이러한 삐딱한 시각이 생겨나면서 이제는 기사나 방송 프로그램을 있는 그대로 받아들이지 않고, 이런 저런 확인을 하면서 검증하는 단계를 거치는 것이다.

● 커뮤니케이션 정보처리 모형과 여행정보 획득 경로

관광 마케팅이라는 것은 결국 잠재 고객에게 목적지를 알리고 좋아하게 만들어 방문을 유치하는 과정이다. 여행정보 획득 경로 통계를 해석하는 데 있어 함께 고려해야 할 것은 커뮤니케이션 정보처리 모형이다. 이러한 개념은 지금으로부터 무려 1백 년 전인 1898년 세이트엘모 루이스가 제시한 AIDA 모델로부터 시작되었다. 미국인 사업가였던 그는 소비자의 커뮤니케이션 정보처리 과정이 주의(Attention), 관심(Interest), 욕구(Desire), 행동(Action)의 4단계를 거쳐 진행된다고 했다. 다시 말해, 소비자가 제품을 구입할 때는 그냥 갑자기 사는 것이 아니라, 특정 제품에 관한 정보에 주목하고, 관심을 보이다가, 소유하고 싶어지면서, 구매로 연결된다는 것이다. 따라서 광고를 할 때, 광고는 고객의 주의를 끌어 관심을 유발하고, 구매 욕구를 키우며, 궁극적으로 구매를 유도하는 내용을 포함해야 한다는 점을 시사하였다.

이후 AIDA 모델은 AIDMA 모델, DAGMAR 모델을 거치면서 조금씩 변화되었고 켈로그 경영대학원의 데릭 러커는 이것들을 집대성하여 4A를 제시하였다.

먼저 주의가 인지로 정리되고, 관심과 욕구가 태도로 단순화되었으며, 행동 이후에 재구매와 같은 반복 행동이 추가되었다. 이 모델은 그 이후 브랜드를 평가하는 데도 활용되었는데, 브랜드를 알게 된 사람(인지) 중 일부가 브랜드를 선호하게 되며(태도), 그 중 일부가 구매를 하고(행동), 그 중 일부가 재구매를 결정(반복 행동)한다는 것이다. 각 과정이 진행될수록 인원이 줄어드는 것이 마치 깔때기 같다고 하여, funnel 모델이라고 불리면서 광고 목표와 효과를 측정하는 중요한 수단으로 활용되었다.

표 2-3 AIDA 모델의 변화 과정

모델	프로세스
AIDA 모델(세인트엘모 루이스)	① 주의, ② 관심, ③ 욕구, ④ 행동
4A(데릭 러커)	① 인지, ② 태도, ③ 행동, ④ 반복행동
디지털을 통해 커뮤니티 속에서 호감과 질문이 진행	
단순 재구매를 넘어선 옹호 의사로 발전	
마켓 4.0(필립 코틀러)	① 인지, ② 호감, ③ 질문, ④ 행동, ⑤ 옹호

이후, 디지털 기술의 발달로 모바일을 통해 실시간으로 정보 교류가 일어나면서, 필립 코틀러는 그의 저서 「마켓 4.0」에서 태도 단계를 호감과 질문이라는 두 단계로 세분화하였다. 디지털 기술이 특정 제품이나 서비스에 대한 커뮤니티 활동을 하는 공간을 제공했고, 이 속에서 경험후기 공유와 질문, 응답이 실시간으로 일어나면서 호감과 질문이 동시에 일어나기 때문이라고 보았다. 또한 기존의 고객 유지나 재구매와 같은 소극적인 수준으로 정의되었던 반복 행동은 디지털 환경 속에서 보다 적극적으로 구현되어 옹호라는 이름으로 명명함으로써, 현재는 이 모델을 바탕으로 커뮤니케이션 전략을 수립하고 있다.

다시 여행정보 획득 경로 통계로 돌아와서 생각해 보면, 광고나 기사 및 방송 프로그램은 여행정보 획득 매체로서는 적은 비중을 점하고 있지만, 커뮤니케이션 정보처리 과정의 첫 단계인 인지도를 높이는 데 나름대로 기여를 한다. 단지, 선호도를 형성하는 단계에서는 제품과 서비스의 좋은 이미지를 전달하는 광고보다, 커뮤니티 공간에서 고객에 의해 만들어지는 콘텐츠나 리뷰, 질문과 응답이 고객의 태도에 더 큰 영향을 미친다. 이런 측면에서 인터넷사이트/모바일 앱 관리가 더 중요한 역할을 수행할 것이다.

이후 행동으로 이어지는 단계에서는 주변인과 과거 방문 경험이 영향을 미치게 된다 따라서 특정 커뮤니케이션 매체에만 의존하는 것보다는 각 매체가 커뮤니케이션 정보처리 과정에서 달성하고자 하는 목표를 명확히 구분하여 수립하는 것이 필요하다.

여행 중 주요 이동 수단

여행을 하는 동안 이동하는 교통수단으로 가장 많은 응답은 자가용(77.0%)이었다. 그 다음으로 고속/시외/시내버스(5.6%), 철도(4.6%), 전세/관광버스(4.3%), 항공기(3.2%)의 순이었다. 일반적으로 여행하면 떠올리는 것은 항공이나 철도인데, 우리나라 국민들의 국내여행은 77%가 자가용에 의존한다는 것은 매우 중요한 사실이다.

자가용을 이용하는 이유는 국내여행 동반자가 대부분 가족(55.1%)이라는 것과 관련이 있을 것이다. 가족이라고 하면 영유아나 청소년과 같은 자녀를 포함하는데, 영유아를 동반하여 대중교통을 이용하게 되면 본의 아니게 타인에게 방해를 주는 경우도 생긴다. 이동 중에 수유를 하거나 기저귀를 갈 수 있고, 아이들이 지겨워할 때마다 유연하게 쉴 수도 있다. 앞으로 COVID－19로 인해 방역에 대한 중요성이 높아지게 되면서, 관광객들로 혼잡한 지역보다는 덜 알려진 한적한 야외 관광지가 인기를 얻고 있기 때문에, 자가용에 의존하는 비중은 더 높아질 것으로 전망되고 있다.

따라서 지역에서 관광지나 어트랙션을 운영하는 사업자나 지자체의 경우, 무엇보다 주차장의 규모가 경쟁력에 있어 중요한 부분을 차지하게 된다. 주차장이 마련되지 않으면 불법 주차를 하게 되고 그 과정에서 사고나 안전 문제가 발생하여, 방문하는 관광객들의 짜증을 불러일으키게 된다면 지속적인 수요를 확보하기 어렵다. 주차장은 관광시설보다도 먼저 고객과 만나는 접점이다. 따라서 정확한 장소 확보는 물론 안내, 주자비 수납 프로세스의 합리적 설계는 갈수록 중요한 의미를 담보하게 될 것이다.

아울러 이 관광통계는 해당 지역의 교통 인프라를 점검하는 데 활용할 수 있다. 고속버스 터미널이나 기차역, 공항 인프라에는 불편함은 없는지, 자가용을 활용하여 우리 지역에 방문하는 관광객은 어디에서 들어와서 어디로 이동해 나가는지 파악할 필요가 있는데, 이러한 통계가 그 출발점이 될 수 있는 것이다.

그림 2-6 **국민 국내여행 중 주요 이동 수단**

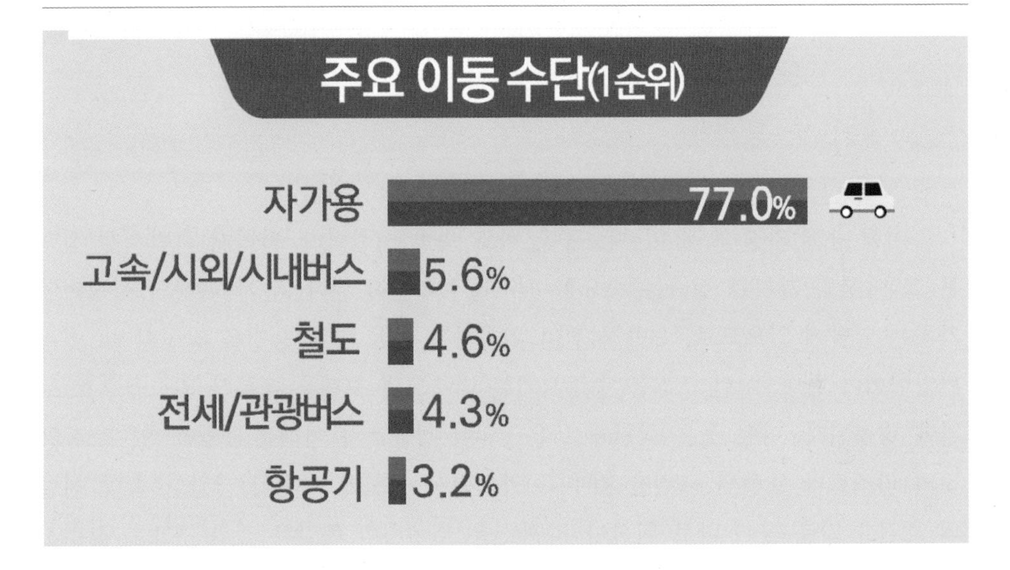

여행 중 주요 숙박 시설

여행 중 주요 숙박 시설에 대한 질문에 대해 가장 높게 나온 숙박 시설은 펜션(31.1%)으로 나타났다. 그 다음으로는 가족/친지집(17.9%), 콘도미니엄/리조트(14.3%), 호텔(10.8%), 모텔/여관(10.0%)의 순이었다. 여행이라면 당연히 호텔이나 리조트를 떠올리게 되지만, 순위는 3~4위에 불과하며 1위와의 격차는 매우 크게 나타나는 것이 특징이다.

그림 2-7 국민 국내여행의 주요 숙박 시설

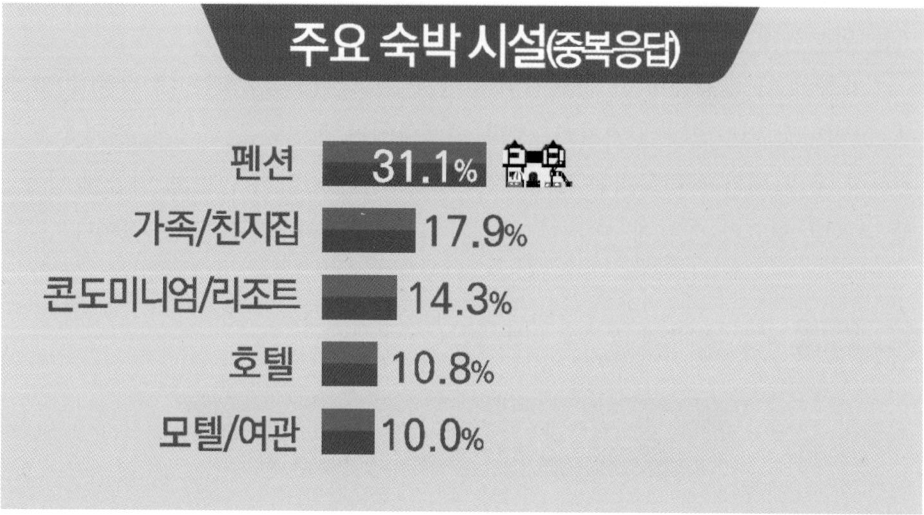

주요 숙박 시설(중복응답)	
펜션	31.1%
가족/친지집	17.9%
콘도미니엄/리조트	14.3%
호텔	10.8%
모텔/여관	10.0%

여행 중에 가장 오래 머무는 곳은 바로 숙박 시설이다. 따라서 숙박시설 선택은 그 여행의 가치를 정하는 중요한 의사결정요인이 된다. 먼저 여행의 핵심적인 가치는 일탈에 있으므로, 숙박 시설이 위치하는 곳은 자연 풍경을 감상할 수 있는 환경이어야 한다. 이런 조건을 충족시키는 리조트나 호텔은 대부분 최고급으로 고가에 형성된다. 어떤 곳은 회원제로 운영되어 접근조차 어려운 곳들도 있다. 휴양지의 리조트나 호텔의 조건을 갖추고 있으면서 동시에 가격이 저렴한 숙박 시설의 조건을 갖춘 곳이 바로 펜션이다. 펜션은 호텔처럼 똑같은 객실 구조를 갖추지 않고 있으며, 대략 3인을 초과하는 인원도 수용할 수 있는 다양한 컨셉과 디자인, 규모를 확보하고 있다는 점이 장점이다.

많은 지자체에서 관광객 유치를 위해 노력하는 것이 4~5성급 호텔 유치인데, 적어도 국내여행객을 유치하기 위해서는 반드시 호텔에만 연연할 필요가 없다. 펜션은 규모가 작기 때문에 개인 사업자들도 얼마든지 대출을 통해 시장에 진입하기 용이하며, 이러한 사업자들을 다수 유치한다면 상당한 숙박 문제를 해결할 수 있다.

또한 목적지 내에 위치한 숙박 시설이 위의 비율대로 균형 있게 존재하고 있는지 파악하고, 매력 있는 숙박 인프라를 어떻게 만들어 나갈 것인지 비전을 갖고 있어야 한다. 또한 아직까지는 통계에 잡히고 있지 않지만, 농어촌민박이나 공유 숙박과 같은 새로운 숙박 시설에 대한 수요도 존재하기 때문에, 이에 대해서도 주목할 필요가 있다.

여행 중 국내여행 소비행태

국내여행을 통해 소비한 지출액 중 가장 많은 비중을 차지하는 것이 음식점비(40.5%)였으며, 교통비(26.7%), 쇼핑비(11.3%), 숙박비(9.9%), 여행 활동비(5.8%), 여행/모임회비(3.0%), 여행사 지불 경비(2.4%)의 순이었다.

전체적으로 여행지에서 음식에 지출하는 비용은 아끼지 않는다는 것을 알 수 있다. 반면, 숙박비는 생각보다 적게 잡혀 있다. 그만큼 당일 여행객이 많다는 것을 나타낸다. 또한 교통비는 상대적으로 많이 잡혀 있다. 여기까지 보면 역시 가족여행이 많다는 것과의 관련성을 유추해 볼 수 있다. 식비와 교통비는 1인당 지불되는 반면, 숙박비는 1팀으로 지불되기 때문이다.

또한 여행지에서 체험하는데 소요되는 여행 활동비나 여행사에 지불되는 경비는 상대적으로 낮게 형성되어 있다. 보는 관광에서 체험하는 관광으로 트렌드가 변화하는데 비해 이에 대응할 업체가 충분히 구비되어 있지 않다는 얘기다. 앞으로는 이 부분의 지출이 점차 증가할 것으로 예상할 수 있다.

이 통계가 시사하는 점은, 각 관광 목적지에서 관광객 유치를 위한 전략을 수립할 때, 관광객이 방문하여 어디에 돈을 쓰고 가게 할 것인가 고민해야 한다는 점이다. 관광객은 맛집과 독특한 특산품이나 기념품을 구매할 장소, 추억을 남길 여행체험 업체에서 돈을 쓰기를 희망하는데, 과연 우리 지역에서는 어떤 업체들이 어떤 제품이나 서비스로 관광객들의 수요를 충족시킬 것인지가 명확히 수립되어 있어야 한다. 부족한 분야가 있으면 새롭게 신규 시장진입할 업체들을 육성하여야 하며, 매년 초에는 당해연도 목표 매출액을 설정하여 이상적인 구매항목별 비중을 제시해야 한다.

그림 2-8 국민 국내여행의 소비행태

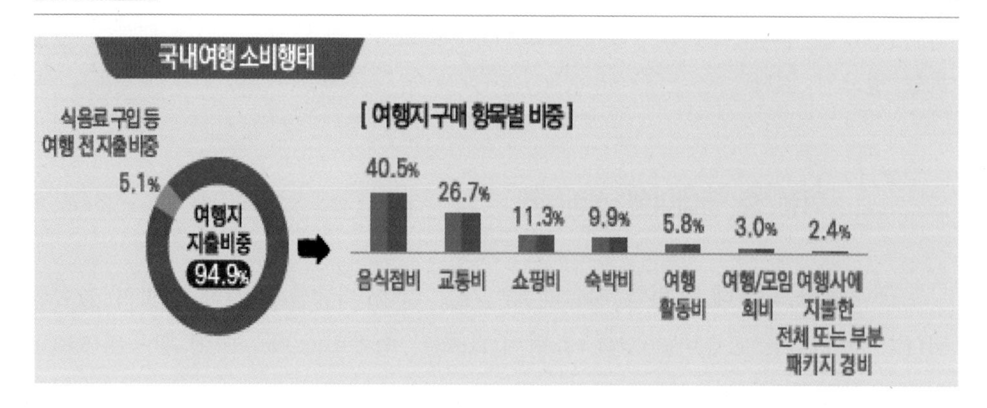

03

실무에 활용하기

해당 수치의 의미 찾기

● 종단적 비교

국내여행 통계에서 제시하는 수치들을 횡단적으로만 확인하게 되면 사실 큰 의미를 찾기가 어렵다. 통계를 검토하는 이유는 바로 그 수치를 통해 실무에 적용할 시사점을 찾기 위해서이며, 최대한 많은 시사점을 끌어내려면 다양한 시도가

그림 2-9 국내 관광여행 주요 활동

* 단위: %(상위 5순위)

필요하다.

가장 먼저 제안하고자 하는 방법은 종단적으로 수치를 비교하는 것이다. 위의 그림은 2016년 국민여행 실태조사의 자료인데, 전년도와 비교를 하고 있다. 전년도와의 비교는 통계적으로 유의미한 차이를 갖기 어렵기 때문에, 적어도 4~5년의 통계를 정리하여 그 추세를 비교하는 작업이 필요하다. 그러다 보면 유난히 일관되게 상승하거나 하락하는 항목이 나타날 것이다. 이러한 항목에 대해서는 지속적인 관찰이 필요하다. 뭔가 관광 트렌드가 변화하고 있다는 것을 암시하기 때문이다.

그림 2-10 국내 관광여행 숙박시설

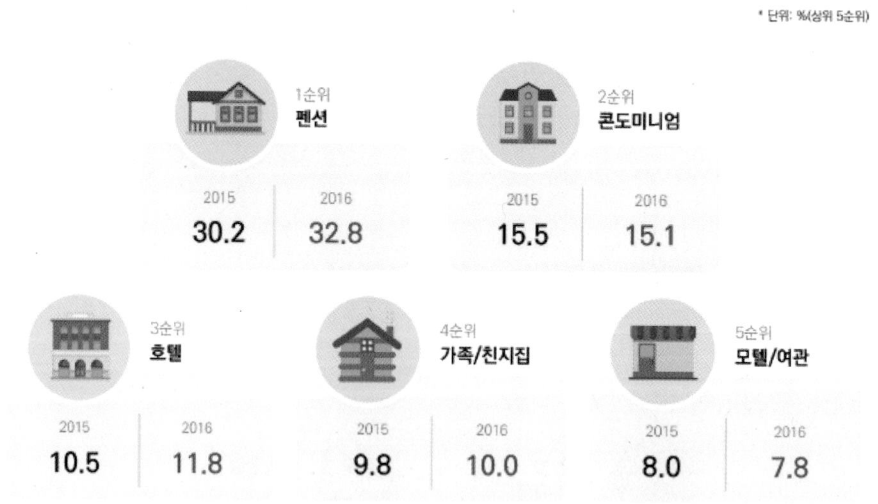
* 단위: %(상위 5순위)
1순위
펜션
2015
30.2
2016
32.8
2순위
콘도미니엄
2015
15.5
2016
15.1
3순위
호텔
2015
10.5
2016
11.8
4순위
가족/친지집
2015
9.8
2016
10.0
5순위
모텔/여관
2015
8.0
2016
7.8

과거 2016년 보고서에서는 이러한 내용이 인포그래픽으로 제시되었다. 2018년부터 국민여행조사로 조사 기준이 변동되면서 지금은 제시되고 있지 않지만, 이제는 2018년부터 4년치 이상의 데이터가 축적되었기 때문에 이러한 종단적 분석은 다시 충실히 수행할 필요가 있다.

다음의 그림은 여행 총 비용과 이동총량과 관련된 2012년부터 2016년까지의 데이터로서, 종단적으로 그 추이를 직관적으로 한눈에 파악할 수 있다. 여기서 주의할 점은 총 비용에 있어 2016년의 25.7조원이 2015년의 25.4조원에서 증가한 것으로 볼 수 있는가 하는 점이다. 이 금액은 실제로 국내여행을 한 전원을 대상으로 조사한 것이 아니라 48,000명 표본을 대상으로 추정한 것이기 때문에 반드시 오차범위가 존재하게 된다. 따라서 2개년 치 통계수치만으로로 총 비용이나 이동총량이 증가하였다고 해서는 안 된다. 그러나 많은 지자체에서 이러한 통계수치를 마케팅 성과로 제시하며 보도자료에 사용하는 경우가 종종 있는데, 매우 성급한 해석이라고 할 수 있다. 아래의 그래프에서는 총 비용과 이동총량 모두 일관되게 증가하고 있기 때문에, 향후에도 증가할 것이라고 전망할 수 있는데, 실제로 3년 뒤인 2019년도 총 비용 수치가 44.2조원이고, 이동총량이 58,571만일이니 큰 상승이 있었다는 것을 알 수 있다.

그림 2-11 국민 국내여행의 총 비용 및 이동총량

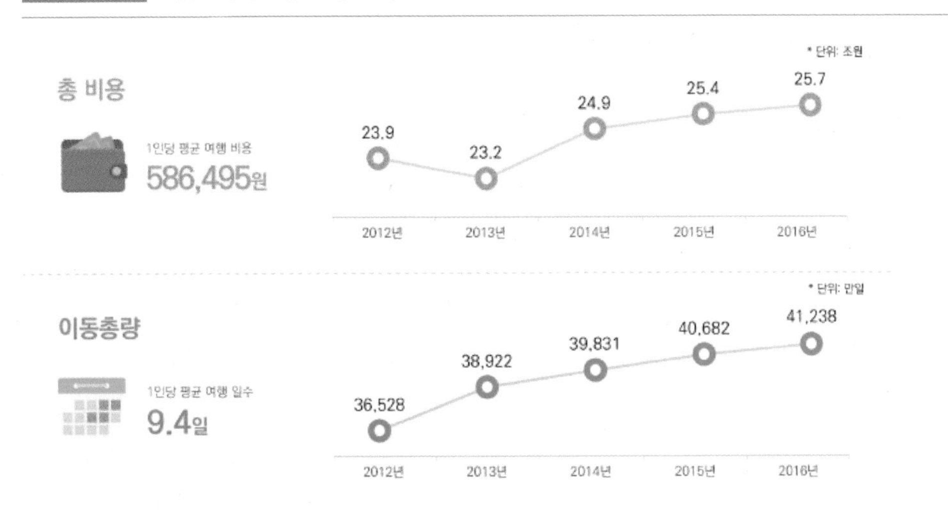

● 경쟁도시와의 비교

관광통계의 수치의 의미를 찾는 또 하나의 방법은 경쟁관계에 있는 도시나 관광 목적지의 수치와 비교하는 방법이다. 관광객은 여행지를 선택할 경우, 평소에 접했던 정보를 바탕으로 최종 후보지역 2~3군데를 정해 놓고, 각종 기준에 의

한 비교를 통해 최종적인 선택을 하게 된다. 따라서 최종 후보에서 우리 지역과 경쟁하고 있는 도시를 명확히 설정하고, 그 곳과의 경쟁력 진단을 통해 강약점을 파악한 뒤, 강점은 살리고 약점을 보완할 대책을 마련해야 한다. 따라서 별 것 아닌 통계수치도 경쟁도시와 비교를 하다보면 당장 시급하게 개선해야 할 항목들이 드러나게 되면서, 통계수치가 의미를 갖게 되는 것이다.

아래의 그림은 2016년도에 우리나라 광역지자체에서 국내 관광여행을 통해 지출하는 비용을 정리한 것이다. 이 그림을 보면 제주가 압도적으로 높다는 것이 가장 먼저 눈에 띈다. 466,133원인데, 2위인 강원의 171,637원과는 확연한 차이가 있다. 그 이유는 항공기를 이용해서 이동해야 하기 때문에 교통비가 추가되었다는 점과 이왕에 비행기 타고 가는 것이니 체류기간이 길다는 점이다. 체류기간이 2일 이상 되면 당연히 숙박비가 발생한다. 장기체류를 하는 동안 식비와 체험비, 렌터카 등의 비용이 소요되기 때문에 가장 높은 지출 비용에 이르게 된다.

강원도 역시 수도권에서 3~4시간 소요되어 자동차로 이동을 하는 것이니, 이왕 간 김에 최소 1박에서 2박 정도의 여행을 하게 되니 숙박비와 기타 비용이 발생한 것으로 이해할 수 있다.

그림 2-12 **국내 관광여행 1회 평균 지출 비용**

단위: 원(여행경험자 기준)

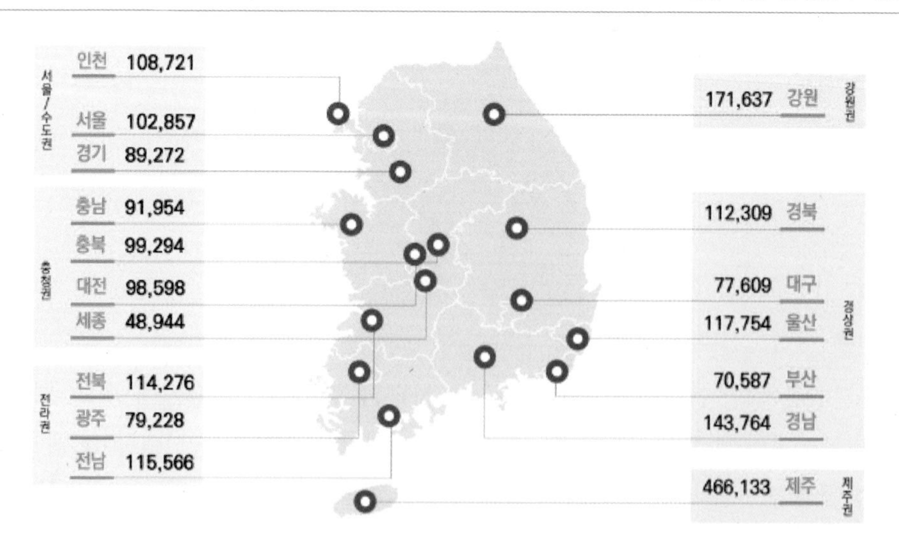

그런데 이 당시의 부산이나 대구를 보면 상대적으로 1회 평균 지출 비용이 낮음을 알 수 있다. 바로 옆에 위치한 경남의 절반에 불과하며, 울산과도 확연한 차이가 있다. 그렇다면 부산의 70,587원과 대구의 77,609원은 심각한 적신호다. 뭔가 이 지역에 오는 관광객의 체류 기간이 상대적으로 낮다거나, 또는 돈을 쓸만한 프로그램이나 시설 등의 준비가 부족하다는 것을 시사하는 것이다. 가장 먼저 그 원인을 진단해야 할 것이며, 이를 통해 어떻게 단기간에 이 지출 비용을 끌어올려 업계에 매출을 극대화하여 관광산업의 시장규모를 확대시킬 것인지에 대한 대처가 이루어지게 된다.

관광통계 분석의 중요성은 바로 이런 데에 있다. 70,587원과 77,609원이라는 무심코 보면 의미 없는 수치일 수 있지만 어떠한 맥락에서 보느냐에 따라서 심각한 경종을 울릴 수도 있기 때문이다.

전략과제 도출

앞선 방문지 선택 이유라는 관광통계에서 각 응답의 의미를 살펴보았는데, 사실 이 내용은 관광진흥 전략을 도출하는 데도 매우 유용하게 활용된다. 우리나라 국민들이 관광지를 선택하는 데 중요한 이유로 작용했다면, 이보다 더 중요한 정보도 없을 것이다.

전략을 수립한다는 것은 기본적으로 발전을 위한 솔루션을 제공하는 것이지만, 더 현실적으로 말하자면 한정된 자원을 효과적으로 배분하는 문제라고 할 수 있다. 아무리 욕심과 포부가 크다고 해도, 예산이나 인력, 조직이 확보되지 않은 상태라면 발전은 이룰 수 없다. 대부분의 관광 목적지는 관광 이외에도 해결해야 할 현안이 많기 때문에, 관광이 우선순위로 검토되는 것은 쉽지 않다.

따라서 한정된 자원을 어떤 과제에 우선적으로 투입할 것인지를 결정하는 것이 바로 전략 수립의 핵심적인 내용이 된다. 그렇다면 제일 먼저 수행해야 할 작업은 최근 관광객의 트렌드나 관광시장의 환경 변화, 그리고 해당 지역이 갖고 있는 자원의 강약점을 분석하는 일이다. 때로는 문헌 연구 이외에 관련 전문가나 이해관계자를 찾아 인터뷰를 하면서, 우리 지역의 관광 산업이 발전하기 위해 착수해야 할 과제들을 하나둘씩 모으게 된다.

여기서 문헌연구를 통해 나올만한 과제들은 바로 이 방문지 선택 이유에 다 포함되어 있다. 먼저 볼거리 제공은 관광 콘텐츠의 충실과 연결되면서 첫 번째 전략과제가 되기에 충분하다. 조금 더 세부적으로 제시한다면 다섯 번째의 방문지 선택 이유였던 여행 동반자 유형 즉 타겟과 접목시켜 관광 콘텐츠 개발을 제시할 수도 있다. 예를 들어 '2030 선호형 관광 콘텐츠 개발'이라던가, 'MZ 세대 대상 체험형 관광 콘텐츠 육성'과 같이 제안될 수도 있겠다.

다음으로 여행지 지명도는 바로 지역 관광브랜드 관리와 연결된다. 해당 목적지의 인지도를 높이고, 호감을 갖게 하여 방문을 유도하기 위해 어떻게 브랜드 아이덴티티를 관리하고, 이미지 광고와 PR, 정보를 노출시킬 것인지 고민해야 한다. 따라서 전략과제는 '관광브랜드 커뮤니케이션 강화'로 제안하거나, '맞춤형 홍보마케팅 강화'와 같이 한 단계 낮은 수준으로 제안하기도 한다.

그림 2-13 부산 장림포구의 관광지 육성 전략 체계

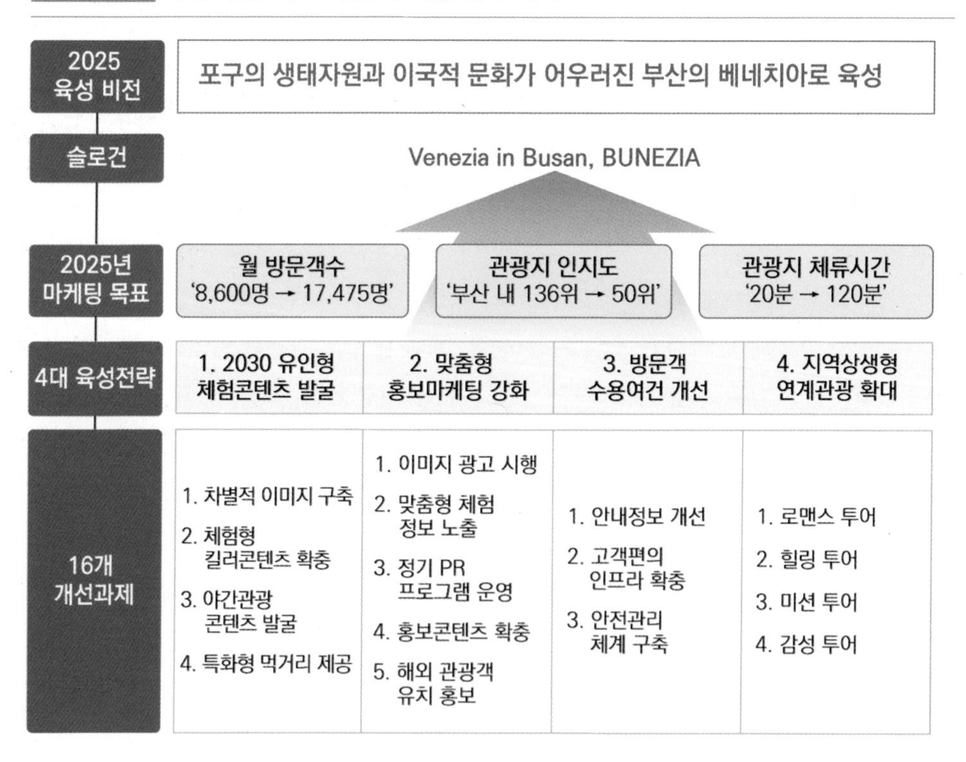

이동거리와 여행 가능 시간은 접근성과 같은 수용태세 개선과 연결된다. 원거리는 물론 근거리에서 방문할 관광객이 불편 없이 우리 지역에서 여행할 수 있도록 안내, 교통, 숙박, 음식 등 '방문객 수용여건 개선'의 전략과제가 자연스럽게 도출된다.

통상적으로 전략과제는 4~5개 정도가 제시되는데 벌써 3개의 전략과제가 도출되었다. 여기에 경제적 효과를 극대화하기 위해 체류기간을 늘리고 숙박여행을 유도하거나, 주변 관광 목적지와 연계하여 지역상생형 관광을 유도하는 등의 전략과제도 추가할 수 있겠다. 이러한 내용에 전문가 인터뷰를 통해 만들어진 전략과제로 기본 pool을 구성하며, 중요도나 시급성, 또는 복수의 평가기준을 설정하여 가장 주력해야 할 전략과제들을 추려내게 된다. 이것이 바로 비전 전략 체계에서 만들어지는 4대 전략방향, 또는 4대 전략과제이다.

수요예측과 경제적 효과

국민 국내여행 통계에서 사실 실무적으로 가장 유용하게 활용할 수 있는 데이터는 바로 여행지별 여행 횟수 총량 데이터다. 마케터들이 가장 알고 싶어 하는 데이터는 해당 목적지에 온 방문객 수로서, 고객 특성이나 방문 시기, 이동 수단까지 알게 되면 더 말할 것도 없다. 이런 데이터는 국민 해외여행이나 외래관광객 입국에서는 관광객 통계로 정확하게 잡히지만, 불행히도 국민 국내여행은 이런 통계를 축적할 방법이 없기 때문에, 표본으로부터 추정한 수치를 활용할 수밖에 없는 것이다. 국민여행조사 보고서에서는 다행히 이런 수치들을 제공한다.

● 여행지별 여행 횟수 총량

아래의 표는 광역지자체 기준으로 국내여행을 한 방문객 수가 나타나고, 국내여행은 숙박 여행과 당일 여행을 모두 포함한다. 또한 국내여행은 크게 관광여행과 기타여행으로 분류된다. 관광여행과 기타여행의 분류 기준은 앞에서 설명한 바 있다.

먼저, 국내여행을 보면 가장 많은 방문객을 유치한 광역지자체는 바로 경기도(52,365천 명)이며, 그 다음이 강원도(40,436천 명)다. 보통 우리나라 관광지를 생

표 2-4 여행지별 여행 횟수 총량 (단위: 천 회)

구분	국내여행			관광여행			기타여행		
	전체	숙박	당일	전체	숙박	당일	전체	숙박	당일
전체	344,750	162,376	182,374	263,257	129,603	133,654	81,492	32,772	48,720
서울	24,607	6,736	17,872	12,846	4,554	8,292	11,761	2,182	9,579
부산	18,842	10,810	8,031	15,543	9,012	6,531	3,298	1,798	1,500
대구	7,932	3,632	4,299	4,489	1,760	2,728	3,443	1,872	1,571
인천	14,560	5,417	9,144	10,645	4,158	6,488	3,915	1,259	2,656
광주	4,992	2,641	2,352	2,884	1,483	1,401	2,108	1,158	950
대전	8,959	4,046	4,913	4,181	1,871	2,310	4,778	2,175	2,603
울산	5,636	2,381	3,255	3,651	1,486	2,165	1,985	895	1,090
세종	2,591	884	1,707	1,029	322	707	1,561	562	1,000
경기	52,365	14,788	37,577	36,118	10,014	26,104	16,247	4,773	11,473
강원	40,436	28,627	11,809	36,699	26,504	10,195	3,737	2,123	1,614
충북	14,702	7,547	7,155	10,589	5,203	5,386	4,113	2,344	1,769
충남	28,290	13,013	15,277	21,955	9,746	12,209	6,335	3,267	3,068
전북	22,484	10,375	12,109	18,526	8,566	9,960	3,958	1,809	2,149
전남	28,197	14,070	14,128	24,594	12,337	12,258	3,603	1,733	1,870
경북	29,853	13,900	15,953	24,464	11,203	13,260	5,389	2,697	2,693
경남	29,076	13,251	15,825	24,231	11,224	13,008	4,845	2,027	2,817
제주	12,549	11,045	1,504	11,841	10,695	1,146	708	350	358

각하면 서울, 부산, 제주를 떠올리는데 국내여행에서는 경기, 강원의 순서다. 국내여행 숙박여행을 기준으로 보면 이번에는 강원도가 28,627천 명으로 가장 높으며, 전체 국내여행 1위였던 경기도는 14,788천 명으로 2위로 밀린다. 그만큼 경기도나 인근 도시의 사람들이 당일로 다녀오는 관광 목적지라는 것을 알 수 있다. 반면, 강원도는 서울과 경기의 수도권 사람들이 힐링을 위해 휴가를 내고 다녀오는 곳이므로 숙박객 비중이 높고, 그렇기 때문에 숙박여행에서 1위를 차지한다. 앞서

공부한 중력모형으로 보자면 경기도는 서울이라는 큰 시장을 바로 옆에 두고 있으며 거리도 가깝기 때문에 국내여행에서는 1위를 차지한다. 강원도는 수도권과 거리는 꽤 있으나 수도권에서 일탈과 힐링을 할 수 있는 대안 관광지가 없기 때문에, 거리의 약점을 극복하고 숙박 관광객이 많은 것이다. 경기도는 바로 일탈과 힐링을 할 수 있는 곳을 찾아 개발한다면 가까운 거리라는 강점을 제대로 살릴 수 있을 것이다.

국내 관광여행의 경우는 강원도가 경기도보다 아주 근소한 차이로 더 높게 나타난다. 그만큼 경기도를 방문하는 사람들은 비즈니스나 친지방문이 많다는 것이며, 강원도는 대부분이 관광을 목적으로 한다는 차이도 간접적으로 파악할 수 있다. 관광여행 중 숙박여행에서는 강원도가 압도적으로 높으며, 경기도는 6위로 떨어진다. 바로 이러한 점 때문에 경기도는 가장 많은 방문객이 오고 있음에도 대표적인 국내여행 목적지라고 하기에 부족한 측면이 있다.

이런 식으로 여행지별 여행 횟수 총량 수치들을 유심히 보고 있으면, 해당 지역의 관광 현안이 어느 정도 보인다. 특히 전년도 또는 과거 년도와의 비교나 타 경쟁도시와의 비교를 하다보면 해당 지역의 실체가 보이는 것이다. 이러한 단서를 갖고 있으면, 해당 지역의 이해도를 높일 수 있다.

한편, 이 표에서 가장 주목해야 할 수치는 관광여행 분야이며, 특히 그 중에서도 역시 숙박여행이다. 숙박여행은 해당 지역의 질적 수준을 보여주는 아주 중요한 수치다. 그래서 마케팅 전략 보고서에서 관광시장 현황을 설명하는 부분에 아래의 표는 약방의 감초처럼 가장 먼저 등장한다. 위의 표와 그래프에서는 먼저 우리 지역의 관광객 수가 다른 지역과 비교하여 어느 정도 수준인지를 보여준다. 앞으로 우리 지역은 어느 정도의 관광객 수를 목표로 삼아야 할지가 대략 보인다. 그 다음으로는 숙박여행객 수와 숙박여행의 비율이다. 이 수치들은 해당 지역을 방문하는 관광객 수의 허수를 보여준다. 그래서 이 표의 순서 역시 전체 관광객 수가 아니라 숙박비율을 중심으로 한 내림차순으로 되어 있다. 이 표로 되어 있는 내용을 우측의 그래프로 보여주면 좀 더 실감이 난다.

보통 이런 표와 그래프를 제시하면, 우리 지역의 숙박여행이 적은 원인에 대해 생각해 보게 된다. 따라서 그 다음 페이지는 왜 숙박여행객이 적은지에 대해 이야기를 풀어나가는 방식으로 전략보고서를 구성하면 설득하기가 용이하다.

표 2-5 국내 지역별 국내 관광여행 횟수 총량(표)

	전체	숙박	당일	숙박비율
제주	11,841	10,695	1,146	90.3%
강원	36,699	26,504	10,195	72.2%
부산	15,543	9,012	6,531	58.0%
광주	2,884	1,483	1,401	51.4%
전남	24,594	12,337	12,258	50.2%
충북	10,589	5,203	5,386	49.1%
경남	24,231	11,224	13,008	46.3%
전북	18,526	8,566	9,960	46.2%
경북	24,464	11,203	13,260	45.8%
대전	4,181	1,871	2,310	44.8%
충남	21,955	9,746	12,209	44.4%
울산	**3,651**	**1,486**	**2,165**	**40.7%**
대구	4,489	1,760	2,728	39.2%
인천	10,645	4,158	6,488	39.1%
서울	12,846	4,554	8,292	35.5%
세종	1,029	322	707	31.3%
경기	36,118	10,014	26,104	27.7%

그림 2-14 국내 지역별 국내 관광여행 횟수 총량(그래프)

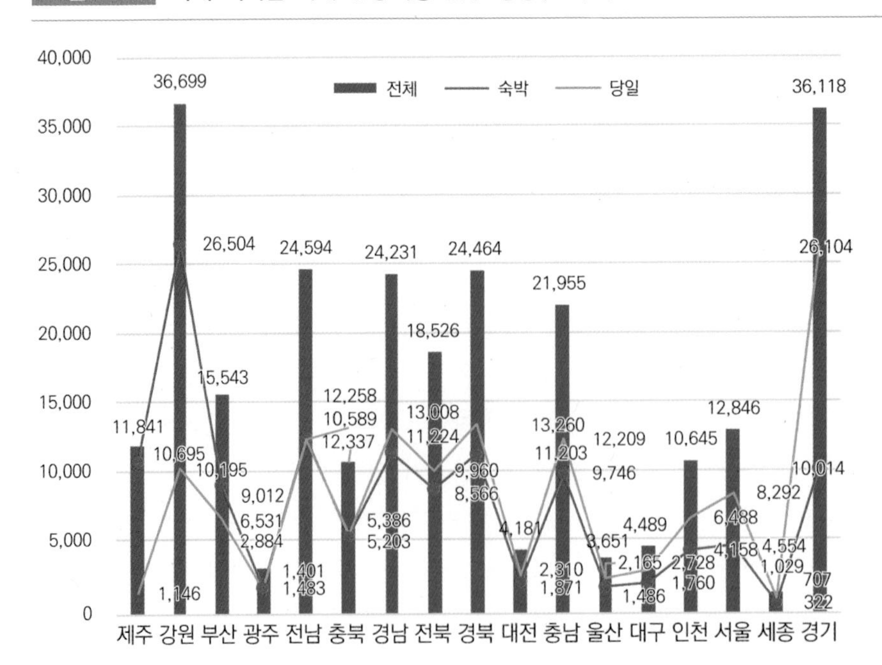

● 여행지별 여행 일수 총량

다음은 여행지별 여행 일수 총량이다. 많은 관광객이 방문하는 것도 중요하지만, 오랫동안 체류해야 해당 지역에서 많은 돈을 소비하게 되기 때문에, 앞서 숙박여행의 비중에서도 언급했듯이, 여행 일수도 그런 측면에서 중요한 통계 데이

표 2-6 여행지별 여행 일수 총량

(단위: 천 일)

구분	국내여행			관광여행			기타여행		
	전체	숙박	당일	전체	숙박	당일	전체	숙박	당일
전체	585,710	403,336	182,374	453,051	319,397	133,654	132,659	83,939	48,720
서울	35,090	17,218	17,872	20,248	11,955	8,292	14,842	5,263	9,579
부산	35,410	27,379	8,031	28,620	22,090	6,531	6,789	5,289	1,500
대구	13,555	9,255	4,299	7,064	4,336	2,728	6,490	4,919	1,571
인천	21,377	12,233	9,144	15,920	9,432	6,488	5,457	2,800	2,656
광주	8,830	6,478	2,352	5,042	3,640	1,401	3,788	2,838	950
대전	14,819	9,906	4,913	6,775	4,465	2,310	8,044	5,441	2,603
울산	9,071	5,815	3,255	5,747	3,582	2,165	3,324	2,233	1,090
세종	3,870	2,163	1,707	1,410	703	707	2,460	1,461	1,000
경기	71,499	33,922	37,577	48,658	22,555	26,104	22,841	11,367	11,473
강원	80,671	68,862	11,809	73,475	63,280	10,195	7,196	5,582	1,614
충북	24,735	17,580	7,155	17,130	11,744	5,386	7,605	5,836	1,769
충남	46,188	30,911	15,277	34,700	22,490	12,209	11,489	8,421	3,068
전북	37,634	25,524	12,109	30,602	20,642	9,960	7,031	4,882	2,149
전남	48,189	34,062	14,128	41,802	29,544	12,258	6,388	4,518	1,870
경북	49,712	33,759	15,953	39,846	26,586	13,260	9,866	7,173	2,693
경남	47,832	32,007	15,825	39,854	26,846	13,008	7,978	5,161	2,817
제주	39,312	37,808	1,504	37,940	36,794	1,146	1,372	1,014	358

터라고 할 수 있다.

일수를 기준으로 하다보니 전체 국내여행에서 1위는 압도적으로 강원도(80,671천 일)이며, 여행 횟수에서 압도적인 1위를 차지했던 경기도(71,499천 명)는 2위를 차지했다. 이후 국내여행 숙박일수나 전체 관광여행, 그리고 숙박 관광여행은 압도적으로 강원도가 1위가 된다. 숙박 관광여행에서 두드러지는 것은 역시 제주(36,794천 일)로서 전체 국내여행 수치는 낮았지만 이 분야에서는 안정적인 2위를 차지하고 있다. 부산 역시 22,090천 일로서 숙박 관광여행에서 선전하고 있는데, 역시 관광 경쟁력이라는 측면에서 양질의 관광객이 방문한다는 것을 증명하는 결과라고 하겠다.

이 여행일수 데이터는 주로 호텔을 비롯한 숙박과 관련된 수요를 예측할 때 유용하다. 숙박업소에 있어 해당 지역을 당일로 오고 가는 아무런 의미가 없으며, 숙박을 해야 매출로 연결될 수 있다. 반면, 관광여행이든 비즈니스와 같은 기타여행이든 숙박만 하면 되기 때문에 숙박업소의 입장에서는 숙박 국내여행의 데이터를 가장 많이 활용하게 되는 것이다.

● 여행지별 1회 평균 여행 지출액

다음으로는 방문객이 소비하는 지출액이다. 앞서 설명한 바와 같이, 방문자수도 중요하지만, 얼마를 소비하느냐가 지역 경제와 직결되는 문제이기 때문에, 1회당 평균 여행 지출액은 매우 중요한 데이터로서 지속적으로 관리해야 한다.

2019년도 전체 국내여행을 기준으로 한 1회당 평균 여행 지출액은 체류 기간이 가장 긴 제주(448천 원), 부산(168천 원), 강원(157천 원)의 순서였으며, 관광여행을 기준으로 할 경우에도 제주(461천 원), 부산(178천 원), 강원(164천 원)의 순서였다.

통상 비즈니스 여행이나 가족/친지/친구 방문 여행은 씀씀이가 높은 것으로 알려져 있으나, 국내여행에 있어서는 관광여행보다 낮은 것으로 나타나고 있다.

표 2-7 **여행지별 1회 평균 여행 지출액**

(단위: 천 원)

구분	국내여행			관광여행			기타여행		
	전체	숙박	당일	전체	숙박	당일	전체	숙박	당일
전체	976	664	312	840	587	253	136	76	60
서울	52	25	27	36	20	16	15	5	10
부산	68	52	16	60	45	15	9	7	2
대구	18	11	8	12	6	5	7	5	2
인천	32	16	16	25	14	12	6	2	4
광주	12	8	4	8	5	3	4	3	1
대전	19	11	8	10	6	4	9	5	4
울산	13	8	5	9	6	4	4	2	1
세종	4	2	2	2	1	1	2	1	1
경기	99	40	59	78	31	47	22	9	13
강원	144	120	24	136	115	22	7	5	2
충북	36	24	12	28	18	10	8	5	2
충남	67	40	27	56	33	22	11	7	4
전북	56	35	21	49	31	18	8	5	3
전남	81	56	25	74	52	22	7	5	3
경북	76	49	27	67	44	23	9	5	4
경남	76	49	27	69	45	24	7	4	3
제주	122	118	4	120	116	4	2	2	0

타겟 설정

● 세그멘트별 국내여행지 방문 비율

표 2-8 세그멘트별 국내여행지 방문 비율

(중복응답, 단위: %)

구분		서울	부산	대구	인천	광주	대전	울산	세종	경기	강원	충북	충남	전북	전남	경북	경남	제주
전체		8.2	6.3	2.6	4.9	1.7	3.0	1.9	0.9	17.4	13.6	4.9	9.4	7.5	9.4	9.9	9.7	4.2
성별	남자	8.1	6.3	2.8	4.9	1.7	3.3	2.0	1.0	17.2	13.6	5.4	9.9	7.4	9.4	9.6	9.6	3.8
	여자	8.2	6.2	2.5	4.8	1.6	2.6	1.7	0.7	17.6	13.6	4.4	8.9	7.5	9.3	10.3	9.7	4.6
연령	15~19세	9.9	6.3	3.5	6.2	2.1	3.0	2.0	0.6	16.5	11.2	3.1	7.6	7.0	8.9	7.9	7.6	2.7
	20대	12.5	9.8	3.1	5.6	1.4	3.0	1.8	0.7	19.0	15.4	3.5	7.3	6.9	7.8	8.4	6.4	5.3
	30대	8.3	6.8	2.7	4.8	1.8	3.7	2.5	1.4	19.5	15.8	4.2	9.8	6.3	8.6	9.0	9.0	4.9
	40대	6.8	5.8	2.3	4.7	1.6	3.0	1.7	1.1	18.2	13.8	5.3	10.2	7.7	10.4	10.1	9.7	3.4
	50대	6.1	5.3	2.3	4.6	1.9	3.0	1.3	0.7	15.0	13.5	6.1	9.7	8.5	10.1	11.5	12.0	4.7
	60대	7.4	4.6	2.9	4.9	1.7	2.4	1.9	0.4	15.1	11.3	5.5	10.6	7.5	9.8	10.9	11.5	3.8
	70세 이상	7.9	3.6	2.2	3.5	1.3	1.9	2.1	0.5	17.1	9.9	5.1	9.1	8.5	9.8	10.7	10.6	2.8
가구원수	1인	7.2	6.8	2.7	4.7	1.6	4.0	2.3	0.9	19.8	13.0	5.2	9.3	6.1	7.9	9.7	10.3	3.6
	2인	7.1	5.7	2.8	4.2	1.9	2.4	1.9	0.6	14.7	10.9	5.1	9.6	8.6	11.1	11.0	11.4	4.0
	3인 이상	8.7	6.4	2.6	5.1	1.6	3.0	1.8	0.9	17.9	14.7	4.7	9.4	7.3	9.1	9.6	9.0	4.4
가구소득	100만원 미만	8.6	4.8	4.0	3.3	1.1	2.3	1.7	0.5	14.2	9.2	3.9	9.6	7.7	9.3	14.0	11.2	3.1
	100~200만원 미만	6.8	4.1	3.4	5.0	1.7	2.0	2.4	0.5	17.3	10.3	5.1	9.3	8.0	11.0	11.2	10.5	3.1
	200~300만원 미만	7.8	6.2	2.7	4.6	1.8	2.9	2.0	0.7	18.2	10.9	6.2	9.8	7.2	8.9	9.9	10.6	3.7
	300~400만원 미만	8.3	6.5	2.8	4.2	1.7	3.6	2.1	0.9	15.1	13.3	5.1	8.7	7.0	9.8	10.7	11.5	3.8
	400~500만원 미만	8.2	6.7	2.2	4.9	1.5	3.1	1.6	0.7	17.2	14.1	4.2	10.6	7.9	8.8	9.6	9.4	4.5
	500~600만원 미만	7.9	6.2	2.4	5.1	1.7	2.8	2.2	1.2	18.0	15.2	4.5	9.2	7.6	9.5	9.4	7.8	4.5
	600만원 이상	9.1	6.7	2.7	5.8	1.7	2.8	1.3	0.9	20.0	16.6	5.1	8.5	7.3	9.4	8.6	8.2	5.2

[표 2-8]은 각 여행지에 방문한 사람들을 성별, 연령, 가구원수, 가구소득을 기준으로 각 비율을 표기하고 있다. 가장 위에 있는 전체를 보면 국내여행이 가장 많은 경기와 강원이 각각 17.4%와 13.6%로 가장 높은 비중으로 차지하고 있다. 그렇지만 의외로 더 많은 비중을 차지하는 세그멘트가 눈에 띈다. 예를 들어 서울의 경우 20대의 비중이 12.5%에 이르는 반면, 50대는 6.1%로 2배 이상 차이가 난다. 그리고 소득이 높을수록 서울 방문 비율이 높다. 바로 이러한 수치들을 잡아내는 것만으로도 주요 타겟을 설정하는데 중요한 인사이트를 얻을 수 있다.

마케팅 전략에서 수행하는 STP 분석은 잠재 고객을 여러 가지 세그멘트로 나누어 그 중에서 자사의 제품을 선호할 세그멘트를 찾는 작업이다. 그 중에서 하나를 골라 그 세그멘트의 특징을 이해하고, 그 취향에 맞는 대처를 하는 것이 바로 S(segmentation)와 T(target)인데, 이 작업을 수행하는 데 있어 [표 2-8]은 매우 의미 있는 정보를 전달하게 된다.

● 세그멘트별 1회 평균 여행 지출액

아울러, 1회 평균 여행 지출액에서도 비슷한 작업을 할 수 있다. 단지, 1회 평균 여행 지출액은 여행지별로 구분이 되지는 않지만, 전체적으로 세그멘트가 갖는 특징을 이해하는 데 큰 도움을 준다.

먼저, 성별에 있어서는 기타여행에서만 큰 격차를 보이고 있다. 이것은 대부분의 비즈니스 여행객들이 남성 근로자이기 때문인 것으로 보이며, 여성의 경우 가족/친지/친구 방문이 더 많기 때문이다.

연령에 있어서는 20대의 지출액에 주목할 필요가 있다. 20대의 경우, 아직 경제활동을 하지 않거나 경제활동을 하더라도 기업에서 가장 낮은 수준의 급여를 받는 계층이다. 그런데 여행에서 지출하는 비용은 가장 높게 나타난다. 최근 MZ세대를 공략하라는 말이 나오는 이유는 이것 때문이다. 물론 MZ세대가 새로운 것을 잘 수용하고 관심을 보이는 것도 있지만, 구매력에서도 소득 수준이 높은 다른 연령대의 세그멘트에 비해 오히려 높다는 특징이 있다. 2019년도 UNWTO Tourism Highlights 보고서에 따르면, MZ세대는 주로 숙박도 호텔에서만 하며, 도시의 세련된 유행을 추구하는데 그 씀씀이가 크기 때문에 주목해야 한다고 강조한 바 있는데, 이러한 경향은 국제관광 뿐 아니라 국내여행에서도 그대로 나타나고 있다.

표 2-9 응답자 특성별 1회 평균 여행 지출액

(단위: 천 원)

구분		국내여행			관광여행			기타여행		
		전체	숙박	당일	전체	숙박	당일	전체	숙박	당일
전체		976	664	312	840	587	253	136	76	60
성별	남자	977	659	318	823	574	249	153	85	69
	여자	975	668	307	856	600	256	119	68	51
연령	15~19세	582	368	214	505	330	175	77	38	39
	20대	1,119	772	348	999	697	302	120	75	46
	30대	1,189	841	348	1,019	741	278	169	99	70
	40대	1,062	729	333	896	633	263	166	96	70
	50대	1,104	761	343	944	671	273	160	90	70
	60대	806	517	289	693	462	231	113	55	58
	70세 이상	535	326	209	454	289	165	81	38	44
가구원수	1인	942	640	302	768	537	231	173	102	71
	2인	893	578	315	767	512	255	126	66	59
	3인 이상	1,016	702	314	884	627	256	132	75	57
가구소득	100만원 미만	487	315	172	414	274	140	73	41	32
	100~200만원 미만	658	399	259	545	350	195	113	48	65
	200~300만원 미만	882	564	318	744	486	258	138	77	60
	300~400만원 미만	988	656	332	842	571	271	146	85	61
	400~500만원 미만	1,015	681	335	889	608	281	126	73	53
	500~600만원 미만	1,102	776	325	951	688	263	150	88	62
	600만원 이상	1,216	899	317	1,055	810	245	161	89	72

그 다음으로는 가구원수 기준에서 1인 가구에 주목해야 한다. 1인 가구라면 상대적으로 연령대가 젊은 세대일 가능성이 높은 이들 역시 씀씀이가 만만치 않다. 바로 솔로 여행, 나홀로 여행객에게 주목해야 하는 이유이기도 하다.

지역별 수용태세

여행지별 만족도는 해당 지역의 매력도와 수용태세의 수준을 판단하는 유용한 정보를 제공한다. 만족도를 분야별로 측정했다면 무엇이 강점이고, 무엇이 문제점인지 파악이 가능했을 것이지만, 국민여행조사에서는 전반적 만족도만 측정하고 있다.

전체적으로 광주(83.8점)가 가장 높으며, 제주(81.6점), 전남(81.2점)의 순이며, 가장 낮은 곳은 대구(75.0점)였다. 앞서 언급했듯이 만족도 통계 수치는 단년도 수치만 보게 되면, 왜곡된 결과를 낳기도 하며, 큰 의미를 찾기도 어렵다. 예를 들어 제주의 경우, 관광 콘텐츠의 양과 질적 수준은 타의 추종을 불허할 수준이며, 수용태세 역시 가장 앞서 있지만, 정작 지자체 1위는 83.8점인 광주가 차지하고 있다. 본래 만족도라는 것이 사전 기대 수준에 영향을 받기 때문에, 기대치가 낮으면 만족도가 올라갈 수도 있는 것이다.

따라서 그 의미를 찾기 위해서는 먼저 종단적으로 3~4개년 이상의 데이터를 나열하여 그 추이를 파악해야 한다. 이 경우 경쟁 도시의 종단적 데이터도 같이 보면서, 다른 지역에서는 어떤 변화가 있었는지를 함께 검토하면 좋다. 그리고 유난히 상승하거나 하락한 지역을 골라서 그 곳에 어떠한 일들이 있었는지를 인터넷을 통해 검색해야 한다. 분명 일관된 상승과 하락에는 이유가 있기 마련이다. 상승한 이유는 벤치마킹의 대상이며, 하락한 이유는 반면교사로 삼으면 된다. 중요한 것은 관광통계는 전문성을 높이는 출발점이지 종착역이 아니라는 점이다. 데이터를 통해 궁금증을 느끼고 이를 인터넷 검색이나 실무자 인터뷰나 전문가 자문을 통해 하나씩 해결하는 작업이 병행되어야 하는 것이다.

두 번째로는 전체의 만족도 점수보다는 가장 주목해야 할 타겟 세그멘트를 골라, 이들이 평가한 만족도 점수의 추이를 분석하고, 경쟁 도시와 비교해야 한다는 점이다. 예를 들어, 특정 지역에서 집중적으로 육성하고 관광상품이 60대 이상을 타겟으로 한 것이라면 굳이 다른 연령대에서 높은 점수를 받을 필요가 없는 것이다.

표 2-10 여행지별 전반적 만족도 - 관광여행

(100점 만점 기준, 단위: 점)

구분		서울	부산	대구	인천	광주	대전	울산	세종	경기	강원	충북	충남	전북	전남	경북	경남	제주
전체		79.7	78.0	75.0	78.7	83.8	76.0	78.1	76.6	78.1	79.6	76.5	79.3	80.6	81.2	76.6	77.8	81.6
성별	남자	79.0	78.0	74.2	78.4	85.4	76.7	79.2	75.8	78.4	79.3	76.3	79.3	80.7	80.7	76.0	77.7	81.1
	여자	80.4	78.1	75.8	79.1	82.3	74.9	76.8	78.0	77.7	79.8	76.8	79.3	80.4	81.7	77.2	77.9	82.0
연령	15~19세	80.7	79.0	75.3	79.6	89.7	75.8	77.6	87.4	77.1	77.9	77.8	79.1	79.6	80.6	78.6	77.3	79.4
	20대	80.7	78.1	76.2	78.4	82.3	74.9	76.5	79.8	77.5	80.0	77.0	77.9	80.1	80.3	77.1	77.9	83.1
	30대	77.9	77.2	76.3	79.0	81.5	76.8	80.3	73.5	78.8	79.4	75.0	80.3	79.9	81.6	75.9	78.5	82.1
	40대	79.7	77.3	75.5	79.2	82.1	75.2	76.5	77.1	78.4	79.4	75.9	80.1	80.5	81.3	76.0	77.5	80.5
	50대	78.5	79.6	74.5	79.6	85.9	77.4	78.2	75.6	78.5	79.7	77.6	80.2	80.7	81.5	77.4	77.6	80.2
	60대	80.0	77.8	73.1	77.4	80.4	74.2	78.2	76.0	77.6	79.3	77.0	76.2	81.3	81.1	76.7	78.9	83.6
	70세 이상	80.3	78.5	69.4	77.1	91.1	76.4	79.8	77.4	76.8	80.6	76.1	80.4	81.6	81.7	75.8	76.5	80.3
가구원수	1인	78.1	77.1	78.6	77.4	82.5	74.5	77.4	74.7	77.1	78.9	76.0	77.7	78.0	78.7	75.6	78.2	81.9
	2인	78.7	78.2	74.8	76.5	85.7	76.3	78.0	75.5	78.2	79.8	76.6	78.5	81.3	81.7	76.2	77.2	82.1
	3인 이상	80.3	78.2	74.4	79.6	83.2	76.3	78.3	77.3	78.2	79.6	76.6	79.9	80.7	81.4	77.0	78.0	81.4
가구소득	100만원 미만	79.8	78.1	80.5	77.9	82.7	76.6	82.7	84.4	75.6	79.8	78.6	80.3	80.9	78.8	75.4	78.3	78.2
	100~200만원 미만	76.2	77.3	74.0	74.8	88.0	74.9	81.4	75.0	76.7	76.8	74.0	77.9	82.8	81.7	76.3	75.7	81.2
	200~300만원 미만	79.7	76.6	75.2	76.9	82.4	73.1	76.7	76.7	77.1	79.4	76.6	76.6	79.8	81.4	75.6	78.6	80.4
	300~400만원 미만	80.6	77.9	75.2	79.5	85.2	74.3	76.1	73.0	77.8	79.1	75.3	79.1	80.4	80.7	76.4	76.7	79.5
	400~500만원 미만	80.0	78.3	76.5	78.2	84.1	79.3	79.8	78.9	77.0	79.7	78.0	78.9	78.7	80.3	76.8	78.0	82.8
	500~600만원 미만	79.0	77.4	75.2	80.5	82.9	78.9	77.9	78.9	80.0	79.9	75.9	81.3	80.2	81.8	77.3	77.9	81.1
	600만원 이상	80.2	80.0	70.6	80.0	81.9	72.2	77.4	74.9	79.2	80.3	77.5	81.2	83.9	82.9	77.5	79.8	84.1

이런 차원에서 추천하고 싶은 세그멘트는 바로 여성과 1인 가구다. 여성은 여행지를 선택하는 의사결정 과정에서 가장 큰 영향력을 행사한다. 세부 일정도 짜고 숙박시설 선택에서도 양질의 정보를 빠르게 검색하며 새로운 콘텐츠를 향유하는 것을 선호한다. 섬세한 감성으로 서비스의 좋고 나쁜 것을 판별하는 능력이 뛰어나고, 심지어 여행지에서의 경비를 지출하는 결정권까지도 갖고 있는 경우가 많다. 마지막으로 중요한 것은 바로 공유하는 능력이다. 좋은 것은 주변 사람들과 반드시 공유하고 SNS로 전파한다. 따라서 만일 여성에게 찍히면 헤어나오기 어렵다. 반면, 남성들은 새로운 것을 받아들이는 데 시간이 걸린다. 여간해서 자신의

경험을 남들과 활발히 공유하지도 않고, 조금 서비스가 떨어져도 그러려니 한다. 이런 점들 때문에 지자체 공공시설은 물론이고 백화점을 비롯한 유통업계에서도 여성을 중시하는 마케팅이 한창이다.

[그림 2-15]를 보면 울산의 2019년도 전반적 만족도는 78.1점으로 부산의 78.0이나 경남의 77.8점, 경북의 76.6점보다 높다. 그러나 여성의 만족도 점수로 보면 76.8점으로 부산, 경남, 경북과 큰 격차를 보인다는 섯을 알 수 있다. 투박한 남성들에게는 높은 점수를 받았을지 모르지만, 섬세한 여성들은 불만이 가득하다. 아마도 이러한 불만은 이미 SNS나 전화기를 타고 전국으로 퍼졌을지 모를 일이다.

1인 여행객에 대해서도 마찬가지다. 2~3인 가구는 자가용을 타고 여행을 하지만, 1인 가구는 이들은 대부분 대중교통을 타고 이동하는 경우가 많다. 따라서 1인 가구가 불만족했다면 향후에 외래관광객들이 FIT로 방문했을 때도 마찬가지로 불편함 투성이라는 말이 되는 것이다. 따라서 국제관광도시로서의 경쟁력을 갖추었는지를 알아보려면 바로 1인 가구의 만족도 추이를 체크하면 되는 것이다.

2019년도 울산의 2인 가구나 3인 이상 가구의 점수는 다른 도시와 큰 차이가 없지만, 1인 가구 만족도는 73.4점으로 다른 경쟁 도시와 격차가 크게 벌어져 있

그림 2-15 주요 도시의 관광만족도(여성과 동반자수)

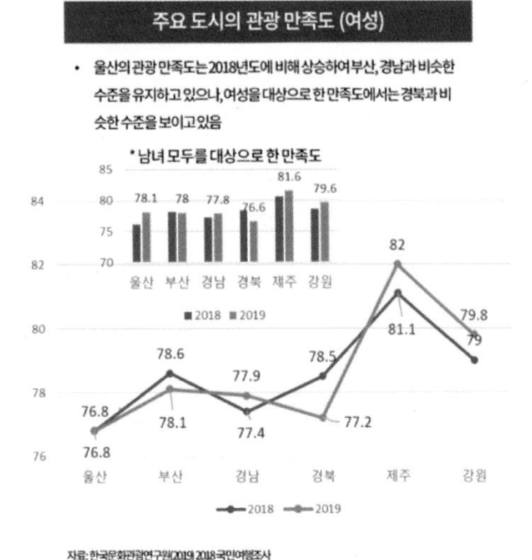

자료: 한국문화관광연구원(2019) 2018국민여행조사

주요 도시의 관광 만족도 (동반자수)

• 울산은 특히 1인 관광객의 만족도에서 매우 낮은 수준을 유지하고 있는 것이 특징임. 3인 이상 관광의 경우는 가족여행 또는 가구여행으로 승용차로 이동하는 경우가 많아 불편함이 없으나, 1~2인 여행은 FIT가 많은 것이 원인으로 분석됨

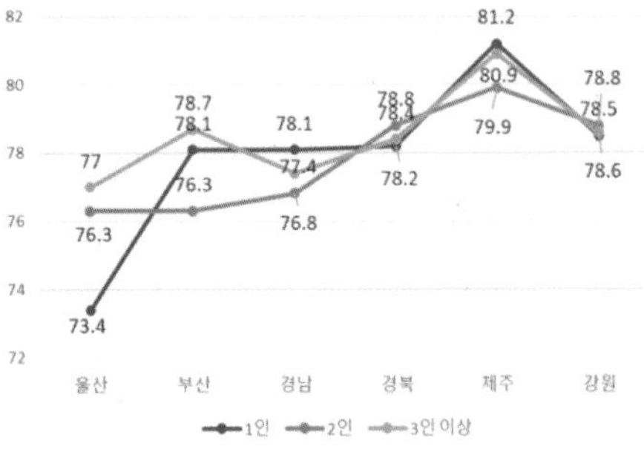

자료: 한국문화관광연구원(2020) 2019국민여행조사

다. 대중교통 운영시스템이나 환승, 안내 시스템, 화장실, 숙박 등에 있어 1인 가구들이 크게 기분이 상해 있다는 걸 알 수 있다.

교차분석과 투어고 인포

통계분석에서 어렵지 않게 세그멘트별 특성을 확인할 수 있는 방법이 바로 교차 분석이다. 수리통계 분석 중에서는 가장 간단한 분석이지만, 일반인들이 SPSS를 활용해 데이터를 가공하여 분석하기에는 어려움이 있다. 국민 국내여행 보고서에도 이러한 교차분석의 내용은 담아내지 못하고 있다. 따라서 관광지식정보시스템의 투어고인포 카테고리에서는 국민 국내여행 조사의 로데이터를 분석하여 의미 있는 카드 뉴스의 형태로 시각화하여 시사점을 제공하고 있다.

<그림 2-16>은 가구원수와 여행횟수 간의 교차분석을 한 것인데, 1인 가구보다는 3인 이상 가구의 여행 횟수가 높게 나타난다. 또한, 가구원수와 1인 평균 지출액 간의 교차분석을 한 결과를 보면 3인 이상 가구가 가장 높게 나타나고 있다. 이것은 3인 이상 가구가 여행 횟수가 가장 높기 때문에, 그만큼 지출액이 높아진 것이라고 할 수 있다. 가족을 동반자로 한 비중이 55.1%가 된 것과도 관련이 있다.

그림 2-16 가족원수별 국내여행 특징

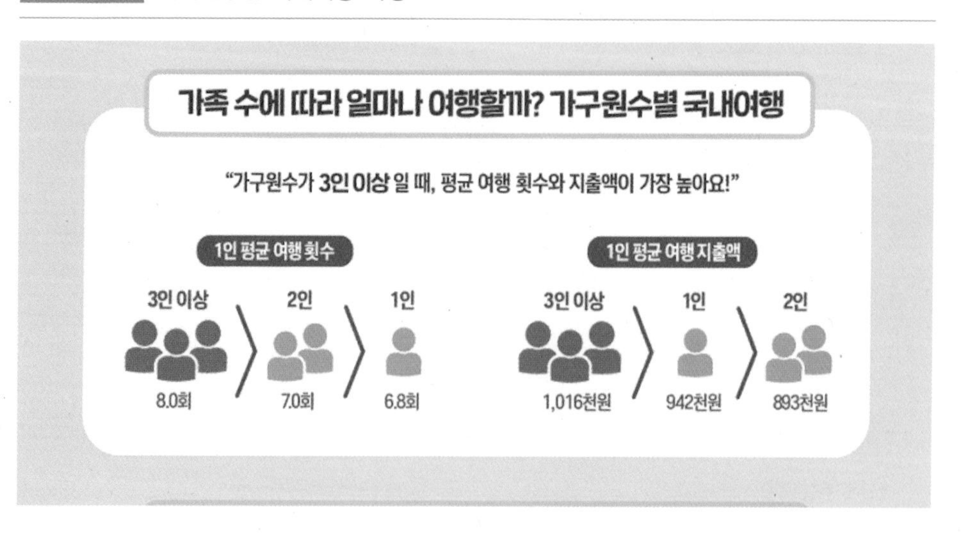

<그림 2-17>에서는 1인 가구가 가장 여행 횟수가 적게 나타났는데, 같은 1인 가구라도 연령에 따라 큰 차이가 있을 수 있다. 아래의 또 다른 교차분석은 연령대와 1인 평균 여행횟수의 관계를 본 것인데, 30대의 1인 가구는 무려 8.9회에 이르며, 20대의 1인 가구도 8.3회에 이르는 등 평균인 7.6회를 크게 상회하고 있다.

그림 2-17 1인가구의 여행 행태

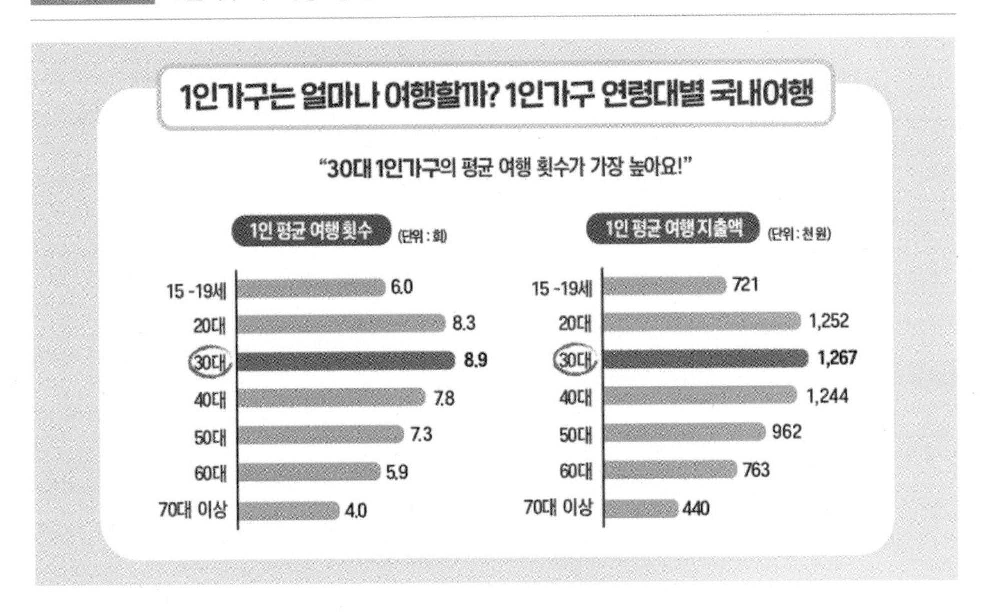

반면, 연령대가 올라갈수록 1인 가구의 여행 횟수는 급격히 줄어들고 있다. 관광업계에서 주목하고 있는 나홀로 여행 역시 젊은 20~30대를 타겟으로 하고 있는데, 바로 위의 교차분석만 보면 오히려 1인 가구의 여행 횟수가 낮게 나타나기 때문에, 그다지 여행을 하지 않는 것으로 오해할 수 있는다. 하지만 바로 이어지는 아래의 분석을 통해 20~30대 1인 가구를 타겟으로 설정하는 것이 매우 효과적이라는 것을 알 수 있다. 또한 1인 평균 지출액에서도 20~30대가 압도적으로 높아, 경제적 효과라는 측면에서도 집중해야 할 세그멘트라는 것을 시사하고 있다.

이러한 경향은 전체 연령대와 여행 횟수의 교차분석에서도 비슷하게 나타나고 있다. 30대가 가장 높았고, 순위상 2위는 1인 가구와 달리 40대였으며, 20대,

50대의 순서로 나타났다.

지금까지는 연령별 분석을 할 때, 10단위로 끊어서 세그멘트를 나누고 있는데, 이 경우에도 사실 왜곡이 나타날 수 있다. 사실 우리가 알고 있는 MZ세대의 경우도 밀레니얼 세대와 Z세대로 구분할 수 있으며, 밀레니얼 세대는 1984~2000년 사이에 태어난 세대이며, Z세대는 2000년 이후 출생자다. 이렇게 출생년도가 아니라 연령으로 하여 10년씩 나누게 되면 실제로는 같은 연령대에 다른 세대가 섞이게 되는 경우도 발생하기 때문에, 구분해서 연구해 볼 필요가 있는데, 투어고 인포에서 이러한 분석 자료를 제공하고 있다.

<그림 2-18>에서 세대별 국내여행 횟수를 보면, 가장 여행을 많이 다니는 30대가 아니라 40~50대인 X세대가 가장 여행을 많이 하는 것으로 나타났다. 그 다음은 밀레니얼 세대가 다소 낮게 나왔으나 여행 1회당 평균 지출액은 약간 높은 수준이었다. Active 시니어로 불리는 베이비부머 세대는 X세대나 밀레니얼 세대에 비해 여행 횟수나 여행 지출액이 다소 낮게 나타나고 있다.

그림 2-18 세대별 국내여행 현황

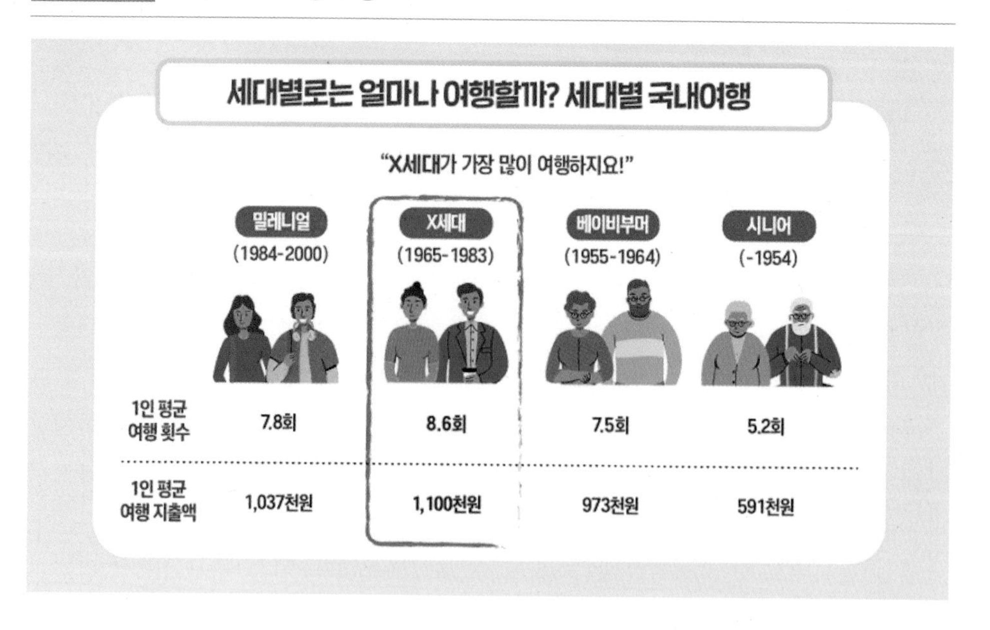

04

교차분석

국민여행조사 보고서의 국민 국내여행 보고서에서 제시된 관광통계는 매우 유용하지만, 매년 발표되는 300페이지가 넘는 이 보고서를 시간을 내어 꼼꼼히 훑어보기란 쉽지 않다. 또한 마케팅에 활용하려면 로데이터를 다운받아 엑셀이나 SPSS로 분석을 하고, 그 결과를 PPT를 이용하여 멋있게 디자인까지 해야 한다.

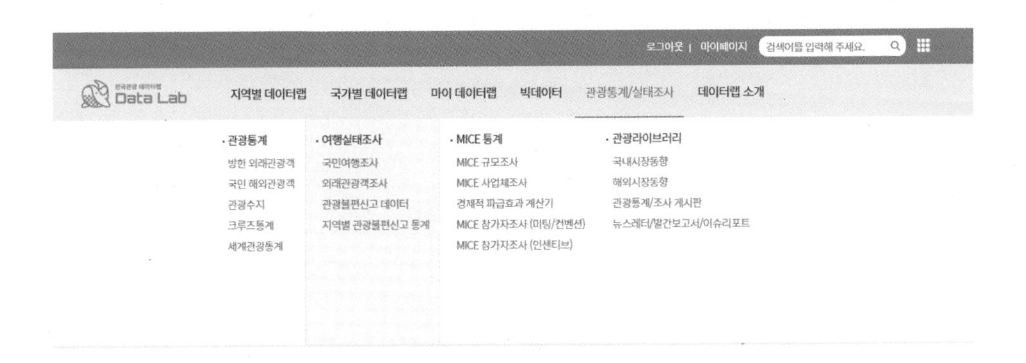

이러한 번거로움을 덜기 위해 한국관광 데이터랩에서는 교차분석을 하는 솔루션을 제공하고 있다[2]. 통계 분석 중 가장 기초적인 것이 교차분석이다. 교차분석은 주로 타겟을 설정하는데 있어 의미 있는 세그멘트를 발견하기 위해 사용되는데, 한국관광 데이터랩에서는 몇 가지 조건만 설정하면 그래프로 결과를 보여주기 때문에 직관적으로 결과를 단번에 이해할 수 있다는 장점이 있다. 또한 정리되어 나온 그래프는 시각적으로도 보기 쉽게 디자인되어 있기 때문에 별도의 편집이나 조정 없이 바로 캡쳐하여 보고서에 활용할 수 있다는 점도 또 하나의 큰 장점이다.

---

2) 이 절에서 설명하는 교차분석의 내용은 한국관광 데이터랩에서 2022년 2월까지 제공된 1.0 버전에 근거하고 있음

한국관광 데이터랩의 관광 실태조사/국민여행조사/국내여행 카테고리에 들어오면 총 3단계의 프로세스를 확인할 수 있다. 1단계는 변수 선택이다. 통계적으로 보자면 종속 변수에 해당하며, 일종의 결괏값을 말한다. 1단계의 종속 변수는 종류가 너무 많은데, 이 중에서 주로 많이 사용하는 것들을 예시로 연습해 볼 것이다. 2단계 역시 변수 선택이 있는데, 통계적으로는 독립 변수라고 한다. 독립 변수(2단계)를 조건이라고 한다면 종속변수(1단계)는 결과라고 하면 이해가 쉬울 수도 있겠다. 다른 표현으로 하자면, 독립 변수(2단계)의 차이에 따라 종속 변수(1단계)가 어떻게 다르게 나타나는지를 확인하는 것이라고도 말할 수 있다. 독립변수를 구성하는 내용은 학력, 연령, 성별, 가구원수, 가구소득이며, 보통은 잠재 소비자의 인구통계학적 변인이라고 부르기도 한다.

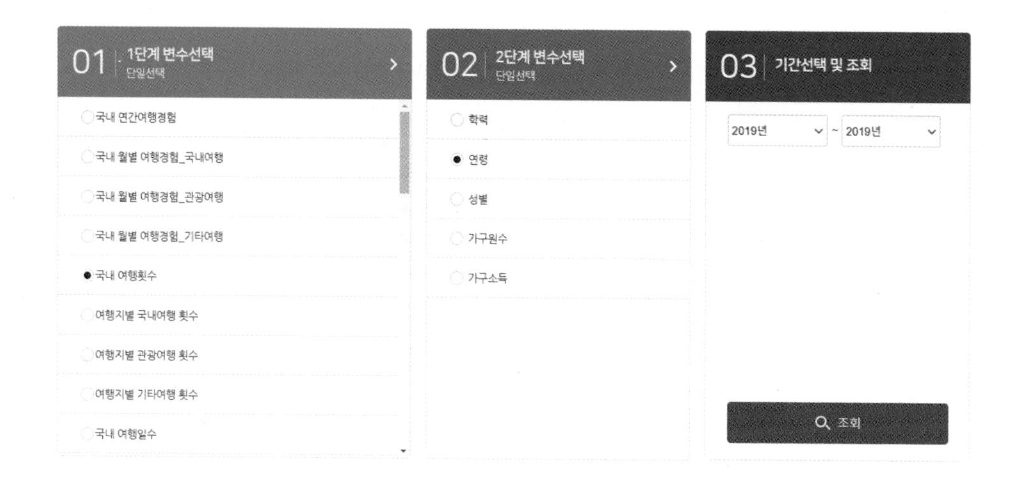

세그멘테이션은 비슷한 성향을 가진 고객끼리 그룹핑하여 분류하는 것을 말한다. 국내여행을 하는 전국민을 대상으로 여행상품을 만들고 모든 사람을 대상으로 마케팅을 하면 좋겠지만, 예산과 인력 그리고 관광자원의 제약이 있기 마련이다. 따라서 한정된 자원 속에서 가장 높은 효과를 가져다 줄 극소수의 세그멘트를 골라 여기에 집중하는 것이 마케팅의 기본 원리이다.

세그멘테이션을 하는 기준은 크게 인구통계학적 기준과 지리적 기준, 심리적 기준, 행동적 기준으로 분류할 수 있는데, 이 중에서 가장 우월한 기준은 심리적 기준과 행동적 기준이다. 심리적 기준은 가치관이나 취미, 관심 요소가 비슷한 사회 계층에 근거하여 분류하는 것이고, 행동적 기준은 상품에 대한 흥미, 구매현황, 태도, 지식에 근거하여 분류하는 것이다. 심리적 기준과 행동적 기준을 근거로 고객 세그멘트를 도출하는 것을 군집 분석이라고 하는데, 도출된 세그멘트에 이름을 붙여 간단히 그 특징을 설명하기도 한다. 그러나 그 비슷한 집단을 이해하기 쉽게 표현하다 보면 결과적으로 인구통계학적 변수인 성별, 연령, 소득, 교육, 가구수로 귀결되는 경우가 많다. 따라서 세그멘테이션에 관한 분석 기법이 발달해 왔음에도 불구하고, 가장 현실적이면서 효율적인 방법으로 인구통계학적 방법이 사용되고 있으며, 한국관광 데이터랩의 독립 변수 역시 인구통계학적 방법이 사용되고 있다.

● 연령과 국내여행 횟수

먼저 독립 변수 중 연령과 종속 변수 중 국내여행 횟수를 지정하고, 3단계인 기간 선택 및 조회는 2019년을 지정해 보았다. 연령은 인구통계학적 변수 중 의미 있는 결과를 가장 많이 보여주는 변수다. 그만큼 우리나라의 근현대 역사가 파란만장한 사건과 급격한 환경의 변화 속에 적응해 왔기 때문에 세대별 취향이나 행동에 차이가 큰 것이 그 이유이다.

연령과 국내 여행횟수에 대한 교차분석 결과를 보면, 관광여행에 있어 20대로부터 연령이 높아질수록 국내여행 횟수가 증가하고 있음을 알 수 있다. 그러다가 60대부터 급격히 감소하기 시작하여 70대 이상으로 가면 더욱 감소폭이 커지고 있다. 따라서 국내 관광여행을 하는 주된 연령별 세그멘트는 30~50대라는 사실을 확인할 수 있다. 다음으로 관광 숙박여행을 보면 다른 30~50대 간의 차이가 거의 발생하지 않고 비슷한 수준을 보이고 있다. 일반적인 국내 관광여행에서 50대가 가장 높았지만, 상대적으로 높은 경제적 효과를 제공하는 1박 이상의 관광여행에서는 30대와 40대, 50대가 비슷한 결과를 보이고 있었다.

기타여행에서는 40대가 가장 높았고 40대를 기준으로 정규분포에 가까운 분포를 보이고 있다.

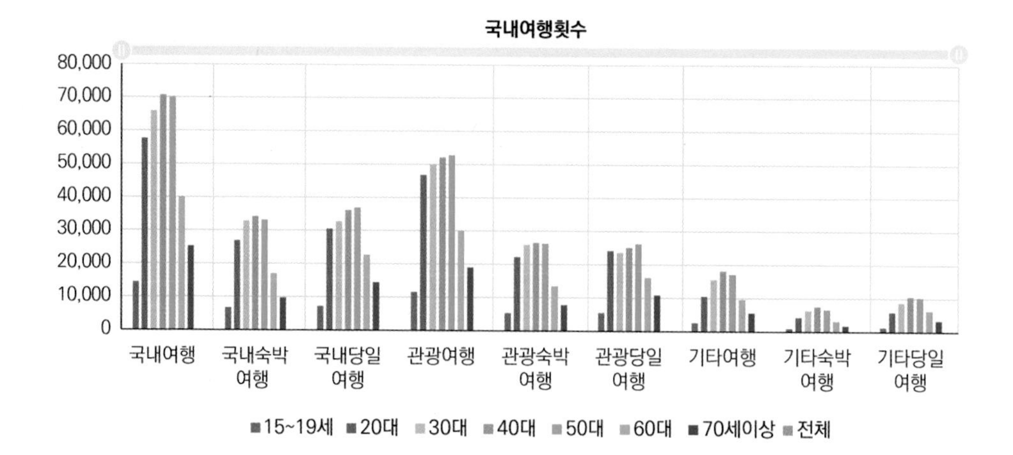

연령과 1회 평균 여행일수

이번에는 연령과 1회 평균 여행일수라는 종속 변수와의 관계를 고찰해 보겠다. 1회 평균 여행일수는 여행을 많이 하는 양적인 수준뿐 아니라 질적인 수준을 볼 수 있는 의미 있는 데이터로서 유심히 살펴보아야 한다. 일정 규모의 사람들을 관광 목적지에 유치하기 위해서는 큰 규모의 마케팅 비용이 소요되는데, 이왕에 유치할 바엔 몇 시간이라도 더 오래 체류하는 사람들을 유치하는게 효율적이기 때문이다.

우측 하단의 조회를 클릭하면 바로 아래 쪽에 결과가 나온다. 보는 것처럼 그래프로 정리되어 나오기 때문에 직관적으로 판단하기에 편리하다. 여기서 주목해

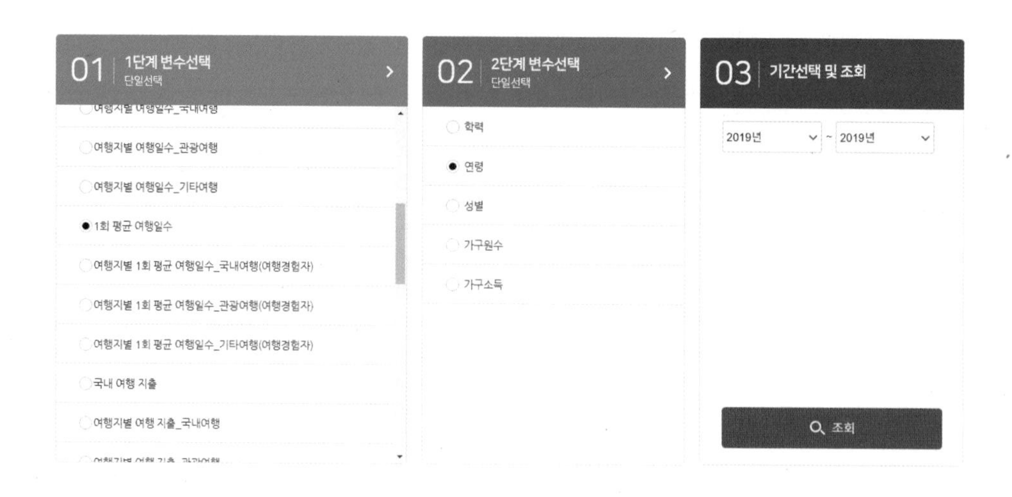

야 할 것은 관광여행이다. 관광통계는 결국 관광을 목적으로 놀러 올 사람들을 유치하기 위한 것이기 때문이다. 여기서 한 발 더 나간다면 관광 숙박여행과 당일여행을 비교해 보면서 의미를 찾는 작업도 병행해야 한다. 그리고 여유가 된다면 기타여행에서 비즈니스나 가족/친지/친구 방문에서 의미를 가질만한 결과가 나오는지 보는 것도 필요하다.

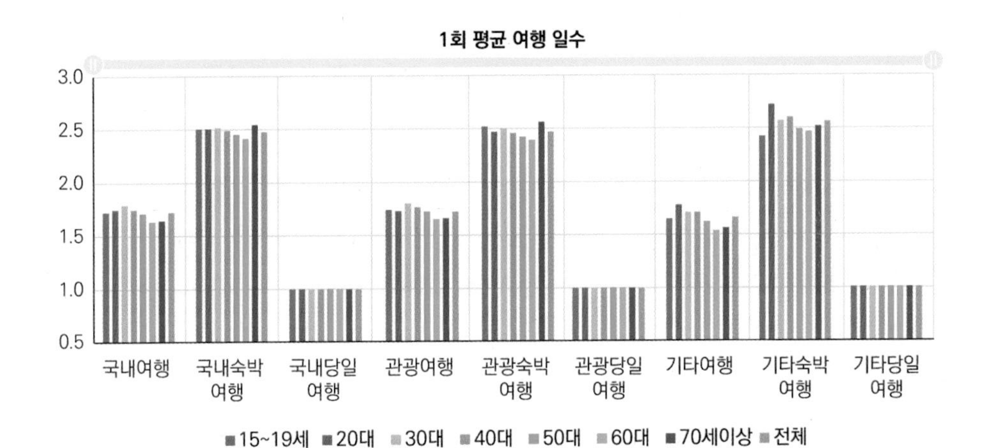

결과로 나온 그래프 모양을 보면, 관광여행에서는 30대의 여행일수가 가장 긴 것으로 나타났으며, 연령이 높아질수록 여행일수는 줄어드는 것을 확인할 수 있다. 교차분석에 의한 그래프의 의미를 찾으려면, 먼저 독립 변수 간에 큰 차이가 발생하는지를 확인해야 하고, 이어서 독립 변수의 차이에 따라 특정한 경향성을 보이고 있는지를 확인해야 한다. 관광여행에서 독립 변수 간에 아주 큰 차이는 아니었지만, 30대를 기준으로 연령이 높아질수록 여행일수가 줄어드는 경향을 보였다는 것은 중요한 단서가 될 수 있다.

다음은 관광 숙박여행인데, 의외로 10대가 높게 나타나고 있으며, 30대를 기준으로 줄어들다가 갑자기 70세 이상에서는 쭉 올라가는 양상을 보이고 있다. 관광통계를 확인하는 목적은 크게 두 가지로 나눌 수 있는데, 첫째는 앞서 설명했듯이 독립 변수와 종속 변수 간의 의미를 찾아내는 것이다. 그러나 더 큰 목적은 궁금증을 찾아내는 것이다. 분명 연령의 증가에 따라 1회 평균 여행일수가 낮아질 줄 알았는데, 관광 숙박여행에서 70대가 높게 나온 것은 이상한 일이다. 이런 명제들을 체크해 놓고 왜 그런 결과가 나왔는지 하나씩 유추해 나가는 것이다. 또 다른 통계들을 찾아 서로 종합해 보면 그 의문점이 풀리기도 한다.

기타여행에서는 20대가 여행일수가 높게 나타났다. 이 데이터만으로 특정한 의미를 잡아낼 수는 없으나, 비즈니스 여행이라고 보기는 어려울 것 같고, 아마도 가족 방문이 상당한 영향을 미친 것으로 유추해 볼 수 있다.

● 연령과 국내여행 지출

다음은 연령과 국내여행 지출과의 관계에 대해서 교차분석을 해 볼 것이다. 관광 목적지에서 발생하는 경제적 효과라는 것은 첫째, 많은 관광객이 방문하고, 둘째, 오래 체류하면서, 셋째, 돈을 많이 쓰는 것이다. 방금 살펴 본 1회 평균 여행일수는 두 번째인 체류기간과 관련이 있는데, 이번에 연습해 볼 국내여행 지출은 세 번째인 돈을 쓰는 것에 해당되며, 경제적 효과와 직결되는 중요한 변수로 항상 관심을 가져야 한다.

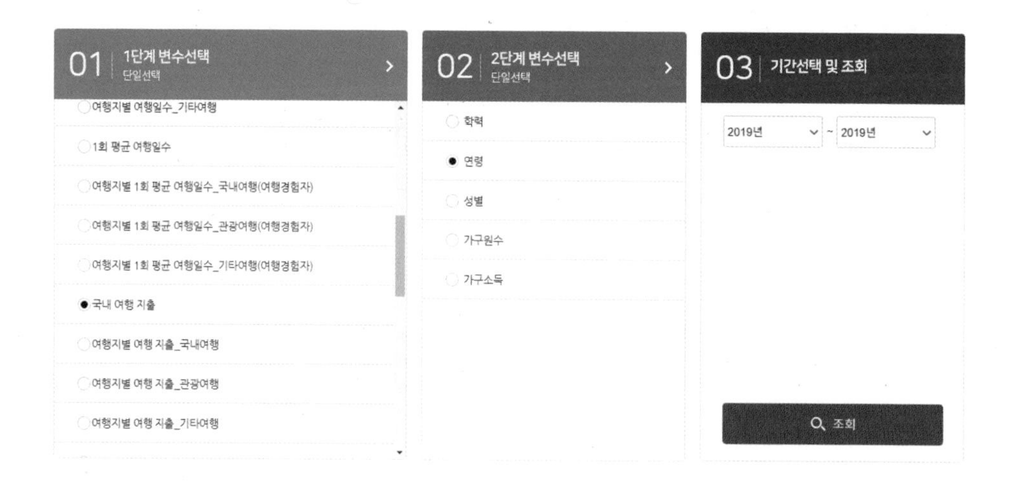

전반적으로 관광여행에서는 연령이 높아질수록 국내여행에 소비하는 지출액이 높은 것으로 나타났다. 특히 50대의 지출액이 압도적으로 높다. 이 결과치로만 본다면 50대가 국내여행의 핵심 세그멘트라고 할 수 있겠다. 그러나 앞에서 본 연령과 국내여행 횟수의 교차분석 결과와 비교해 본다면, 국내여행 횟수에서 50대가 가장 높았던 것과 관련이 있을 것이다. 비록 관광 숙박여행의 횟수에 있어서는 30

대, 40대, 50대와 비슷한 수준이었지만, 관광여행 횟수에 있어서는 압도적으로 1위였기 때문이다.

또한 관광 숙박여행에 있어서도 30대보다 약간 높고, 40대와는 더 큰 격차를 보이면서 1위로 올라서 있다. 아무래도 50대가 가장 높은 소득을 보이는 연령대라는 점이 영향을 미쳤을 가능성이 높다고 유추해 볼 수 있다. 물론 이렇게 유추한 가설들은 별도의 데이터를 통해서 반드시 확인을 해야한다는 점도 잊어서는 안될 것이다.

기타여행 지출액에서도 30대, 40대, 50대가 비슷한 수준이기는 하나 순위상으로는 50대가 가장 높게 나타나고 있다는 점도 주의 깊게 보아야 할 대목이다.

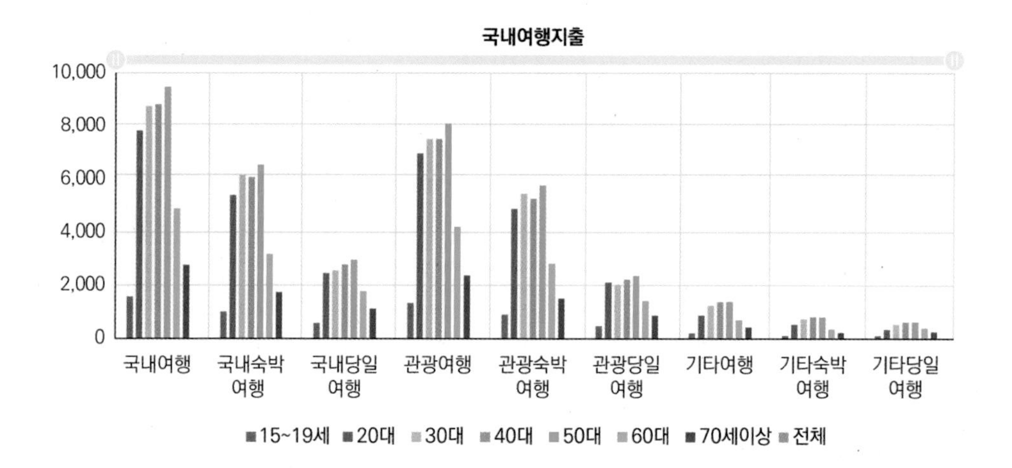

단지, 여기서 주의할 것은 국내여행 지출이 1회당 국내여행 지출과는 다르다는 점이다. 국내여행 지출은 1회당 국내여행 지출이 적더라도 여행횟수가 많으면 올라가는 수치라는 점을 명심해야 한다. 다음의 그래프는 연령과 1회 평균 여행지출과의 교차분석을 한 결과다. 관광여행에서는 20대, 30대, 50대의 1회 평균 여행지출액이 가장 높으며, 관광 숙박여행의 1회 평균 여행지출에서는 20대가 근소한 차이로 가장 높다. 최근에 관광에 있어서도 MZ세대에 주목해야 한다고 각종 보고서와 뉴스 기사에서 접하곤 하는데, 사실 그 근거가 되는 관광통계가 바로 이것이다. 2019년 당시만 하더라도 20대는 국내여행보다는 해외여행에 더 관심이 많았기 때문에 국내여행 횟수는 다른 연령대에 비해 낮게 나타났다. 그러나 1회 평균 여행지출에서는 높게 나타났는데, 특히 부가가치가 높은 관광 숙박여행에서 1회 평균 지출액이 가장 높다. 앞에서도 간단히 언급한 것처럼, 소득 수준이 낮은데도 불구하고 씀씀이가 크기 때문에 주목하는 것이다.

또한 기타 숙박여행에서도 1회당 평균 지출액이 높게 나타나고 있는데, 순수한 여행이라기 보다는 가족 방문의 가능성이 높기는 하나, 가심비가 높은 분야에 대해서는 새로운 것을 받아들이고 비용을 지출한다는 차원에서 주목해야 할 세그멘트라는 것을 다시 한번 확인할 수 있다.

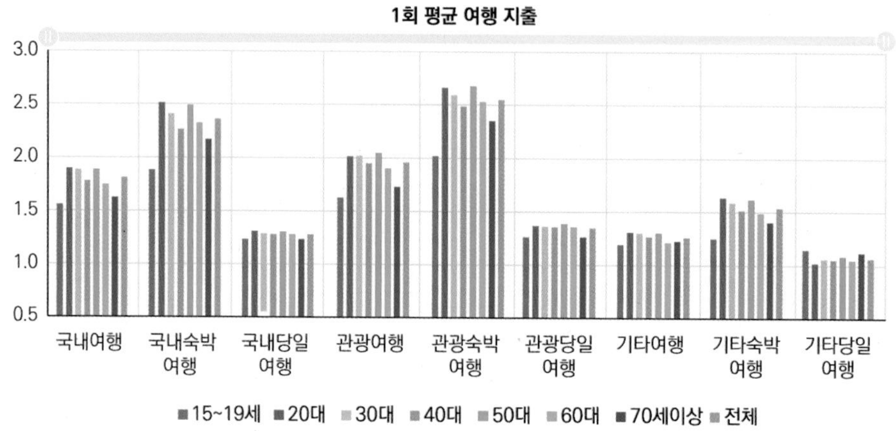

아울러 주의 깊게 관찰해야 할 세그멘트는 바로 60대 이상이다. 이들은 액티브 시니어 계층이라 불리며 주목해야 할 연령대로 주목 받아왔다. 그러나 국내여행 횟수도 상대적으로 낮고, 지출비용도 낮게 나타나고 있다. 이 세그멘트는 경제적으로는 가장 많은 자산을 보유하고 있으나 미래의 소득원이 없다는 점이 가장 큰 부담으로 작용하고 있기 때문에, 여행에 선뜻 시간과 돈을 소비하지 못하고 망설이고 있다고 유추해 볼 수 있다.

박상곤과 김상태의 2011년도 논문[3]을 보면, 연령을 비롯한 인구통계학적 변수와 국내여행/해외여행과의 인과관계를 분석하고 있는데, 대략 연령이 높을수록 국내여행 수요는 줄어들고, 반면 해외여행 수요는 높아진다고 한다. 사실 연령이 높아질수록 국내여행은 웬만큼 했기 때문에, 건강이 그나마 허용할 때 해외의 유

3) 박상곤·김상태(2011) 국내여행과 해외여행 수요: 개체관계인가?보완관계인가?, 관광학연구

명한 관광지를 둘러보고 싶은 생각이 드는 것이다.

성별에 있어서는 남성보다는 여성일수록, 그리고 교육 수준 역시 높을수록 국내여행과 해외여행 모두 상대적으로 많이 가는 것으로 나타났다. 15세 미만 자신이 있는 경우에는 국내여행은 많이 가는 반면, 해외여행은 오히려 줄어들었으며, 미혼자보다는 기혼자일수록 국내여행과 해외여행을 많이 가는데, 앞에서 확인한 동반자와 관련된 국내여행 관광통계에서 가족여행이 절반 이상을 차지한 것과도 관련이 있는 결과이다.

그림 2-19 국내여행과 해외여행의 수요 특성 비교

또한 도시거주자일수록 국내여행을 많이 가는 것으로 나타났는데, 해외여행에 있어서는 통계적으로 유의미한 결과가 도출되지 않았다고 한다. 어쨌든 국내여행에 있어 관광 목적지 마케팅을 할 때, 거주지 기준으로 타겟을 선정할 때는 인구가 많은 바로 도시를 기준으로 해야 한다는 것을 시사하고 있다.

조금 시기가 지난 연구 결과이기는 하지만, 지금도 통용되는 결과를 보여주고 있어, 이러한 논문들도 함께 참고하면서 최근의 결과가 대조해 보는 것도 관광에 대한 전문성을 높이는 데 도움이 될 것이다.

● 연령과 여행지별 관광여행 횟수

지금까지 살펴본 교차분석은 우리나라 전체의 국내여행과 관련된 관광통계에 근거하고 있다. 하지만 지역의 관광 목적지를 마케팅하는 경우에는 바로 우리나라 전체 관광통계를 그대로 사용하기에 무리가 있다. 지역별 특수성을 반영하지 못하고 있기 때문인데, 따라서 이 경우에는 '여행지별' 이라는 타이틀이 붙어 있는 종속 변수를 사용할 수 있다.

다시 제일 처음에 했던 교차분석인 관광여행 횟수를 여행지별로 연령과 함께 교차분석하기로 하자. 제일 좌측에 있는 서울을 보면 20대가 단연 많은 비중을 차지하고 있다. 부산도 마찬가지다. 아무래도 20대는 도시관광을 선호하는 특징이 있으며, 최신 유행하는 콘텐츠를 선호하기 때문에 나타난 결과라고 유추해 볼 수 있다. 그러나 광역시 중에서도 광주, 대전, 울산, 세종에서는 20대의 관광여행 횟수가 다른 연령대에 비해 매우 낮게 형성되고 있다.

지역마다 그 나름대로의 장소성이 다르고, 그 특성에 맞게 관광 테마가 결정되기 때문에 20대가 무조건 많다고 좋은 것은 아니다. 예를 들어 강원도의 경우 자연 자원에 기반한 힐링을 컨셉으로 하고 있기 때문에, 가장 열심히 일하는 30~50대가 가장 높은 비중을 차지하는 것은 나쁘지 않다. 단지, 구체적인 브랜드

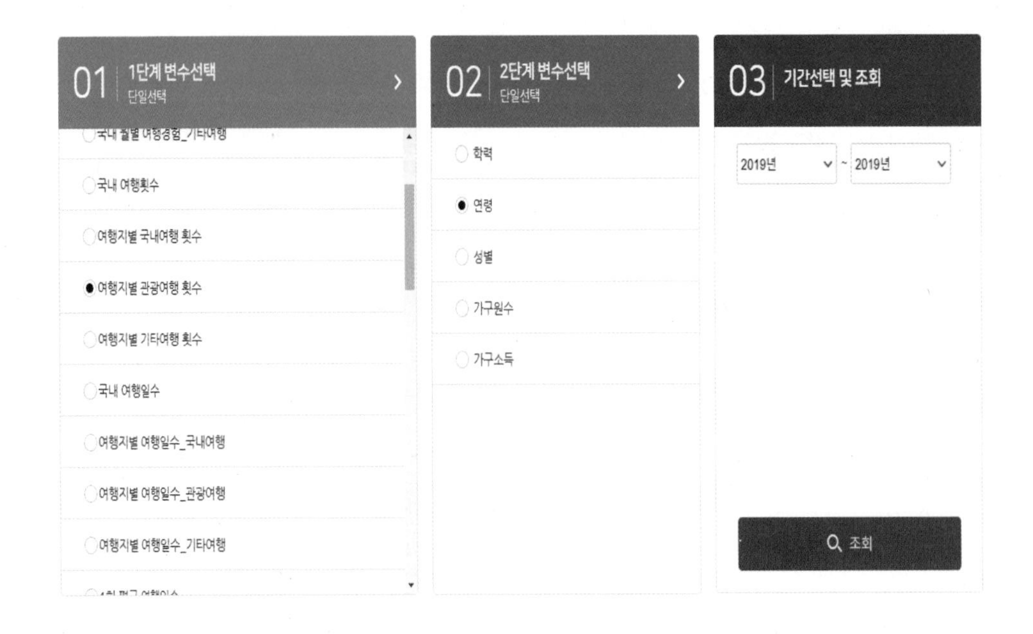

가 포지셔닝되지 않은 상태에서 50대 이후의 연령대가 많은 것에 대해서는 심각하게 그 원인을 진단해야 한다. 아무래도 이 세그멘트는 국내여행 횟수가 상대적으로 낮고, 새로운 것을 받아들이고 변화하려는 수용력이 상대적으로 부족하기 때문이다.

지역관광을 활성화하기 위해서 필요한 것은 새로운 수요를 발굴하는 것이다. 기존의 관광자원으로는 한계에 봉착했고, 새로운 컨셉의 자원을 통해 어필해야 한다. 새로운 것을 받아들이는 사람들은 대부분 젊은 계층이고 성별로는 여성이다. 따라서 현재 해당 지역을 찾는 관광객 중에서 젊은 세대의 비중이 낮거나 여성의 비중이 낮다는 이것 역시 적신호이기 때문에 지역별로 연령별 분포를 확인하고 경쟁도시와 비교하는 작업은 필수다. 일반적으로 이 분포가 지나치게 정규분포의 양상을 보이는 것은 역시 바람직한 구성이라고 보기는 어렵다.

이렇듯 경쟁력을 진단할 때는 자체적으로 확보하고 있는 관광 자원의 매력성이나 수용태세를 주로 평가하는데, 이렇게 방문객의 구성을 확인하는 것도 해당 지역의 가능성을 판단하는데 매우 중요한 의미를 가진다.

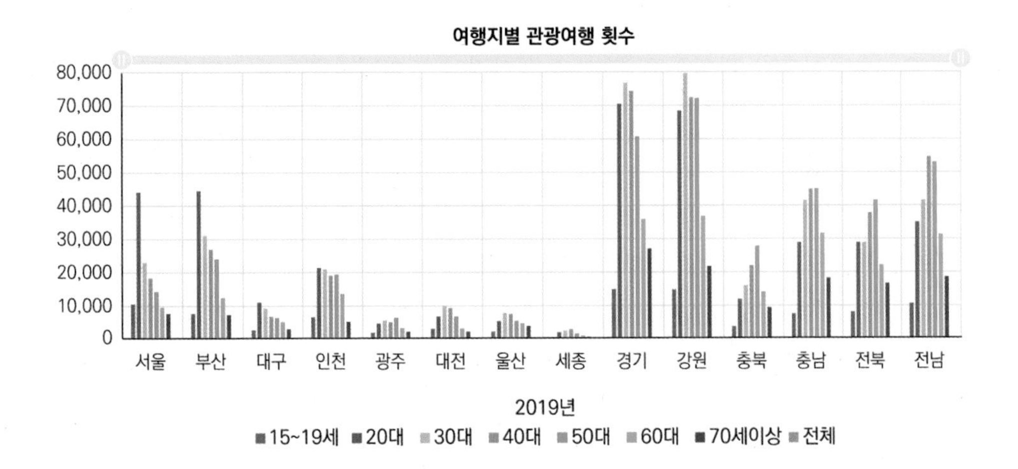

● 연령과 여행정보 획득경로

이번에는 여행을 하기 전에 어떤 정보에 의해 관광 정보를 얻게 되었는지 연령과의 교차분석을 통해 시사점을 도출해 보고자 한다. 전체적으로 앞의 관광통계에서 확인한 것처럼 주변인, 과거방문 경험, 인터넷사이트/모바일앱, 기사 및 방송

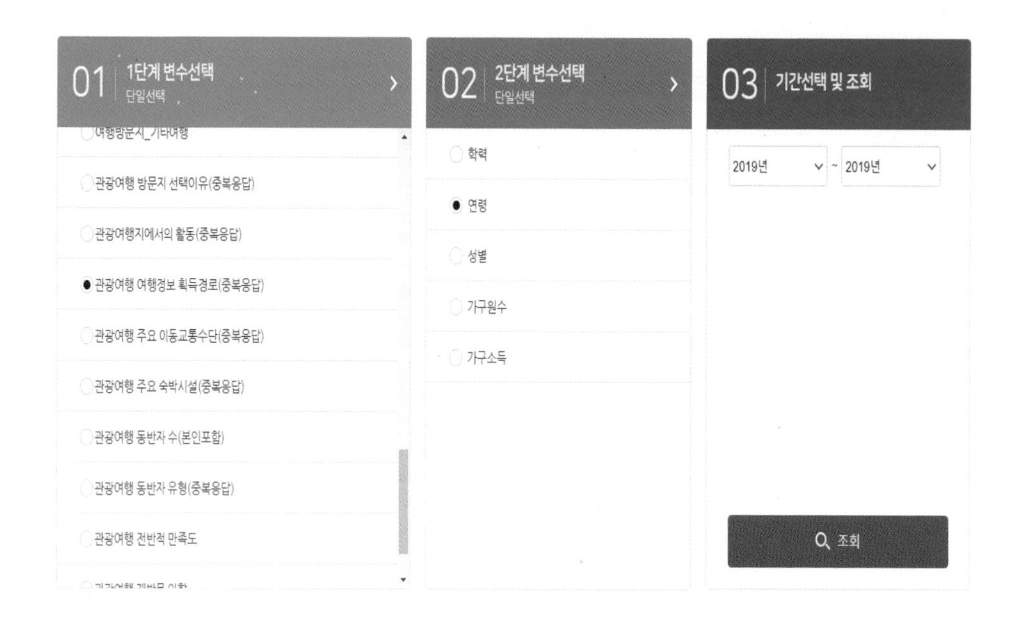

프로그램, 광고, 관광안내서적, 여행사의 순이었다. 그러나 같은 순위 내에서도 연령대별로 그 결과에는 조금씩 차이가 발생한다.

여행정보 획득경로에서 가장 높게 나타났던 주변인으로터 정보를 입수하는 계층은 50대 이후가 많았는데 60대에서 가장 높았다. 20대도 비교적 높았고 30대와 40대는 조금 낮게 나타났지만, 다른 여행정보 획득경로와 비교한다면 매우 높은 수치였다.

대부분의 여행정보 획득경로에서 연령별로 큰 차이는 없었지만, 인터넷사이트/모바일앱에 있어서는 달랐다. 20대를 기준으로 연령이 높아질수록 이에 의존하는 사람 수가 현저하게 줄어들고 있는 경향이 드러났다. 만일 요즘 유행하는 SNS나 모바일앱을 통해 홍보를 하려는 관광 목적지가 있다면 그 타겟은 당연히 20대 또는 30대가 되어야 한다는 것을 알 수 있다.

또 하나의 특성은 바로 정보없이 방문한다는 항목인데, 연령대가 높아질수록 정보를 구하지 않고 방문하고 있음이 드러나고 있다. 동시에 주변인에 대한 의존도가 높다는 것인데, 연령대가 높은 계층의 주변인은 역시 연령대가 높을 것이기 때문에, 높은 연령대를 대상으로 한 홍보에 있어서는 오히려 언론 매체에 의한 광고가 큰 효과를 발휘하기 어렵다는 점을 유추해 볼 수 있다.

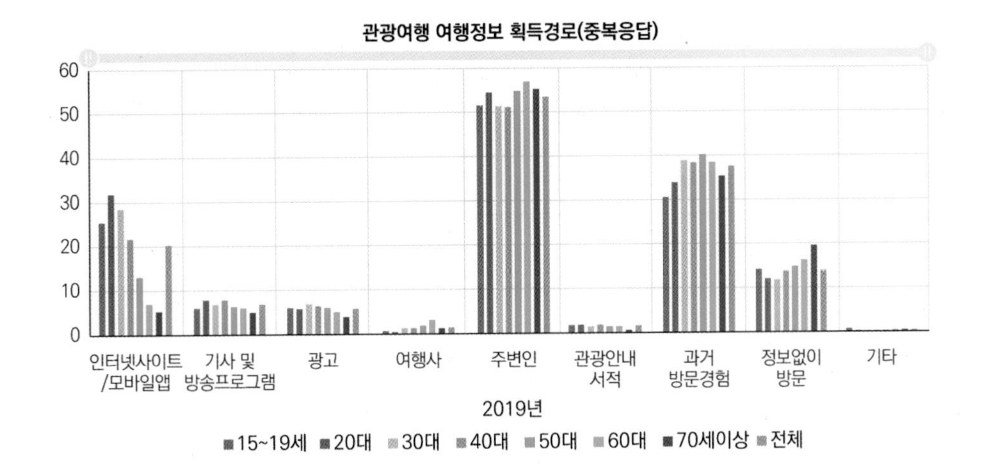

● 연령과 관광지에서의 활동

관광지에서의 활동과 관련된 관광통계는 곱씹어 볼수록 의미가 쏟아져 나오는 귀중한 데이터다. 먼저 가장 많은 관광객이 참여하는 활동은 자연풍경 감상인데, 연령대가 올라갈수록 증가하는 모양새다. 70세 이상에서는 연령이나 건강상의 이유로 적게 나타났지만, 자연풍경 감상은 역시 나이가 있는 계층을 대상으로 한 활동이기 때문에, 이에 맞는 맞춤형 마케팅이 전개되어야 할 것이다.

두 번째로는 휴식과 휴양인데, 전 연령대에서 고르게 나타났다. 여행을 통해 육체를 이완하고, 정신을 힐링하고자 하는 의도는 공통적이었다. 음식관광 역시

01 1단계 변수선택 단일선택
여행방문지_기타여행
관광여행 방문지 선택이유(중복응답)
● 관광여행지에서의 활동(중복응답)
관광여행 여행정보 획득경로(중복응답)
관광여행 주요 이동교통수단(중복응답)
관광여행 주요 숙박시설(중복응답)
관광여행 동반자 수(본인포함)
관광여행 동반자 유형(중복응답)
관광여행 전반적 만족도

02 2단계 변수선택 단일선택
학력
● 연령
성별
가구원수
가구소득

03 기간선택 및 조회
2019년 ~ 2019년
조회

전 연령층에서 비슷하게 나타났다.

연령대가 높아지면서 감소하는 활동으로는 먼저 야외위락 및 레포츠였는데 20대가 가장 높았고, 연령대 증가에 따라 일관성 있게 하락하고 있다. 놀이시설/동식물원 방문은 10대에서 가장 높고 20~30대에서 높게 형성되다가 40대에서 줄어든 뒤 50대 이후부터는 급격한 차이를 보였다. 또한 쇼핑은 일관성 있게 나타난 것을 아니지만 20대와 10대에서 가장 높고 40대를 제외하면 전체적으로 연령대 증가와 함께 감소하는 양상이었다. 지역문화예술/공연/전시시설 관람 역시 연령대 증가에 따라 일관되게 감소하고 있었다.

반면 연령대가 높아지면서 증가하는 활동은 온천/스파와 종교/성지순례가 있었다. 해당 지역이 확보하고 있는 관광자원이 무엇인가를 먼저 정하면, 타겟으로 설정할 세그멘트가 보인다. 타겟 설정은 이러한 데이터에 근거하여 전체적인 분포나 과거로부터의 추이 등을 토대로 진행되어야, 잘 변동되지 않고 일관성을 가질 수 있다. 그런 차원에서 교차분석에 의한 결과들을 파악하려는 노력은 전략 보고서의 신뢰성과 실효성을 높이는 데 기여할 수 있다.

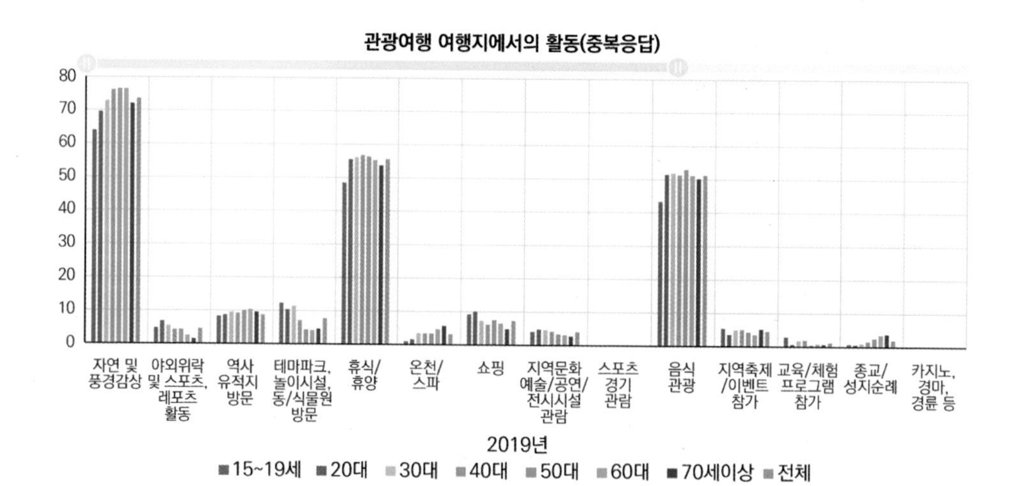

05

빅데이터 활용

국민 국내여행 통계의 한계

지금까지 국민 국내여행에서 48,000명 표본에 근거한 관광통계를 살펴보았다. 각각의 데이터들은 생각보다 깊은 함의를 가지고 있으며, 마케팅 전략 실무에도 다양하게 활용할 수 있다는 것을 알 수 있었다. 그러나 이 국민 국내여행 통계에도 그 나름의 한계가 있다. 관광통계를 실무에 활용하는 것만큼 중요한 것이 바로 그 한계를 명확히 인지하는 일이다.

국민 국내여행 통계의 아쉬운 점은, 첫째, 모든 지역 데이터가 광역시도를 기준으로만 파악이 가능하다는 점이다. 예를 들어 경상남도라고 하더라도 그 안에는 무려 18개의 시와 군이 혼재되어 있으며, 각각의 시/군은 서로 다른 역사와 문화에 기반하는 경우가 있다. 따라서 경남을 방문하는 관광객들이 이러한 특성을 보이기 때문에, 그 안에 있는 18개 시도에도 똑같은 경향이 나올 것이라고 보는 것은 무리가 있다.

두 번째는 각 지역을 방문하는 고객의 특성으로 연령, 성별, 가구원 수, 소득은 파악이 되지만, 이들이 어디에서 오는지 알 수 없다는 점이다. 그러다 보니 타겟을 설정할 때 거주지에 대한 변수를 넣지 못하고 연령과 성별에만 의존할 수밖에 없었다.

세 번째는 누가 어디에 비용을 지출하는지 파악이 안 된다는 점이다. 결국 관광객을 유치하는 것은 우리 지역에서 돈을 지출함으로써 경제적 효과를 누리기 위함인데, 우리 지역에서 외지에서 온 사람들이 어디에 얼마나 돈을 쓰는지 알아야 하는데, 국민 국내여행 통계는 이러한 정보는 제공하지 못했다.

지역관광 데이터

2021년에 한국관광공사에서 시작한 한국관광 데이터랩에서는 통신 데이터와 카드 데이터, 내비게이션 데이터를 활용하여 빅데이터 서비스를 제공하였는데, 이를 통해서 그동안 국민관광조사에서 다루지 못했던 영역이 말끔하게 해소되었다. 특히 기초지자체 단위의 데이터를 확인할 수 있다는 점에서 매우 놀랍다. 한국관광 데이터랩에서 회원가입을 한 후, 지역별 데이터랩의 지역별 대시보드를 클릭하면 시/군 단위의 기초지자체를 방문한 사람들의 거주지 분포나 관광소비량, SNS 언급량 데이터를 확인할 수 있다.

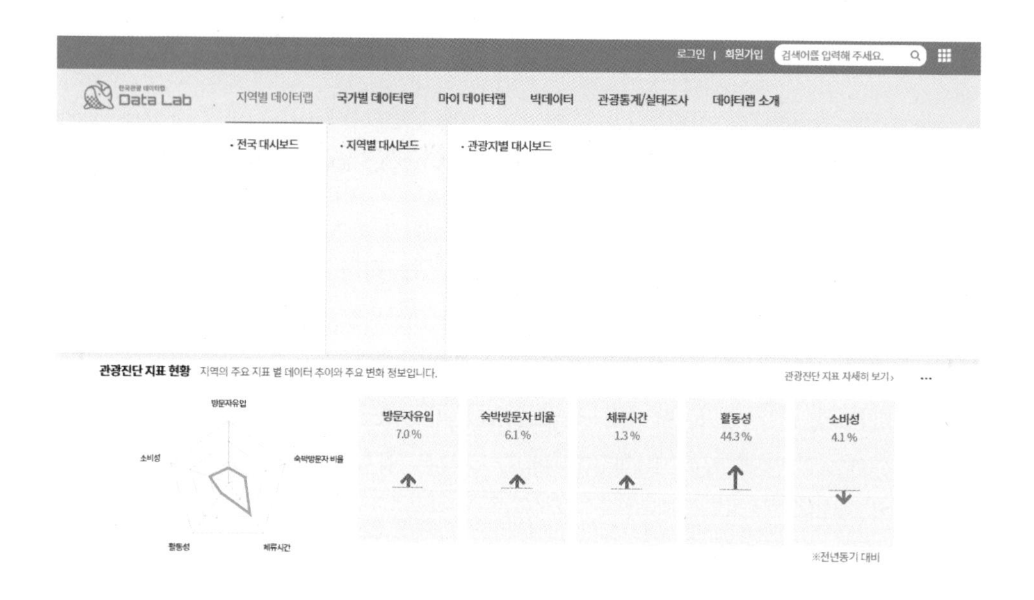

또한 지역별 대시보드에서 관심 있는 시군구를 '비교지역'으로 설정하면 두 지역을 찾는 방문객 특성이나 관광소비량, SNS 언급량 데이터를 비교하면서 의미를 찾을 수 있다. 어느 특정 지역의 특징이라는 것은 다른 지역과 비교함으로써 드러나는 법이다. 또는 비슷한 수준의 경쟁 도시를 비교 지역을 설정하면 우리 지역의 강점과 약점이 보이기도 한다. 환경분석과 내부역량 분석이 바로 이러한 시도로부터 실마리를 잡아 시작되기 때문에 매우 중요한 작업이라고 할 수 있다.

'부산광역시 해운대구' 방문자 거주지 분포

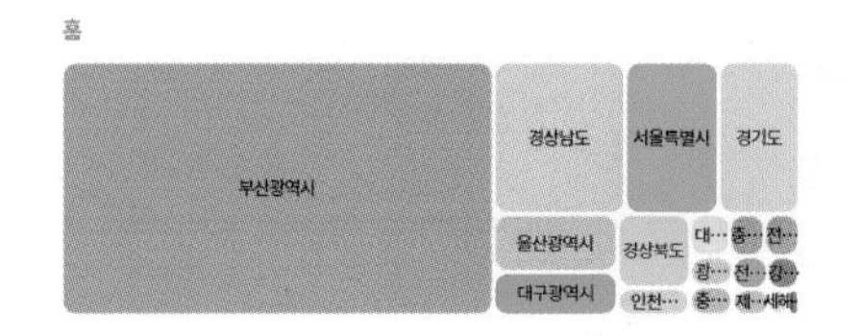

'울산광역시 남구' 방문자 거주지 분포

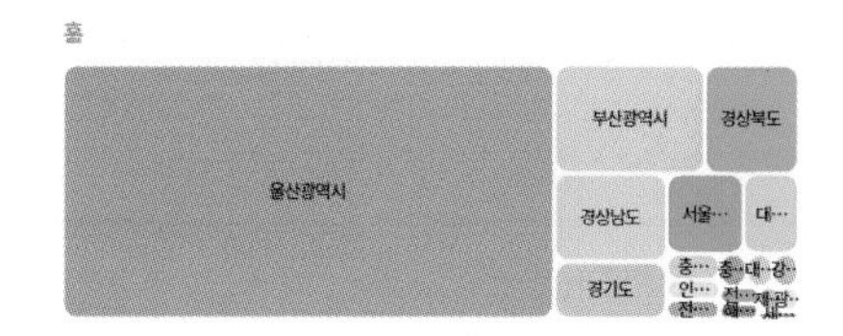

위의 이미지는 부산광역시 해운대구와 울산광역시 남구를 비교한 자료인데, 예를 들어 수도권 거주자의 방문 비율에서 울산광역시 남구가 해운대구에 비해 현저히 낮다는 것이 확인된다. 따라서 수도권 거주자의 방문 비율을 단계적으로 5년 이내에 해운대구 수준으로 끌어올리겠다는 목표 설정은 설득력이 있다. 또는 또 다른 비슷한 수준의 경쟁도시의 데이터를 참고하면서 이들을 넘어서는 목표를 세울 수도 있다.

비교를 많이 하면 할수록 특정 지역의 현황이 잘 이해된다. 관광소비나 방문자 수, SNS 언급량에서 해운대구와 울산광역시 남구의 수준 차이가 명확히 이해된다.

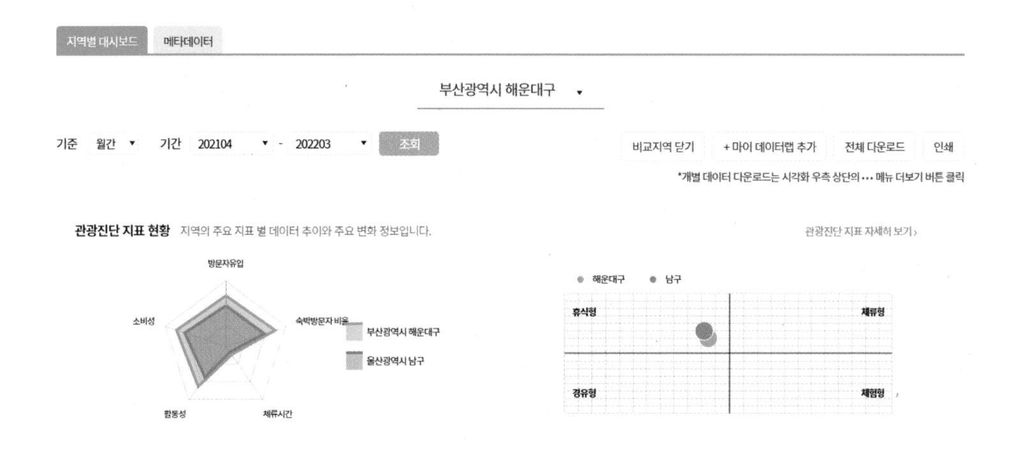

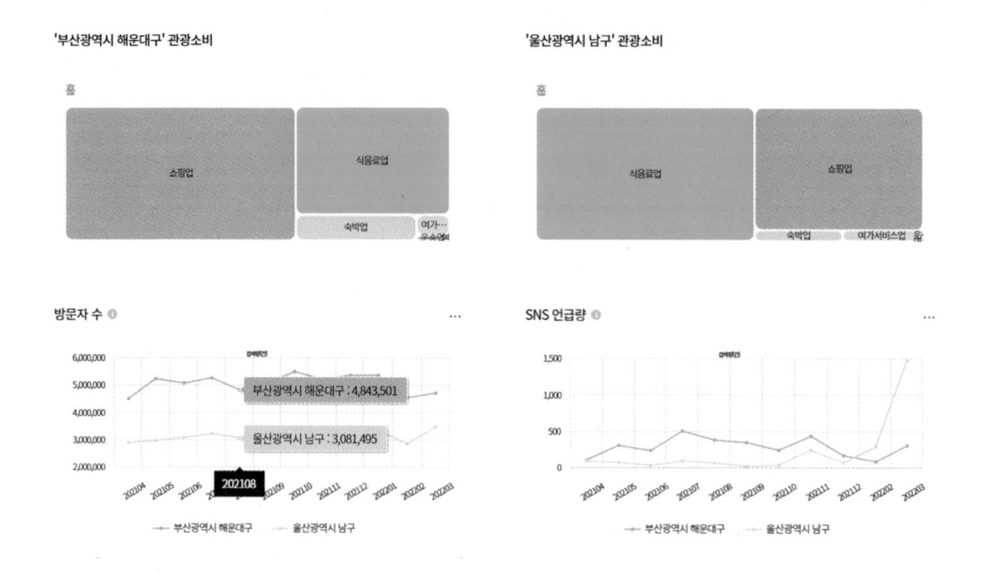

다시 비교지역 닫기를 클릭하여 지역별 데이터랩으로 돌아온 뒤, 유심히 봐야할 파트는 아래의 AI 관광 분석이다. 방문자, 체류유형, 관광소비, 연관지역, 유사지역에 관한 유용한 정보를 제공한다.

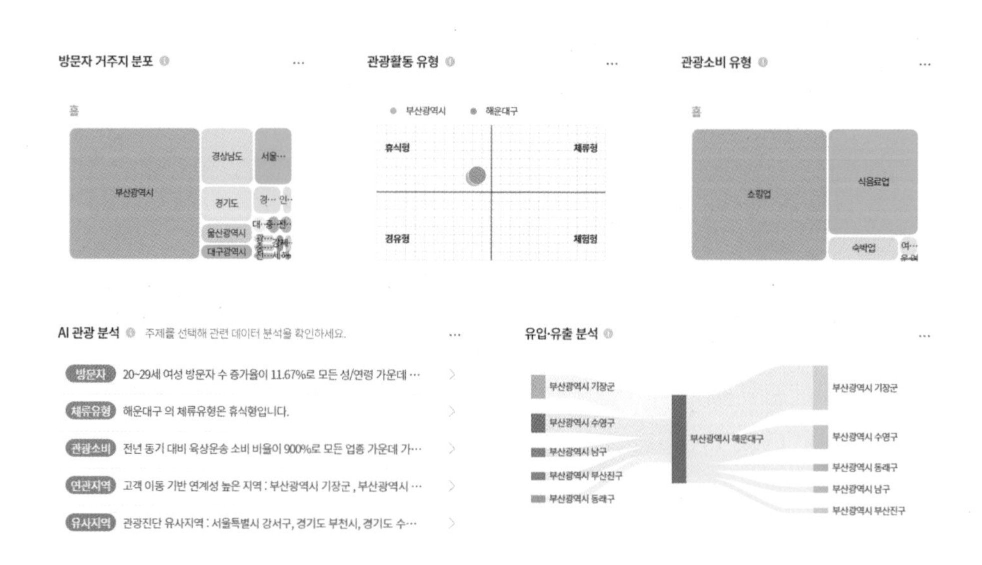

여기서는 기초지자체 단위의 방문자의 성별과 연령을 그래프로 보여주고 있으며, 시기별 방문자의 추이도 보여준다. 부산광역시 해운대구는 남성과 여성의 비율이 비슷한 수치를 보이고 있는 가운데, 젊은 20대의 비중이 가장 높으며 연령대가 올라갈수록 방문자 비율이 감소하는 양상을 보이고 있다. 최근 관광을 리드하는 MZ세대가 많이 찾는 곳이라는 점에서 매우 이상적인 성별, 연령별 구성비를 보이고 있다. 해운대구와 같은 분포를 나타내는 지자체는 거의 없다고 봐도 무방하다. 대부분은 50대 이상의 남성들이 가장 많은 비중을 차지하는 경우가 많기 때문이다. 경제력이 있는 50대 이상의 남성들이 나쁘다는 것은 아니지만, 이 세그멘트의 경우는 대부분 술을 마시거나 평소에 하던 루틴은 패턴을 크게 벗어나지 못한다는 단점이 있다. 새로운 관광체험이 등장해도 그다지 관심이 보이지 않는다. 그러나 당연히 사업을 대롭게 론칭하려는 사람들도 외면하게 되는 것이다.

아래의 부산광역시 수영구의 데이터를 보면, 수영구를 방문하는 사람들은 부산이 72.2%이며, 경남 8.4%, 서울 5.1%, 경기도 4.2%, 울산 2.0%, 경북 1.9%, 대구 1.8%이라는 것을 알 수 있다. 수영구는 광안리 해수욕장이 있어 수도권 관광객들이 많은 것이 특징인데, 그렇다고 해도 수도권의 서울과 경기도를 합친 9.3%는 부산의 근거리 지역인 경남과 울산, 경북, 대구를 합친 14.1%보다는 낮다.

거주지별 수영구 방문객 분포(한국관광 데이터랩)

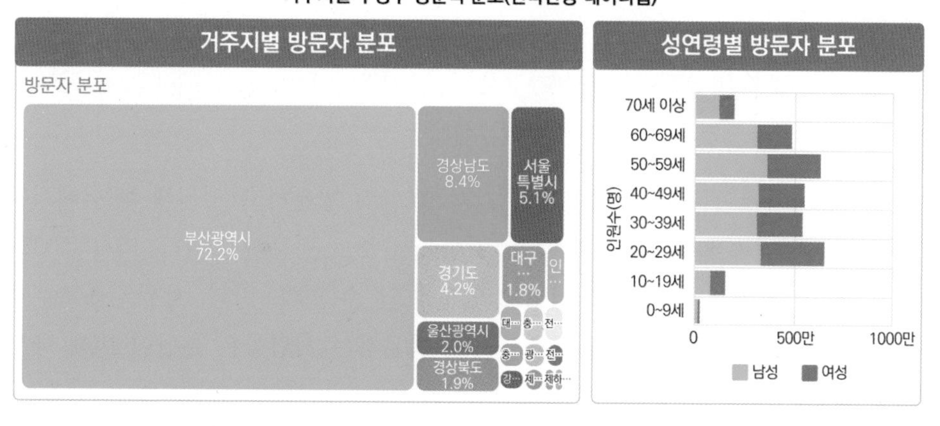

성별과 연령대 기준으로 보면, 20대가 가장 많으며 20대의 경우 남녀의 비율이 거의 비슷한 수준이다. 20대가 많다는 것은 새로운 콘텐츠를 받아들이고 소비

를 과감하게 하는 계층이기 때문에, 새로운 카페나 관광 비즈니스가 들어설 가능성이 높으며, 이러한 선순환 구조가 이 지역의 체험 거리를 더욱 풍성하게 만들 수 있다.

이 거주지별 방문자 분포는 한 단계 더 세분화된 정보를 제공한다. 아래의 예시는 울산 남구인데, 남구를 방문하는 사람들 중 부산에서 온 사람들은 전체의 8.7%를 차지하며, 부산 내에서는 해운대구, 기장군, 금정구, 부산진구 등 비교적 거리가 가까운 지역의 사람들이 많이 방문하고 있다는 것을 알 수 있다. 만일 울산 남구에서 부산을 타겟으로 옥외광고를 한다면, 이 데이터는 그 장소를 결정하는데 있어 중요한 단서를 제공한다.

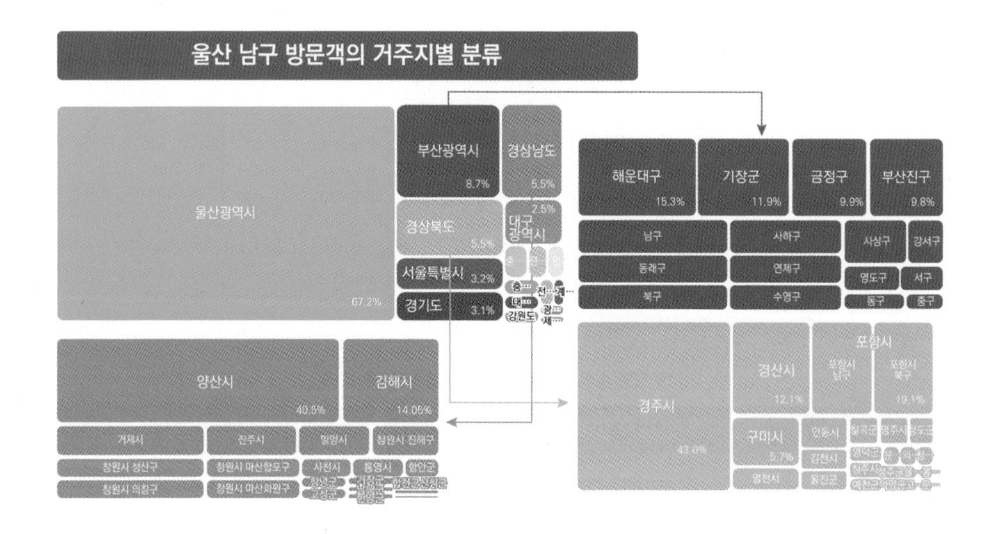

부산 이외에도 경북과 경남에서 각각 5.5%씩 방문하고 있는데, 경남에서는 양산과 김해, 경북에서는 경북과 경산, 포항에서 주로 방문하고 있다. 역시 주변도시의 인구와 거리가 큰 영향을 미치고 있음을 알 수 있다. 반면, 서울은 3.2%, 경기도는 3.1%가 방문하고 있어, 수도권에서 방문하는 사람들은 부산에 비해 매우 낮은 편이다.

그 아래를 보면 네비게이션 검색 유형 분포가 있다. 음식과 쇼핑 관련 목적지를 가장 많이 검색하고 있음을 알 수 있으며, 음식이나 쇼핑을 클릭하면 세부적으로 어떠한 유형으로 구성되는지 파악이 가능하다.

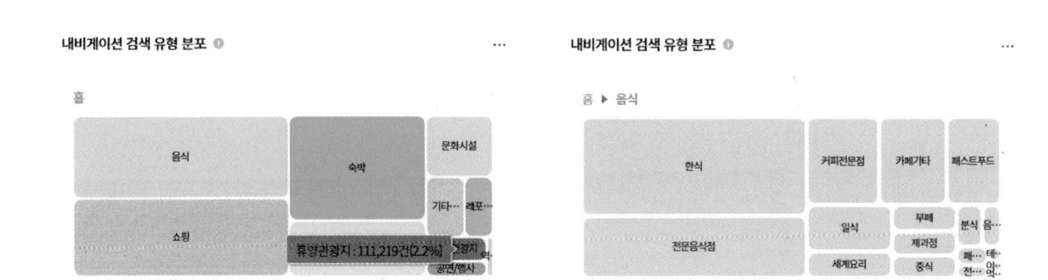

그런데 정작 관광목적지 마케팅을 하는데 있어서 알고 싶은 정보는 '누가, 언제, 어디를, 얼마나 검색하는가?'라는 내용일 것이다. 이 정보를 알아내기 위해서는 빅데이터/내비게이션/지역별 관광지 검색순위를 활용하면 된다. 관광지명과 검색건수가 숫자로 표기되며, 자연관광지, 역사관광지, 휴양관광지, 공연/행사, 문화시설, 레포츠, 쇼핑, 음식, 숙박 등으로 분류하여 카테고리별 순위를 파악할 수 있다.

지역별 검색순위 메타데이터 다운로드

전체(식음료숙박제외) 자연관광지 역사관광지 휴양관광지 공연/행사 문화시설 레포츠 쇼핑 음식 숙박 기타관광지

순위	관광지명	도로명주소	중분류 카테고리	소분류 카테고리	검색건수
1	스타필드하남	경기 하남시 미사대로 750-0	쇼핑	쇼핑센터	1,600,928
2	김포국제공항국내선	서울 강서구 하늘길 111-0	기타관광지	공항	1,451,977
3	스타필드고양	경기 고양시 덕양구 고양대로 1955-0	쇼핑	쇼핑센터	1,188,329
4	현대프리미엄아울렛김포점	경기 김포시 아라육로152번길 100-0	쇼핑	쇼핑센터	941,437
5	현대백화점판교점	경기 성남시 분당구 판교역로146번길 20-0	쇼핑	쇼핑센터	799,705
6	현대프리미엄아울렛스페이스원	경기 남양주시 다산순환로 50-0	쇼핑	쇼핑센터	799,635
7	제주국제공항	제주 제주시 공항로 2-0	기타관광지	공항	783,975
8	에버랜드	경기 용인시 처인구 에버랜드로 199-0	휴양관광지	테마파크	779,729
9	더현대서울	서울 영등포구 여의대로 108-0	쇼핑	쇼핑센터	760,012
10	신세계프리미엄아울렛여주점(EAST)	경기 여주시 명품로 360-0	쇼핑	쇼핑센터	748,439
11	속초관광수산시장	강원 속초시 중앙로147번길 16-0	쇼핑	종합시장	746,873
12	인천국제공항제1여객터미널	인천 중구 공항로 272-0	기타관광지	공항	710,994

« ‹ 1 2 3 4 5 … › » 1 of 42 pages (500 items)

단지 이 자료는 일상에서 방문하는 백화점이나 쇼핑센터와 섞여 있기 때문에 관광지라고 규정하기 애매한 아쉬움도 있기는 하지만, 지금까지 볼 수 없었던 귀중한 데이터인 것만은 분명하다.

지역별 데이터랩/지역별 대시보드/AI 관광 분석의 두 번째 카테고리는 체류유형이다. 해당 기초지자체의 통신 데이터를 토대로 휴식형, 체류형, 경유형, 체험형이라는 사분면 안에 내용을 정리한다. 체류형은 이동통신 데이터를 기반으로 하여 체류시간이 길고, 숙박일수가 많은 유형이고, 휴식형은 체류시간은 짧고 숙박일수는 많은 유형이며, 경유형은 체류시간도 짧고 숙박일수도 적은 유형에, 마지막 체험형은 체류시간은 길지만 숙박일수가 적은 유형이다. 이 4가지 유형에서 물론 가장 좋은 것은 체류형이고 가장 나쁜 것은 경유형이다. 휴식형과 체험형은 그래도 가능성이 있는 상태다.

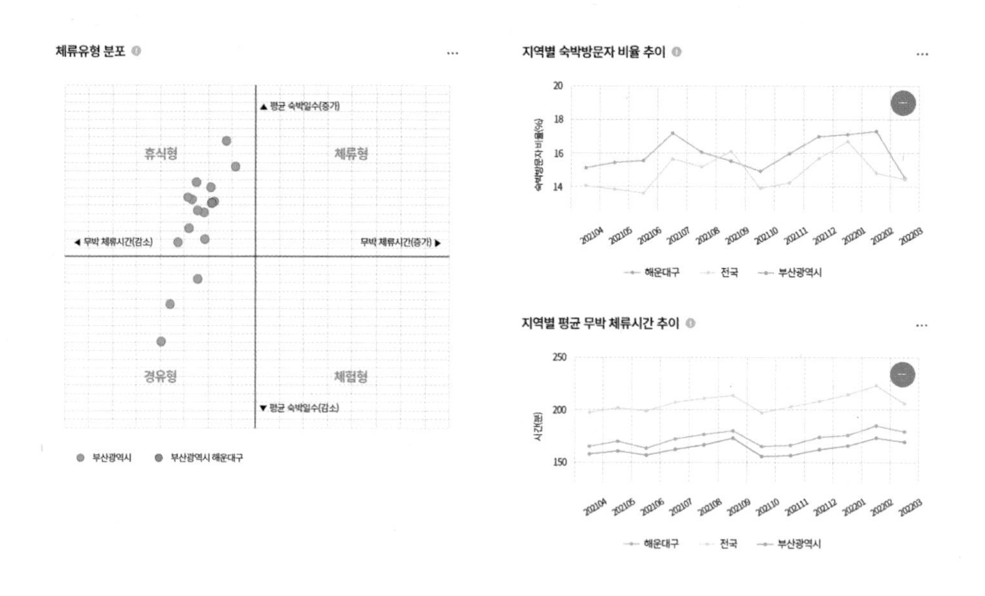

방금 언급한 것처럼 체류유형에서 가장 중요한 것은 숙박이다. 숙박을 하면 해당 지역에서 저녁을 먹게 되고, 술도 한잔 걸칠 수 있다. 잠을 자야 하니 숙박비도 지출하게 되고, 다음 날 아침까지 먹게 되니 방문객 1인당 지출비용이 크게 증가할 수 있다. 그래서 경제적인 효과를 고려하면, 방문객 수 이외에도 체류시간, 숙박 비율을 주기적으로 체크해야 한다. 해운대구는 숙박방문자의 비율이 전국보다 살짝 높고, 부산광역시 평균보다는 월등히 높다는 것을 알 수 있다. 여러 가지 면에서 우량한 수치를 보여주고 있다. 해당 지역의 실력을 수치로 그대로 나타내고 있는 것이다.

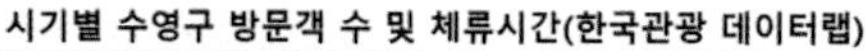

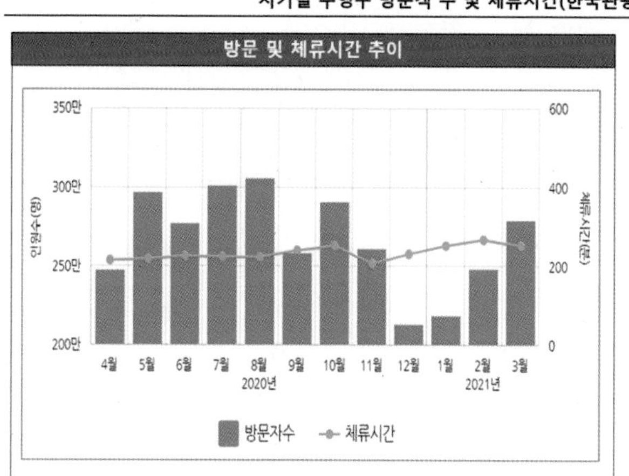

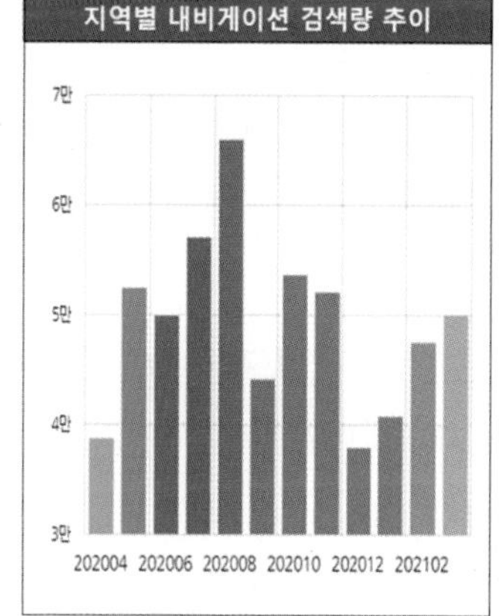

* 자료 : 한국관광 데이터랩 (2020.5월~2021년 4월)

한국관광 데이터랩 1.0 버전에서는 아래와 같이 월별 방문객수와 체류시간, 내비게이션 검색량에 대한 정보도 제공한 바 있다. 월별 방문객 수는 해당 지역의 성수기와 비수기를 파악할 수 있도록 해주며, 역시 월별 체류시간은 타 지역과 비교를 한다면 역시 현황을 파악하는 데 도움을 준다. 월별 내비게이션 검색량은 월별 방문객 수와 큰 차이가 없이 비슷한 경향을 보이고 있으나, 7~8월의 검색량이 유난히 높다는 측면에서 평소 이곳을 방문하지 않던 사람들이 내비게이션을 검색해서 관광으로 오고 있다는 것을 유추해 볼 수 있겠다.

또한 일정 기간 동안 내비게이션에서 검색한 지점의 유형별로도 분류가 되어 식음료, 숙박, 자연관광지, 문화시설, 쇼핑 등의 비중을 알 수 있다. 해당 지역의 관광 콘텐츠의 구성이나 특징을 한눈에 파악할 수 있다. 또한 각 유형을 클릭하면 그 유형을 구성하는 세부 내용을 확인할 수도 있다. 예를 들어 자연 관광지는 해수욕장의 비중이 압도적으로 높으며, 공원, 방파제, 섬, 항구의 순이었다. 몇 번의 클릭만으로 해당 지역의 관광지인 관광객체, 관광객인 관광주체, 식음료, 숙박과 같은 관광매체의 수준을 모두 파악할 수 있으며, 시각적으로 이해하기 쉽게 보여진다는 점 역시 한국관광 데이터랩이 갖는 강력한 무기다.

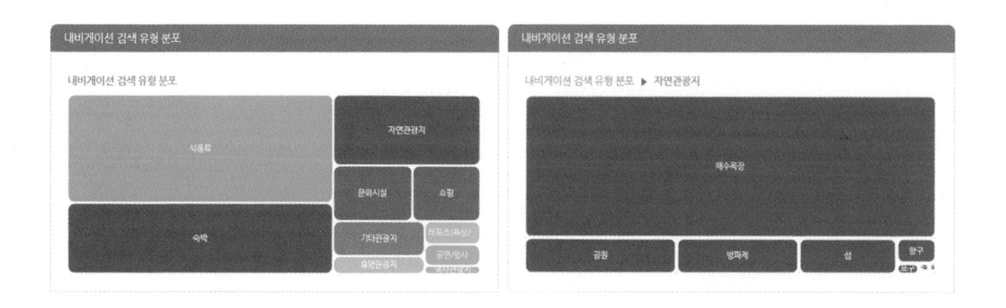

우리지역 관광상황판에서 확인했던 내비게이션 데이터는 시기별 검색량 정도였다. 내비게이션 데이터는 실제로 방문한 관광지의 축적된 데이터가 매우 부실한 현재 상황을 극복할 수 있는 소중한 자료를 제공한다.

관광지별 빅데이터

2022년부터 오픈된 한국관광 데이터랩 2.0버전의 압권은 역시 지역별 데이터랩/관광지별 대시보드다. 1.0버전에서 처음으로 기초지자체의 방문객 정보를 확인한 것은 고무적이었지만, 그 지자체 안의 관광지 방문객은 바로 뒤에서 공부할 관광주요지점 입장객통계 뿐이었다. 그나마 유료관광지는 정확한 통계가 잡히지만 무료관광지의 입장객 통계는 정확성에 있어 신뢰하기가 어려웠다. 특히나 관광지로 지정이 되지 않은 지역은 통계를 파악하기 어려운 문제가 있었다. 2.0버전에서는 이러한 문제가 상당히 해소되었다. 약 2,491여곳의 데이터를 한눈에 볼 수 있기 때문이다.

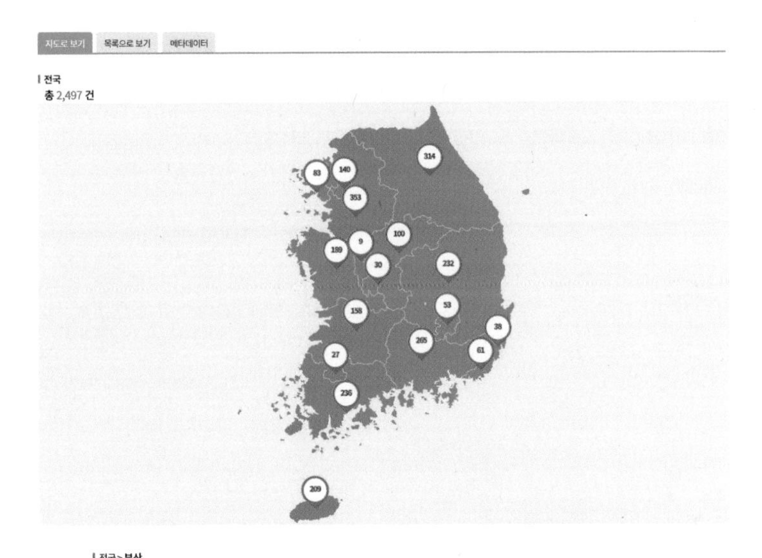
지도로 보기
목록으로 보기
메타데이터
전국
총 2,497 건

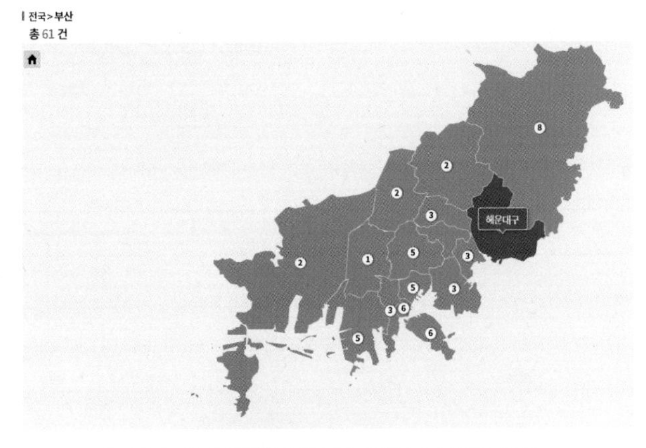
전국>부산
총 61 건
해운대구

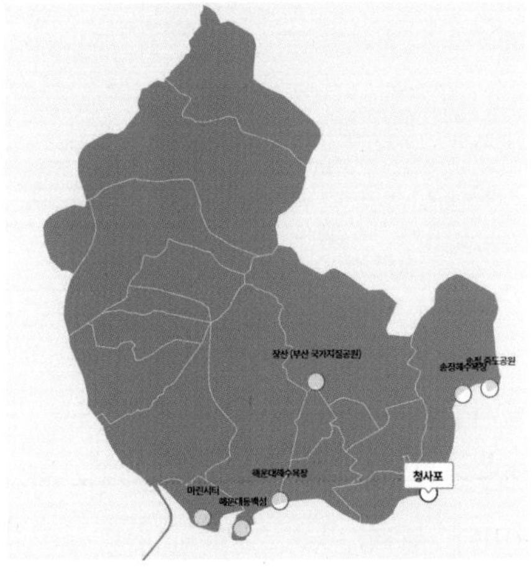
장산(부산 국가지질공원)
청사포
해운대해수욕장
마린시티
해운대동백섬

부산광역시 해운대구의 청사포를 클릭해 보니 아래와 같이 평균 체류시간, 방문자의 추이, 요일 및 시간대별 방문자 집중률, 방문자 거주지별 분포, 성별·연령별 방문자 비율 등 주옥같은 정보들이 펼쳐진다.

청사포의 평균 체류시간은 1시간 2분이며, 요일별로 방문객의 편차가 있음을 알 수 있다. 의외인 점은 서울과 경기도에서 온 방문자가 전체의 각각 11.9%, 11.2%를 차지한다는 점이다. 남녀 비율 역시 균형이 좋으며, 젊은 20대의 비중이 상당히 높게 나타나고 있다. 이처럼 각 관광지 단위의 마케팅 전략을 수립하는 데 유용한 정보들을 제공하고 있다. 특히 성별, 연령별, 지역별 타겟을 선정하는 경우에도 활용할 수 있다.

빅데이터를 다룰 때 주의해야 할 점

단 빅데이터를 다룰 때 반드시 조심해야 할 점이 있다. 국민여행조사에서 나오는 국내여행객 수는 관광으로 방문하거나 비즈니스 또는 가족/친지/친구 방문으로 온 사람들이다. 그러나 통신 빅데이터에서 다루는 내용은 해당 지역에 4시간 이상 체류한 사람의 숫자를 다루고 있다. 그렇다 보니, 해당 시/군으로 여행 온 사람들이 아니라 오며 가며 들리는 사람들까지 모두 포함하고 있으며, 동시에 관광객인지 아닌지 구분이 안 된다. 그래서인지 과거 시/군을 방문하는 데이터들의 추이를 보면 일관성이 없는 경우가 많다. 따라서 빅데이터에서 제시하는 관광객 수 등의 절대값에는 큰 의미를 두지 않는 것이 좋다.

바로 이 점이 빅데이터가 갖는 한계다. 빅데이터는 방대한 양의 데이터를 바탕으로 분석은 하지만 전수조사는 아니다. 따라서, 빅데이터를 통한 분석 결과가 전체를 모두 대변하고 있다고 볼 수는 없으며, 하나의 인사이트를 얻거나 대략적인 트렌드를 읽는 정도로만 활용해야 한다. 지나치게 빅데이터 분석 결과를 신뢰하면 오히려 오류에 빠질 수도 있는 것이다.

빅데이터 분석 결과를 실무에 활용할 때는 비율을 중심으로 보는 것이 좋다. 절댓값에 있어서는 변동이 있겠지만 비중 자체는 큰 변화가 없기 때문이다. 또한 국민여행조사의 데이터와 서로 비교해 보면서 바른 해답을 찾아나가는 것이 좋다. 국민여행조사도 나름의 한계가 있을 것이며, 빅데이터도 완벽하지는 않기 때문에 서로의 데이터를 비교하면서 그 원인을 찾아야 한다. 앞서 언급한 것처럼, 관광통계는 성급한 결론을 내리기 위한 것이 아니라, 문제점을 찾아나서는 출발점이라는 것을 간과해서는 안 된다.

카드 데이터 활용

국민 국내여행 보고서의 세 번째로 아쉬운 점이었던, 누가 어디서 어떻게 돈을 소비하고 있는지를 이해하기 위해서 카드사로부터 제공되는 빅데이터를 활용할 수 있다. 한국관광 빅데이터에서 제공하는 카드 데이터는 비교적 간단한데, 신용카드를 지출한 내용 중 관광산업과 관련 있는 업종을 분류하여 그 비중을 파악할 수 있도록 제시하고 있다. 따라서 해당 시군구에서 해당 지역에서 실제로 지출되는 소비 업종을 한눈에 볼 수 있다.

그림 2-20 신용카드 소비액 유형별 분포

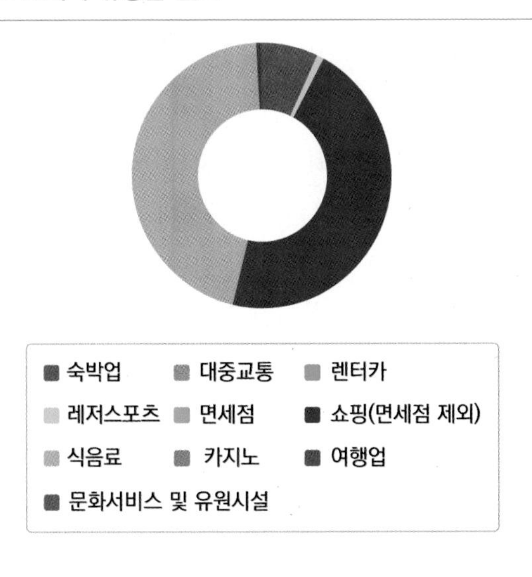

그러나 카드 데이터는 해당 지역의 더 다양한 정보를 제공할 수도 있다. 통신데이터는 시군구와 같은 행정 단위로 방문객 정보를 제공하는데 반해, 카드 데이터는 좀 더 현실적인 구분이 가능하다. 예를 들어 부산 수영구 내의 광안리 해수욕장의 상권만 별도로 파악이 가능하다. 사실 수영구 안에는 민락 수변공원과 횟집, 수영사적공원, F1963, 비콘 그라운드, 망미골목 등 다양한 관광지가 존재하기 때문에, 수영구의 데이터를 모든 관광지에 그대로 적용하는데 한계가 있는데, 카드 데이터는 빅데이터의 범위를 한층 좁혀 주기 때문에 정확도를 높일 수 있게 해준다.

외부기관의 카드 데이터 활용

아래의 그래프는 2018년부터 2020년까지 3개년간 6월부터 8월까지의 추이를 나타내고 있다.

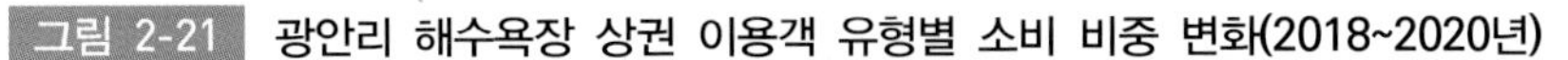
그림 2-21 광안리 해수욕장 상권 이용객 유형별 소비 비중 변화(2018~2020년)

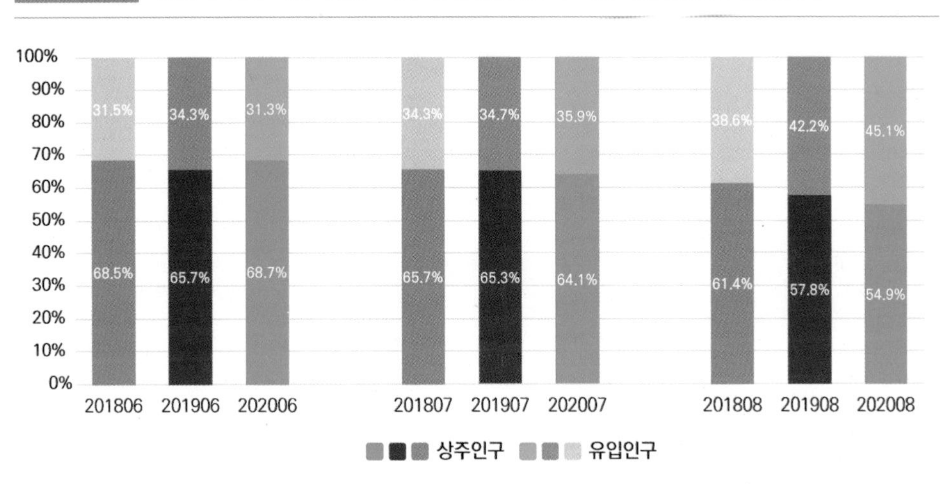

가장 우측의 있는 8월달의 3개년 수치를 비교해 보면 유입인구의 카드 지출액이 점차 증가하고 있는 것을 알 수 있다. 관광산업의 관점에서 보면, 매우 긍정적인 신호다. 관광은 해당 지역의 경제 규모를 확장시켜 준다. 외부인들이 들어와서 이곳에서 매출을 높여준 것이다.

이전까지 경제라는 것은 소비의 주체인 가계와 공급의 주체인 기업으로 구성되는 것이라고 하였다. 그러나, 관광은 방문자라는 새로운 주체를 만들어 내며, 기존에 없었던 새로운 경제 영역을 만들어 낸다. 이러한 현상에 주목한 영국에서는 이런 특성 때문에 관광을 방문자 경제(Visitor Economy)라고 불렀다. 방문자 경제의 측면에서 볼 때, 광안리 해수욕장은 7월과 8월에 있어서는 매우 성공적인 마케팅을 했다고 평가할 수 있다. 이처럼 카드 데이터는 상권별로 해당 지역의 관광 마케팅 성과를 보여주는 장점이 있다.

그림 2-22 부산 불꽃축제 개최기간 상권 매출액 변화, 소비인구 비중, 유입인구 분석

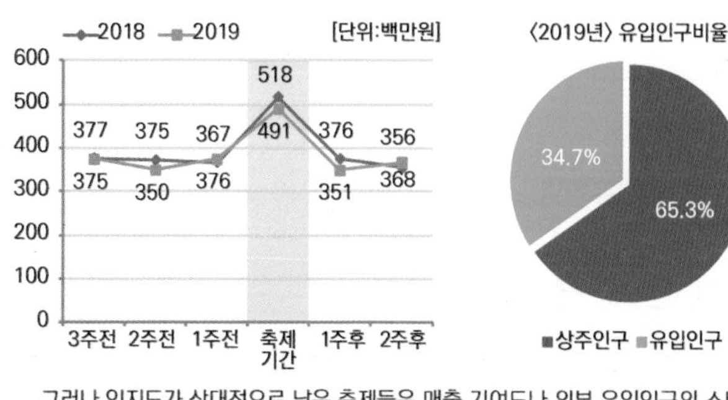

그러나 인지도가 상대적으로 낮은 축제들은 매출 기여도나 외부 유입인구의 소비 비중에 있어 편차가 존재하고 있음. 부산에서 개최되는 축제와 이벤트에 대한 집중적인 투자는 인지도 확산을 통해 지역경제 활성화에 기여하는 바, 연중 전체 축제를 통합하여 관리하는 방안이 필요함.

항목	광안리 어방축제	해운대 달맞이온천축제	부산국제 록페스티벌	부산항축제
축제기간 매출액 변화	16%	-6.0%	7.5%	4.2%
유입인구 소비 지중	22.3%	32.6%	21.5%	19.7%

순위	유입 시도	비중
1	경상남도	23.4%
2	경기도	18.4%
3	서울특별시	14.1%
4	대구광역시	9.9%
5	경상북도	6.1%
6	울산광역시	5.8%
7	대전광역시	3.9%
8	충청남도	3.5%
9	인천광역시	3.0%
10	전라북도	3.0%
11	광주광역시	2.8%
12	충청북도	2.6%
13	전라남도	1.3%
14	세종특별자치시	0.9%
15	제주특별자치도	0.7%
16	강원도	0.7%
	합계	100.0%

카드 데이터의 이러한 강점은 관광지뿐 아니라 대형 축제나 이벤트에 대해서도 적용할 수 있다. 예를 들어, 부산 불꽃축제를 개최하는 경우, 그 성과를 측정하는 방법으로는 무인계측 카메라를 통해 해당 지역에 모인 사람 수를 세는 방법이 있을 것이다. 그러나, 사람들만 모인 것으로는 어느 정도의 경제적 효과를 부산에 제공했는지를 알 수가 없다. 아래에 있는 자료를 보면 축제가 개최된 기간을 주 단위로 분류하여 부산 불꽃축제가 개최된 상권만을 골라 그곳에서 일어난 매출액을 비교해 볼 수 있다.

좌측 상단의 그래프를 보면 2019년 축제기간 동안에 일어난 카드 지출액은 4억 9,100만원이다. 축제 전 주에는 3억 7600만원이었고, 그 전 주도 큰 편차 없는 비슷한 수준을 유지했지만, 축제 기간에 갑자기 카드 지출액이 약 1억 1,500만원 증가한 것이다. 비율로 따지면 약 30%가 넘는 수준이다. 게다가 축제 기간 동안 외부에서 유입된 인구의 카드 지출액은 무려 34.7%나 차지하고 있는 것이다. 우측의 표에서는 유입인구의 세부 내역이 나와 있다. 경상남도에서 23.4%, 경기도 18.4%, 서울 14.1%, 대구 9.9%, 경북 6.1%, 울산 5.8%의 순이다. 수도권도 경기와 서울을 합치면 32.5%이니 꽤 높은 편이다. 비교적 성공적인 축제였다고 평가할만하다.

이러한 분석은 다른 축제에 대해서도 가능하다. 광안리 어방축제나 해운대 달맞이축제, 부산국제록페스티벌, 부산항축제 모두 축제기간 동안 전후 기간에 비해 카드 지출액이 증가했으며, 유입인구의 소비 역시 높은 비중을 차지했다. 이 수치가 높으면 높을수록 우리나라를 대표하는 축제로서 성장했다고 볼 수 있으며, 반대로 수치가 낮을 경우 그 원인을 찾아 대책을 마련해야 할 것이다.

해수욕장에 대해서도 비슷한 분석을 해 볼 수 있는데, 앞서 설명한 것처럼 카드 데이터의 강점은 실제로 돈을 집행한 사람들이 어디서 왔는지 알 수 있다는 점이었다. 부산의 6개 해수욕장에 방문하는 사람들은 거주지별로 큰 차이가 있다는 것을 알 수 있다. 부산의 해수욕장 중 가장 인지도가 높은 해운대 해수욕장과 광안리 해수욕장은 경기와 서울에서 오는 사람들이 가장 많으며, 서핑으로 인기가 있는 송정 해수욕장도 마찬가지다. 그러나 가장 북쪽에 위치하는 일광 해수욕장으로 가면 경남과 울산 사람들이 가장 많으며, 가장 서쪽에 위치한 다대포 해수욕장 역시 경남 거주자가 가장 많다. 빅데이터가 나오기 전까지는 이런 정보를 얻기 쉽지 않았지만, 이제는 어느 지역의 잠재 고객을 대상으로 마케팅을 해야하는지에 대한 많은 힌트를 제공하고 있다.

그림 2-23 부산 해수욕장 방문객의 거주지 비율

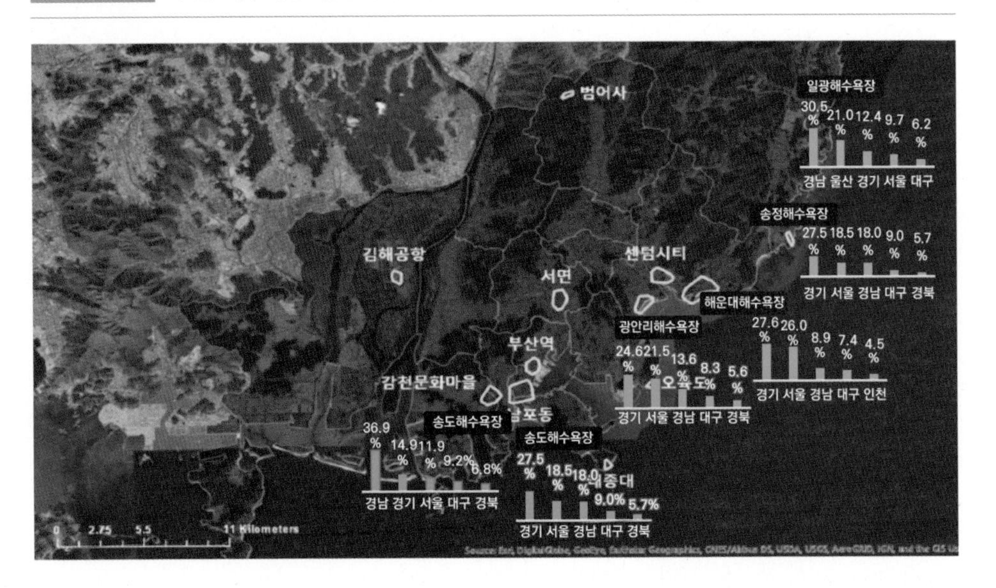

자체 설문조사의 중요성

국민여행조사와 관광 빅데이터는 지역의 관광 마케팅을 하는데 상당한 정보를 제공하는 데 도움을 주지만, 100%라고 볼 수는 없다. 해당 지역의 마케팅을 하는데 있어, 채워지지 않는 부족한 정보는 자체적으로 조사하여야 한다. 일부 광역 지자체에서는 매년 또는 2년 단위로 실태조사를 하면서 수용태세 현황을 파악하기도 하며, 때로는 중장기 전략을 수립하면서 그 안에서 별도의 조사를 하기도 한다.

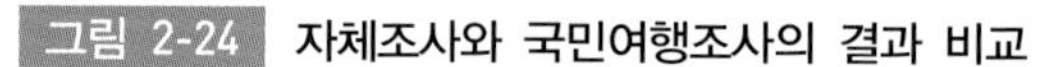
그림 2-24 자체조사와 국민여행조사의 결과 비교

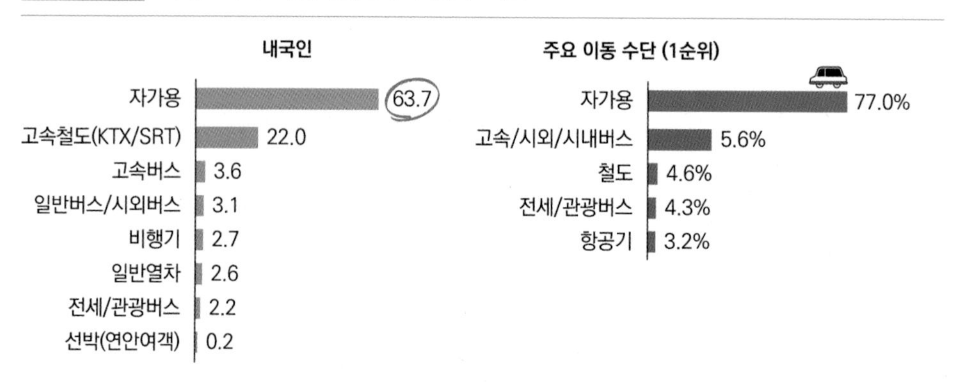

자료: 한국문화관광연구원(2020). 2019 국민여행조사

예를 들어, 국민여행조사에서는 주요 이동 수단으로 자가용이 77.0%였고, 철도와 항공기는 각각 4.6%와 3.2%였지만, 이 수치를 부산에 적용하여 수요예측을 하는 경우에는 당연히 망설임이 있게 된다. 다른 도시에는 없는 대형 공항을 확보하고 있으며, KTX역까지 있기 때문에, 아무래도 이 수치보다는 더 많은 사람들이 항공기와 고속열차를 이용할 것이라고 추정할 수 있다. 아니나 다를까 부산광역시에서 2019년에 자체적으로 조사한 바에 따르면, 자가용은 63.7%로 전국보다 13.3%p 낮았고, 고속철도는 22.0%로 전국 평균인 4.6%보다 압도적으로 높았다. 단지 항공(비행기)은 오히려 전국 평균인 3.2%보다도 약간 낮은 2.7%를 차지했다.

만일, 수도권에서 고속열차나 항공기로 부산을 방문하는 사람들을 대상으로 관광 비즈니스를 하려는 사람들에게는 공항보다는 부산역에서 사업을 하는 것이 더 낫다는 것을 알 수 있다. 이렇듯, 정확한 통계수치가 관리되면, 그 지역에서 비즈니스를 하려는 사람들은 시장 규모를 더 합리적으로 파악하고, 보다 정확한 고객 수요를 예측할 수 있다. 리스크가 줄어들면서 투자자들 역시 더 확신을 갖고 투자를 할 것이기 때문에, 새로운 관광 비즈니스가 활기를 띄게 되는 것이다.

흔히 지자체에서 관광 분야에 관한 중장기 전략을 세울 때, 범하기 쉬운 오류가 있는데, 데이터에 근거한 분석 없이 단기적으로 당장 관광객을 한 명이라도 더 유치하려는 단기적인 관점의 사업들이 주를 이룬다는 점이다. 시간은 더 걸리겠지만, 앞선 통계 수치들이 탄탄하게 구축되어 있으면, 비즈니스를 하려는 사람들은 쉽게 시장에 진입할 수 있기 때문에, 관광 콘텐츠는 자동적으로 풍성해 지는 것이다. 관광 콘텐츠는 지자체가 시민들의 세금을 투자해서 개발하는 것이 아니다. 그 주체는 민간이다. 민간이 사업계획서를 수립하려면 거기에는 반드시 근거가 필요하고, 그 근거가 바로 통계수치다. 정부에서 제시하는 통계수치가 충분하지 않다면 지역에서는 자체적으로 통계 수치를 수집하고 관리하는 것이 가장 시급한 일이라는 것을 부산의 사례를 통해 알 수 있다.

06

관광주요지점 입장객통계

이제 광역지자체, 기초지자체 시군구의 데이터에 대해 학습하였다. 아직 아쉬운 부분이 있다. 빅데이터를 통해 시군구까지 관광객 데이터를 파악했지만, 사실 시군구 안에도 다양한 관광지가 존재한다. 이 관광지를 방문하는 사람 수는 알 길이 없다.

어떤 기초지자체에 어디서 어떤 사람이 오는지는 파악이 되지만, 그 기초지자체 안에서 어디를 가장 먼저 들러 어디서 점심을 먹고, 어디로 갔다가, 어디서 저녁을 먹고, 어디서 숙박을 하는지와 같은 동선을 파악하는 것은 대단히 중요하다. 왜냐하면, 그걸 알아야 부족한 관광 콘텐츠는 무엇인지 알 수 있고, 수용태세

개선도 막연하게 할 것이 아니라 그 동선에 집중하면 보다 효율적으로 대처할 수 있기 때문이다.

아쉽게도 현재의 통신 데이터나 카드 데이터에 의한 빅데이터는 기초지자체 내에서의 이동 동선을 제공하는데 한계가 있다. 이럴 때 유용하게 활용할 수 있는 데이터가 바로 관광지식정보시스템에서 제공하는 주요관광지점 입장객통계다.

그림 2-25 2019 주요관광지점 입장객통계

주요관광지점 입장객통계는 관광지식정보시스템의 관광객 통계 내에서 확인할 수 있다. 이 통계는 쉽게 말해서 관광지에 관한 것이다. 각 지자체에서는 특정 관광지를 개발할 때 관광지로 등록을 하면 관광지에서 영업하는 기업체는 세금 감면 등의 이득을 볼 수 있으며, 법적인 절차 역시 신속하게 진행할 수 있다.

그런데, 문제는 이 관광지라는 곳이 우리나라 관광 콘텐츠의 전체를 대변하지 못한다는 점이다. 과거에는 공적 섹터에서 개발한 관광지 중심의 관광 행태가 지배적이었지만, 최근에는 카페를 비롯하여 각종 사설 업체가 더 인기가 많기 때문이다. 이들 기업은 관광지 지정이 안 되어 있어 한계가 있는 것이다. 특히 수도권에서는 두드러진다. 그러나 지방의 경우에는 사설 기업보다는 지자체에서 투자한 관광지가 그나마 대표성이 있으며, 전반적인 추이를 보는 네 도움을 주기도 한다.

그림 2-26 주요관광지점 입장객통계 조사지점 수

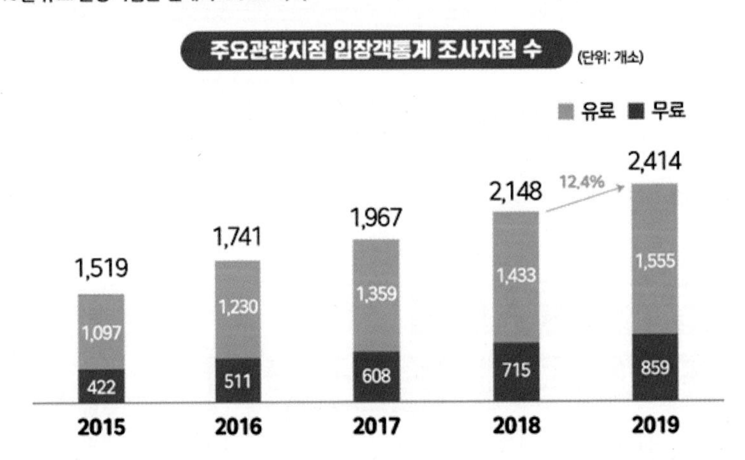

투어고인포에서는 매년 주요관광지점 입장객 통계를 인포그래픽으로 정리하여 제시하고 있다. 이 자료만으로도 해당 지역의 관광자원 현황을 파악하는 데 꽤나 도움이 된다. 우리나라의 조사관광지점 수는 2019년 기준으로 2,414개가 있으며, 이 숫자는 매년 변동이 있다.

이 통계를 활용하는 데 있어 주의할 점은 전체 관광지 중에서 유료 관광지는 1,555개로 전체의 64.4%에 불과하다는 점이다. 그리고 또 입장권을 발권하는 곳은 1,053개로 전체의 43.6%다. 나머지는 유료라고 해도 일지를 작성하는 수준이어서 정확한 입장객을 측정하는 데 어려움이 있다. 그런데 더 큰 문제는 바로 무료 관광지다. 우리나라의 관광지는 지자체나 지역의 공공기관이 관리하는 방식이어서 관광객 대상이 아니라 지역 주민 대상으로 관리되어 왔다. 이러다 보니 자연스럽게 입장료를 받지 않고, 세금으로 관리를 해 왔다.

그러나 사실 여기에는 많은 고민과 반성이 필요하다. 무료 관광지는 자유롭게 방문할 수 있어 관광객을 많이 유치하는 데 기여한다고 긍정적으로 해석할 수도 있으나, 별도의 수익이 없기 때문에 관광지에 자금을 투입하기가 어렵다. 또한,

최소한의 필요한 사항에 대해서만 예산 지원이 되기 때문에 그 지역을 대표할 정도의 관광지로 성장하기는 어렵다. 최근의 관광객은 무료 관광지보다는 일정 금액 입장료를 내더라도 그만한 가치가 있다면 돈 지출하는 것을 꺼리지 않는다. 서둘러 유료 관광지로 전환해야 한다. 대신 더 재미있는 콘텐츠를 고민하고 개발하여 새로운 부가가치를 창출해야 한다.

그러나 이것이 말처럼 쉬운 일이 아니다. 민선으로 선출되는 지자체 장의 입장에서는 아무리 관광객들이 많이 유치한다고 하더라도, 지역의 관광지를 유료로 하게 되면 단기적으로 지역 주민들의 원망을 받을 수도 있어, 다음 선거에서 재선하기 어려울 수 있는 것이다.

해마다 지역 관광을 활성화하기 위한 대안으로 언급되는 것으로, 지역 화폐나 관광 패스가 있다. 일본 간사이 패스의 사례를 들면서 우리나라도 시급히 이러한 제도를 도입해야 한다는 의견이 많다. 그리고 자신이 간사이 패스를 사용하여 할인 이득을 본 경험을 얘기하며, 우리도 도입하자고 한다. 그런데, 여기에는 큰 모순이 있다. 관광객 입장에서 관광 패스의 장점은 할인을 적용받아 비용 절감을 할 수 있다는 것이다. 그런데 할인이라는 것은 기본적으로 비용을 받아야 가능한

그림 2-27 주요관광지점 유형 및 측정방법 현황

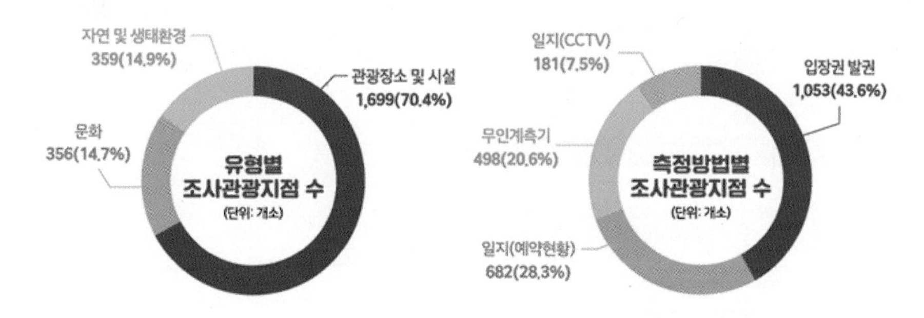

것이다. 즉 유료가 아닌 이상 할인도 없는 것이다. 우리나라는 대부분이 무료 관광지이기 때문에 관광 패스가 의미를 갖기 어렵다. 일본은 유료 관광지 중심이기에 간 사이 패스가 위력을 발휘하는 것이다.

무료 관광지가 대세가 되는데 영향을 미친 것이 바로 패키지 여행이다. 해외 여행사와의 불공정한 계약 속에서 적자 구조 속에서 외래관광객을 받아 안내를 하기 때문에, 이런 구조에서는 충실한 유료 관광지에 관광객을 안내하기에는 도저히 수지가 맞지 않는다. 그러다 보니 무료 관광지 중심으로 일정을 짜게 되었고, 여행사 입장에서는 더더욱 유료 관광지의 확대는 반대할 수밖에 없는 것이다.

이제는 이러한 유통 구조가 무너졌고, 여행 플랫폼(OTA)의 시대가 도래했다. 짧은 단위의 체험을 설계하여 운영할 수 있는 콘텐츠 프로바이더들의 시장진입 장벽이 무너졌기에 누구라도 참여하여 도전할 수 있게 되었다. 섬세하게 디자인된 체험 서비스라면 당당하게 가격을 붙여 관광상품을 판매한다. 자연스럽게 민간 중심의 유료 관광지의 수는 더욱 증가할 것이다.

어쨌거나 지금의 관광지는 무료 관광지 중심이다. 무료 관광지가 갖는 통계상의 문제는 신뢰성이 부족하다는 점이다. 일지(CCTV)나 무인계측기 등에 의해서 데이터가 축적되기 때문에, 그 안에서 한 사람이 여러 번 중복 카운팅 되는 경우도 많다. 야외의 경우에는 높은 카메라에서 측정하는 사람 수의 수치는 정확도 면

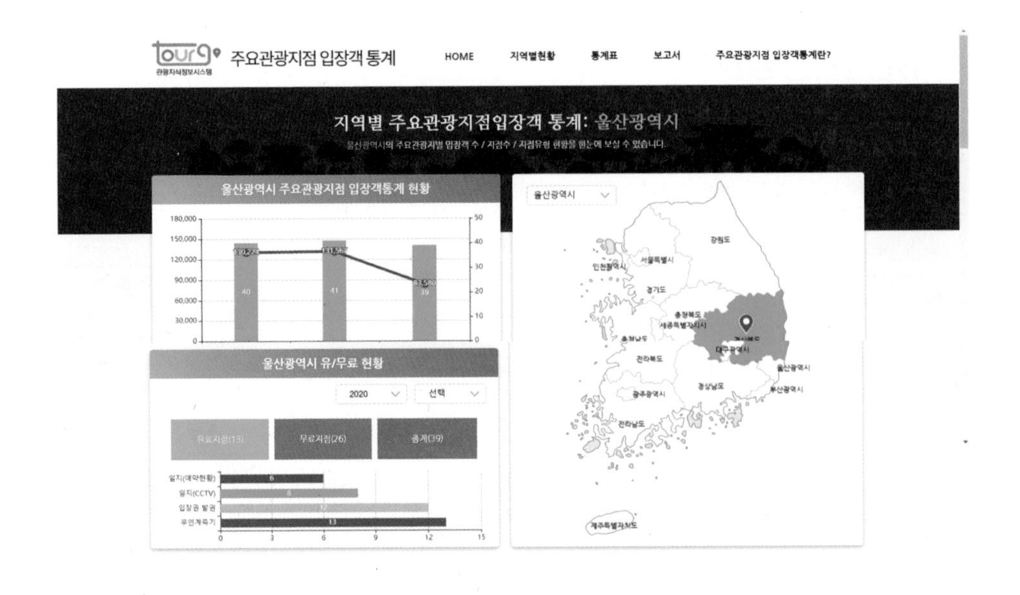

에서 많이 부족하다.

이를 위해서는 먼저 안면인식 등 발전된 기술을 정확한 통계 데이터를 수집하는 데 적용하는 다양한 시도가 있어야 한다. 또한, 과학기술에 의존하는 것도 좋지만, 입장하는 통로나 동선을 통해 고객 입장 여부를 파악하기 좋게 구조적으로 세팅하는 것도 중요하다. 이러한 구조를 잘 설계해 놓으면 통계 분석을 통해 마케팅에 제공할 시사점을 도출할 수 있다.

정확도 면에서 아쉬움이 있기는 하지만, 주요관광지점 입장객 통계는 어디까지나 국가 공인 통계다. 이것을 대체할 통계도 없으며, 특정 지역의 관광자원의 수준을 이해하고 그곳의 동향을 파악하는 데 많은 도움이 된다.

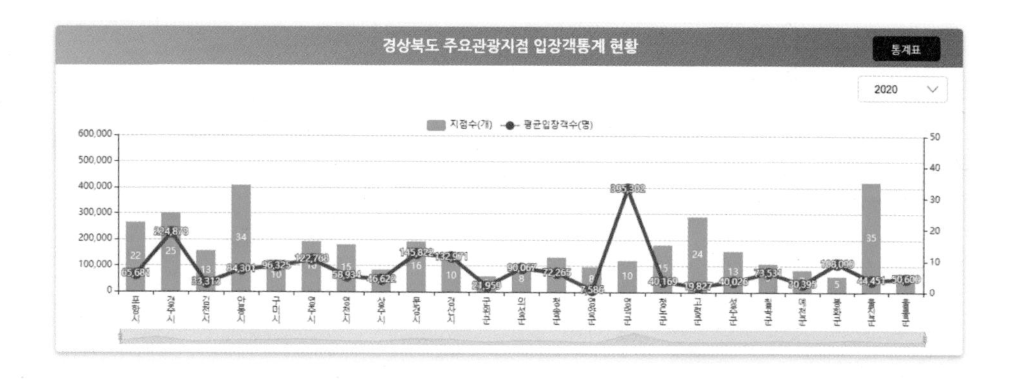

주요관광지점 입장객 통계는 관광지식정보시스템에서 제공되는데, 가장 이해하기 쉬우면서 시각적으로 디자인이 잘 되어 있다. 먼저 우측의 우리나라 지도에서 해당 광역지자체를 클릭하면 좌측에 관광지 수와 통계 집계방식이 표시되며, 시기별로도 파악이 가능하다.

그 밑에는 해당 광역지자체를 구성하는 시군이 표기되며, 주요관광지와 입장객의 수가 그래프로 표기된다. 물론 이 통계가 그 지역을 방문하는 관광객 수를 그대로 나타난다고 할 수는 없다. 또한 해당 시군에 관광지로 지정된 곳이 많기 때문일 수도 있고, 한 관광객이 여러 곳을 방문하여 중복으로 계상되어 있을 수도 있을 것이다. 그럼에도 불구하고, 이 숫자들을 보면서 이 숫자는 무엇으로 이루어진 것일까, 또는 여긴 왜 이렇게 많지? 라며 궁금증을 갖고 하나씩 풀어보는 것도 해당 지역의 관광 경쟁력을 이해하는 지름길이라고 할 수 있다.

아울러 그 아래에는 주요관광지점 중 입장객 수를 순위별(TOP 10)로 나열해 놓고 있다. 대략 무료 관광지가 높은 순위를 차지하고 있지만, 전통적으로 강한 유료 관광지도 만만치 않게 포진되어 있다. 이 TOP 10내에 있는 관광지의 위치만 파악해도 이 곳에 오는 관광객들이 어떻게 들어와서, 어디를 둘러 보다가 어디로 갈지 대략 감이 잡힌다. 물론 조심해야 할 것은 무료 관광지의 대부분은 현지 주민일 가능성이 높다는 점이다. 중복 카운팅은 말할 것도 없다. 이 순위를 보면서 연간 10만 명 넘어도 일단 주목을 해봐야 한다. 10만 명이면 1달이면 8,333명이고, 1주일이면 대략 2천 명이 넘는다. 상당한 유동 인구다.

지금 본 내용은 지역별 현황 자료로서, 그 옆의 카테고리에서는 보고서를 다운받을 수 있어 지역별 주요 관광지의 순위나 월별 입장객 수 등 보다 상세한 데이터를 확인할 수 있다.

경상북도 인기 주요관광지점 TOP 10

2020

순위	지역	지점명	유/무료	입장객 (명)
1	영덕군	강구항	무료	3,204,903
2	문경시	문경새재도립공원	무료	1,630,526
3	안동시	하회마을	유료	836,839
4	경산시	갓바위	무료	828,161
5	경주시	경주 토함산 (불국사탐방로 제외)	무료	819,668

그림 2-28 2019년 주요관광지점 입장객 수 TOP 5

그림 2-29 2019년 우리 지역 입장객 수 TOP 1

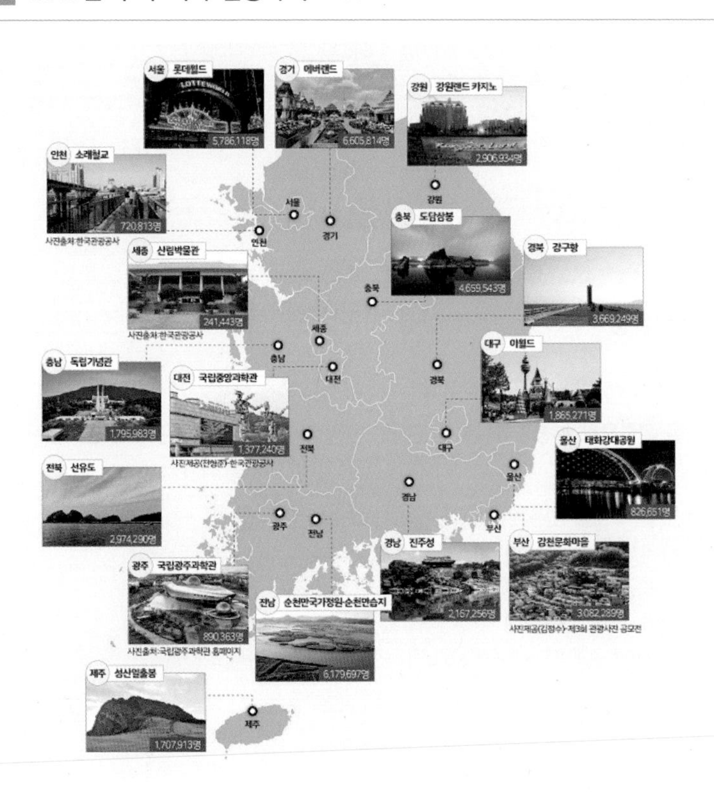

07

연습문제

문제 1

2019년을 기준으로 울산광역시를 방문하는 관광객이 지출한 금액은 연간 얼마인지 계산해 보세요.

문제에서는 전체 방문객이 아닌 관광객에 한정하고 있으므로 관광여행의 수치를 활용한다.

- 울산의 전체 관광여행 횟수: 3,651,000회
- 1회 평균 여행 지출액(관광여행): 114,000원
- 울산의 전체 관광여행 횟수 × 1회 평균 여행 지출액(관광여행)
  = 3,651,000회 × 114,000원 = 416,214,000,000원

정답 4,162억 원

문제 2

2019년을 기준으로 부산광역시를 방문하는 관광객이 지출한 금액은 연간 얼마인지 계산해 보세요.

문제에서는 전체 방문객이 아닌 관광객에 한정하고 있으므로 관광여행의 수치를 활용한다.

- 부산의 전체 관광여행 횟수: 15,543,000회
- 1회 평균 여행 지출액(관광여행): 178,000원
- 부산의 전체 관광여행 횟수 × 1회 평균 여행 지출액(관광여행)
  = 15,543,000회 × 178,000원 = 2,766,654,000,000원

정답 2조 7,666억 원

문제 3

A씨는 울산에서 펜션을 운영하고자 준비 중입니다. 연간 울산의 펜션에서 숙박하는 관광객은 몇 박일지 예상해 보세요(전국에서 펜션을 이용할 확률과 동일하다고 가정).

펜션에서 숙박하는 관광객에 관한 문제이므로, 숙박 관광여행의 수치를 활용한다. 또한, 숙박업체의 입장에서는 체류 기간보다 몇 박을 하는지가 중요하므로, 숙박여행 일수를 숙박 박수로 전환한다. 이를 위해서는 숙박 관광여행의 1회당 체재일수를 먼저 구해야 한다.

- 울산 숙박 관광여행 1회당 체재일수: 3,582,000일 ÷ 1,486,000회 = 2.4일
- 울산 숙박 관광여행 숙박 박수: 3,582천 일 – (3,582천 일÷2.4) = 2,089,500박

* 마지막 날은 제외, 1박2일인 경우 체재기간은 2일이나 숙박은 1박, 2박3일인 경우 체재기간은 3일이나 숙박은 2박

정답 2,089,500박

A업체가 10개의 객실을 설치했을 때, 객실 가동률은 얼마나 나올까요? (울산에는 현재 99개의 펜션이 동일한 규모와 동일한 경쟁력을 갖고 운영되고 있음. 365일 매일 똑같은 인원의 손님이 숙박한다고 가정)

- 펜션 이용일수: 2,089,500박 × 31.1% = 649,835박
- 1일 펜션 이용객: 649,835박 ÷ 365일 = 1,780박
- 1개 펜션업체의 1일 이용객: 1,780박 ÷ 100개 업체 = 17.8박
- 1개 펜션업체의 객실수: 10개

정답 가동률 100%

문제 4

20대를 대상으로 영화촬영지에서 스냅사진 제공 비즈니스를 준비하고 있는 B씨는 부산과 대구, 울산을 대상으로 사업할 지역을 검토하다가 울산으로 결정을 했습니다. B씨가 적절한 의사결정을 했는지 근거를 갖고 자문을 해 주세요.

- 국내 관광여행 횟수: 263,257,000회

국내 관광여행 횟수	263,257,000		
지역	부산	대구	울산
20대 비율	9.8%	3.1%	1.8%
20대 관광객 수	25,799,186	8,160,967	4,738,626

- 20대 관광여행객 수는 부산이 가장 높으며, 대구와 울산의 순이며, 그 격차가 크게 나타남

정답 부산으로 결정하는 것이 바람직함

부산에서 사업을 할 경우 경쟁자가 많아 3%의 점유율을 가질 것으로 예상되며, 대구는 10%, 울산은 20%의 점유율이라고 가정할 경우에는 어느 지역이 가장 적절한지 도출해 보세요.

지역	부산	대구	울산
20대 비율	9.8%	3.1%	1.8%
20대 관광객 수	25,799,186	8,160,967	4,738,626
점유율	3%	10%	20%
예상 고객수	773,976	816,097	947,725

정답 울산에서 하는 것이 가장 적절함

문제 5

관광여행의 여행정보를 획득하는 경로에 있어서, 인터넷사이트나 모바일 앱을 가장 많이 활용하는 연령대, 성별, 소득 수준, 학력에 대해 정리해 보세요.

- 연령대에서는 20대가 가장 많으며 연령대가 증가할수록 하락
- 싱별에서는 큰 자이가 없음
- 소득 수준이 높을수록 인터넷사이트/모바일앱 사용 증가
- 학력이 높을수록 인터넷사이트/모바일앱 사용 증가

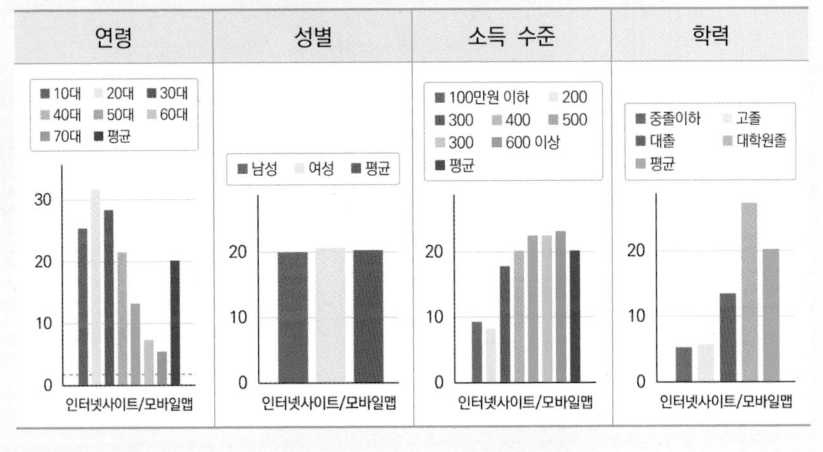

테마파크나 놀이시설, 동식물원에 가장 많이 방문하는 연령대는 누구입니까?

- 10대가 가장 높게 나타남
- 아동 자녀가 있는 30대와 연인 동반의 20대가 그 다음의 순위를 기록

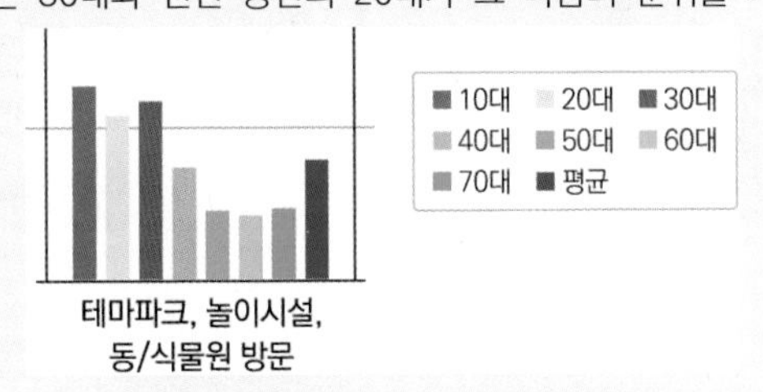

여행기간 중 휴식과 휴양을 가장 선호하는 계층은 소득수준에 있어 어떤 특징을 보이나요?

- 휴식과 휴양에서 연령대별 큰 차이는 없으나 400~500만원 미만을 제외하면 연령대 증가에 따라 휴식과 휴양 활동은 매우 완만하게 상승
- 야외 위락 및 스포츠, 레포츠 활동은 소득수준에 따라 큰 차이를 보임
- 다른 활동에서는 소득 수준과 활동 사이에 큰 인과관계를 없는 것으로 추정됨4)

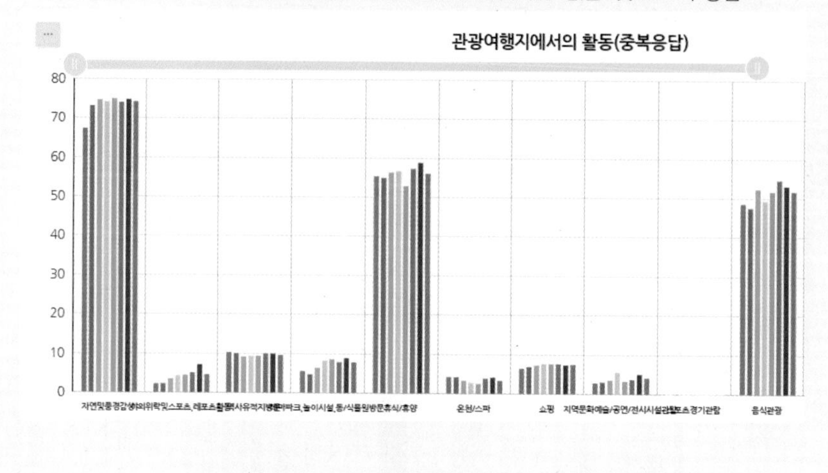

돈 많은 사람이 여행지에서 돈도 많이 쓸까요?

- 전체적으로 소득수준의 증가에 따라 1회 평균 관광여행의 지출액은 비례하여 상승하며, 600만원 이상에서 비약적으로 증가함

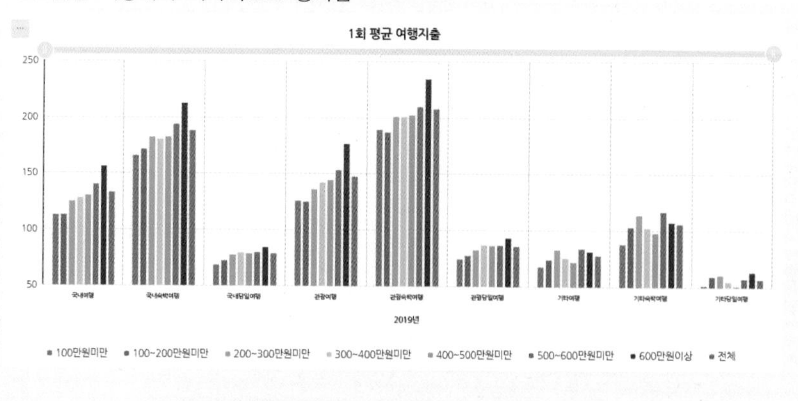

---

4) 소득 수준과 활동 사이의 인과관계 여부는 통계분석(t−test등)을 통해 별도로 유의도를 확인해야 하며, 그래프상의 모양만으로는 그렇다고 단정할 수 없음.

숙박시설 중 펜션 선택에 가장 큰 영향을 미치는 요인은 무엇인가요? (연령, 성별, 소득, 구성원수)

- 젊은 층에서 펜션을 선호하며 연령대가 높아질수록 수요가 감소(50대 예외)
- 성별에서는 큰 차이가 없음
- 소득 수준이 높을수록 펜션 사용 증가
- 3인 가족에서 펜션 사용 증가

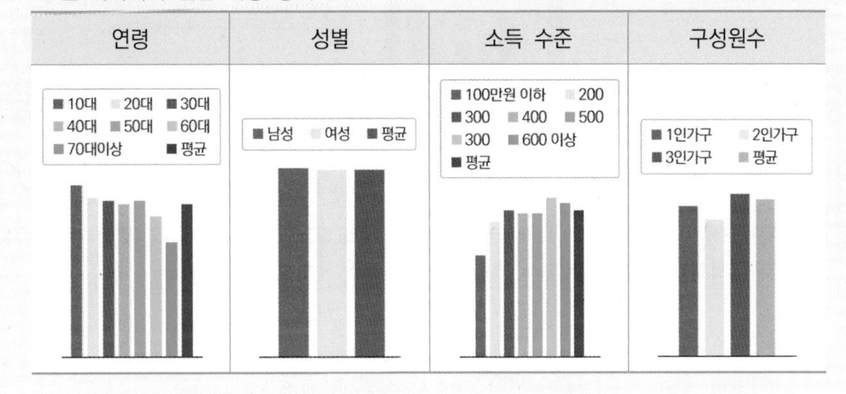

숙박시설 중 콘도미니엄/리조트 선택에 가장 큰 영향을 미치는 요인은 무엇인가요? (연령, 성별, 소득, 구성원수)

- 젊은 층의 사용은 매우 낮으며, 30대 이후부터 수요가 발생(50대 예외)
- 성별에서는 큰 차이가 없음
- 소득 수준이 높을수록 콘도미니엄/리조트 사용 증가
- 3인 가족에서 펜션 사용 증가

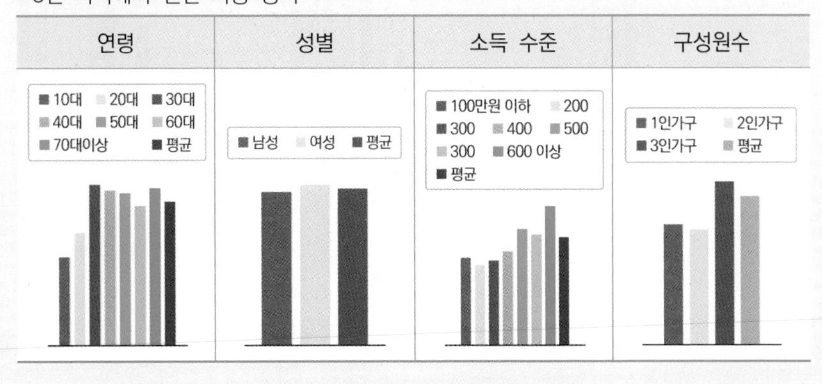

여행시 철도를 많이 이용하는 연령대는 어느 연령대일까요?

- 10대가 가장 높게 나타나며, 바로 이어 20대가 높게 나타남
- 30대부터는 관광여행에 철도를 그다지 이용하지 않음

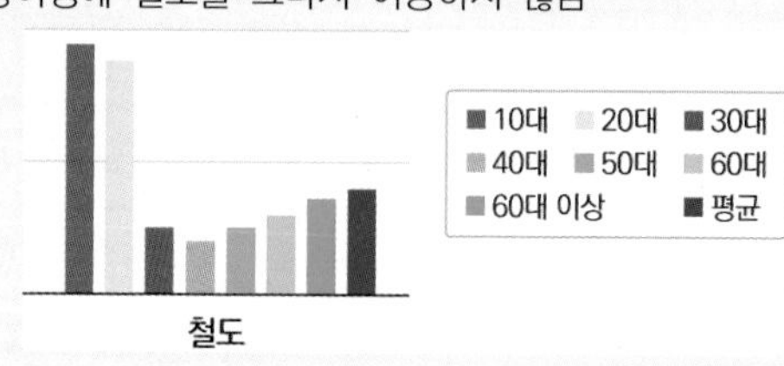

경북관광을 마케팅을 하기 위해 타겟으로 수도권의 60~70대를 고려하고 있습니다. 문제점은 없는지 분석해 보세요. (여행횟수, 1회평균 여행일수, 1회평균 지출금액)

- (여행횟수) 경북을 방문하는 60~70대의 비중은 타 연령대에 비해서는 낮지만, 타 지자체의 60대와 비교해 보면 상대적으로 높은 편인 것으로 나타남
- (1회평균 여행일수) 경북을 방문하는 70대의 여행일수가 가장 길게 나타남
- (1회평균 지출금액) 60~70대 여행일수는 타연령대에 비해 높게 나타남

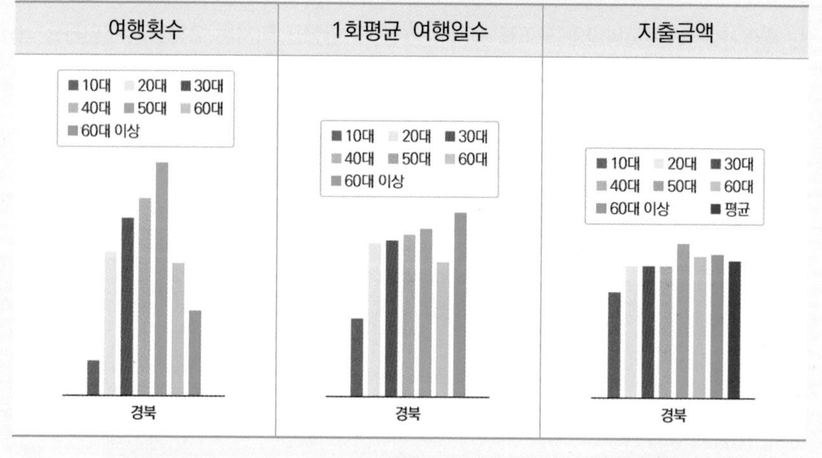

정답 경북관광에 있어 60~70대를 타겟으로 한 것은 적절한 것으로 분석됨

문제 6

부산에서 여행객 대상 짐보관/운송 서비스를 하는 짐캐리 사업을 준비하고 있습니다. 2019년도 통계를 기준으로 이 서비스를 이용할 국내 여행객은 연간 몇 명일지 산정해 보세요. (설문조사를 해 보니 열차와 항공기로 오는 사람의 5%는 본 서비스를 이용할 의향이 있다고 응답했으며 예상되는 경쟁업체는 없음)

큰 짐을 갖고 부산에 오는 사람들은 숙박을 하는 관광객이며, 고속철도와 비행기 탑승자에 한정될 것으로 해석함.

- 부산의 관광 숙박여행 횟수: 9,012,000회
- 부산 고속철도 및 비행기 탑승 비율: 22.0% + 2.7% = 24.7%
- 서비스 이용 희망율: 5%
- 9,012,000회 × 24.7% × 5% = 111,298회

정답 111,298명

인당 서비스 이용가격을 15,000원이라고 가정하고, 연간 매출액을 계산해 보세요.

연간 매출액은 이용객 수에 1인당 서비스 이용가격을 곱하여 계산함.

- 연간 수요: 111,298명
- 1인당 이용가격: 15,000원
- 111,298명 × 15,000원 = 1,669,473,000원

정답 16억 6,947만원

문제 7

부산에서 스냅샷 촬영 후 사진을 제공하는 사업을 준비하고 있습니다. (연인 및 친구로 방문하는 사람들을 대상으로 설문조사를 해 보니 5% 정도가 본 서비스를 이용할 의향이 있다고 응답했으며 예상되는 경쟁업체는 49개가 있음) 하루 예상되는 고객은 몇 팀 정도 될까요?

본 서비스를 활용하는 사람들은 부산을 방문하는 관광객이며, 연인과 친구로 방문하는 것으로 해석함.

- 부산의 관광여행 횟수: 15,543,000회
- 연인/친구 동반자: 38.1%
- 서비스 이용 희망율: 5%
- 15,543,000회 × 38.1% × 5% ÷ 2(1팀 2명) = 592,188팀
- 활동기업: 50개사
- 592,188팀 ÷ 50개사 ÷ 365 = 32팀

정답 하루 32팀

한 커플당 서비스 이용가격을 50,000원이라고 가정하고, 내년도 매출액을 계산해 보세요.

연간 매출액은 이용객 수에 1팀당 서비스 이용가격을 곱하여 계산함.

- 연간 1개 기업의 이용객: 592.188팀 ÷ 50개사 = 11,844팀
- 1팀당 이용가격: 50,000원
- 11,844명팀× 50,000원 = 592.188.300원

정답 5억 9,219만원

CHAPTER

03

외래관광객 조사

1. 외래관광객 통계
2. 외래관광객 조사
3. 해외광고 마케팅 커뮤니케이션 효과조사
4. 국가별 현황 파악하기
5. 크루즈 입국 통계
6. 관광객 불편신고 데이터
7. 국내외 시장 동향

관광 분야에 관심 있는 입문자용

관광데이터 활용 실전전략

관광객 통계, 실태조사,
빅데이터 실무에 활용하기

01

외래관광객 통계

외래관광객 통계는 인바운드(inbound), 즉 해외에 체류하는 외국인이 우리나라를 방문하는 것과 관련된 통계다. 국민 국내여행의 경우, 우리나라 안에서 오고 가는 이동 현황을 파악하는 것이 어렵기 때문에, 빅데이터 분석이나 실태조사에 의존하였다. 국민 여행조사에서 무려 48,000명이라는 방대한 표본을 대상으로 조사했던 이유는 전수 데이터가 없는 상황에서 지역별 방문인원을 추정하기 위한 배경이 있었다.

반면, 외래관광객의 경우는 관광객 통계에 있어서는 전수조사가 가능하다. 우리나라는 반도의 형태로 대륙과 이어져 있으나, 북쪽으로 북한과 대치하고 있기 때문에, 해외로 가기 위해서는 항공이나 선박에 의존할 수밖에 없다. 그리고 공항과 항만에는 법무부에서 관리하는 출입국 관리소가 마련되어, 입국하는 외국인들의 신원을 확인한다. 입국 카드에는 국적은 물론 성별과 연령, 입국 목적을 적게 되어 있어, 기본적인 신상이 파악되며, 이 데이터는 마케팅 전략을 수립하는 데 다양한 용도로 활용된다.

관광지식정보시스템

외래관광객 통계는 관광지식정보시스템의 통계/관광객 통계/입국관광통계를 클릭하여 확인할 수 있다. 그러면, 통계유형에서는 교차분석을 할 수 있는 항목들을 제시한다. 외래관광객 조사는 전세계 모든 입국객의 데이터를 다루기 때문에, 먼저 국적별 입국을 통해 원하는 국가의 정보를 별도로 소팅해야 한다. 데이터는 연도별이나 월별로 지정하여 확인 가능하며, 구성비나 성장률을 체크하면 함께 확인할 수 있다.

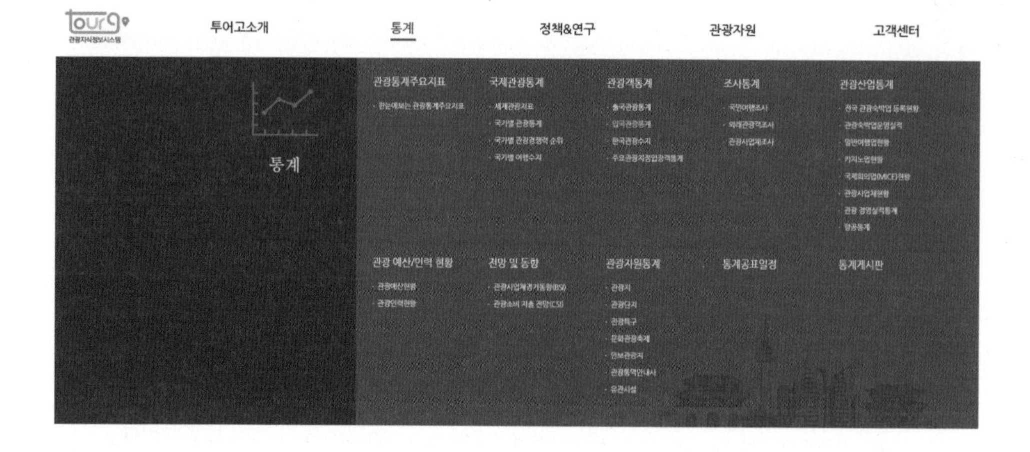

실무에서 주로 많이 확인하는 것은 역시 전년동기 대비 월별 데이터가 될 것이다. 당장 이번 달 입국객이 작년보다 많거나 성장은 아니더라도 최소한 유지는 되어야 한다. 입국객이라는 전체의 큰 파이를 두고 각 지자체나 관광기업이 점유율 경쟁을 하는 것이기 때문에, 일단은 이 전체 파이가 커져야만 관광업계가 안정적으로 운영될 수 있다. 그런 차원에서 볼 때, 만일 전년동기 대비 월별 입국객이 일정 기간 계속해서 감소를 했다면 반드시 그 원인을 찾아야 하며, 그 원인이 조기에 수습될 수 있는 것인지에 대한 판단이 필요하다. 만일 일정 기간 계속될 것이라고 전망된다면, 조금이라도 서둘러 이에 대한 대비책을 준비해야 할 것이다.

다음으로 국적별 입국을 성별이나 목적, 연령, 교통수단과 교차분석하는 것으로 설정하면, 이에 맞게 데이터를 정렬시켜 준다. 이러한 데이터는 해마나 큰 변동이 없기 때문에, 앞선 전년동기 대비 월별 입국객 데이터만큼 주기적으로 확인하지는 않아도 된다. 주로 4년 이상의 데이터를 종단적으로 소팅하여 전체적인 흐름을 보는 것이 필요하다. 그 과정에서 유난히 큰 변동이 항목이 발견된다면 마찬가지로 그 원인에 대한 진단 직업에 들어가야 할 것이다. 특히 이 경우에는 절대값보다는 점유율과 성장률과 같은 비율의 변화에 주목해야 한다.

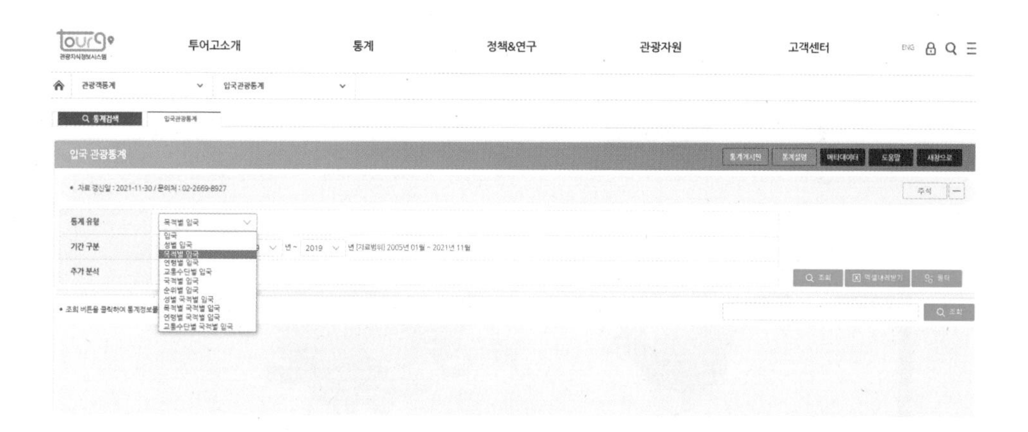

관광지식정보시스템은 데이터 제공의 목적이 더 크기 때문에, 시각적인 세련됨보다는 데이터의 충실함에 집중하고 있다. 따라서 실무자보다는 연구자에게 더 적합할 수도 있다. 하지만, 엑셀로 다운로드를 받아 엑셀로 다양한 그래프를 그려 보는 연습이 익숙해 진다면 남들이 모르는, 더 전문적인 지식들을 얻을 수 있게 된다. 더 나아가 SPSS를 통한 다양한 통계 분석을 병행하기에 편리한 체계를 갖추고 있다.

한국관광 데이터랩

외래관광객 통계는 한국관광 데이터랩에서도 제공되는데, 관광통계/한국관광통계/방한 외래관광객 카테고리에서 확인할 수 있다. 관광지식정보시스템보다는 시각적인 면에서 차별화를 꾀하고 있는데, 방한 외래관광객(국적별)을 선택하면 전 세계 지도가 나오고 이 안에서 방문객 수와 점유율을 확인할 수 있으며, 하단에는 데이터가 표기되어 다운로드 받을 수 있도록 되어 있다. 또한 성별/국적별, 연령별/국적별, 목적별/국가별, 교통수단별/국적별로 데이터를 볼 수 있다.

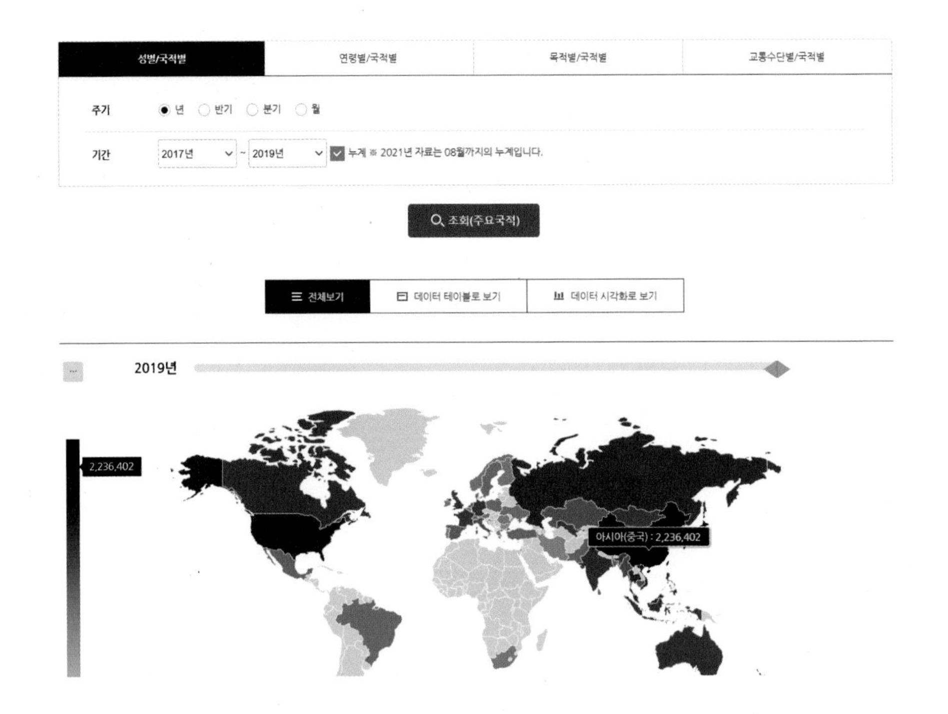

국가별 외래관광객 입국자수 추이

우리나라를 방문하는 외래관광객 중에서 가장 높은 점유율을 보이는 국가는 중국이다. 2019년 통계를 기준으로 6백만 명 규모이며, 전체의 34.4%를 차지하고 있다. 2016년에 8백만 명을 돌파했던 중국인 관광객은 2017년 한한령의 여파로 절반으로 줄어들었으나, 2019년에는 감소 폭의 절반을 만회하는 회복세를 보였다. 하지만 2020년 COVID-19로 인해 그 기세를 이어가지 못했다.

표 3-1 **국가별 입국자 수 추이**

(단위: 명)

국가별	2015년	2016년	2017년	2018년	2019년	18년대비 증감률
계	13,231,651	17,241,823	13,335,758	15,346,879	17,502,756	14.0%
일본	1,837,782	2,297,893	2,311,447	2,948,527	3,271,706	11.0%
중국	5,984,170	8,067,722	4,169,353	4,789,512	6,023,021	25.8%
홍콩	523,427	650,676	658,031	683,818	694,934	1.6%
싱가포르	160,153	221,548	216,170	231,897	246,142	6.1%
대만	518,190	833,465	925,616	1,115,333	1,260,493	13.0%
태국	371,769	470,107	498,511	558,912	571,610	2.3%
말레이시아	223,350	311,254	307,641	382,929	408,590	6.7%
호주	133,266	151,979	150,408	153,133	173,218	13.1%
미국	767,613	866,186	868,881	967,992	1,044,038	7.9%
캐나다	145,547	175,745	176,256	194,259	205,408	5.7%
영국	123,274	135,139	126,024	130,977	143,676	9.7%
독일	100,182	110,302	109,860	115,789	120,730	4.3%
프랑스	83,832	91,562	92,347	100,096	110,794	10.7%
러시아	188,106	233,973	270,427	302,542	343,057	13.4%
중동	168,384	193,593	217,538	237,715	252,625	6.3%
인도	153,602	195,911	123,416	119,791	143,367	19.7%
필리핀	403,622	556,745	448,702	460,168	503,867	9.5%
인도네시아	193,590	295,461	230,837	249,067	278,575	11.8%
베트남	162,765	251,402	324,740	457,818	553,731	21.0%
몽골	77,918	79,165	103,916	113,864	113,599	-0.2%
기타	911,109	1,051,995	1,005,637	1,032,740	1,039,575	0.7%

* 주: 교포 및 승무원을 포함한 전체 입국자 수를 파악한 결과임.

두 번째로 많은 국가는 일본이다. 아베 정권이 등장한 2012년 이후 정치적인 갈등이 끊이지 않았지만 그 와중에도 일본인 관광객은 급격히 성장하며 2019년도에는 3백만 명을 넘어섰다. 세 번째는 바로 대만이다. 1992년 중국과 수교를 하는 과정에서, 대만에 사전예고 없는 단교로 인해 반한 감정이 강했지만, 최근에는 다시 분위기가 누그러지고 항공 노선 증편 등 인프라가 개선되면서 방문객이 급증하고 있다. 2015년의 51.8만명이 2019년 126만명으로 4년 만에 무려 2배 이상 증가하였는데, 외래관광객 통계에서 이 정도 규모에서 이 정도의 성장률을 보이는 국가는 좀처럼 찾기 어려울 정도의 급성장이다.

다음은 미국으로 역시 1백만 명을 넘어선다. 그러나 이들은 비즈니스를 목적으로 하는 비율이 높고, 다양한 민족이 섞여 있어 순수하게 관광을 목적으로 방문하는 사람들이라고 보기는 어렵다는 특징이 있다. 홍콩은 아시아를 대표하는 관광 목적지로서 소득 수준이 높고, 해외여행도 많이 가는 편이지만 인구가 많지 않아 70만 명 수준에서 정체된 성숙시장이다. 이 5개 국가가 우리나라 인바운드 시장에서 가장 주목해야 할 시장이다.

그 다음으로 주목해야 할 곳은 동남아시아 국가다. 그 어느 국가보다도 우리나라에 대한 높은 선호도를 보이는 곳이기 때문에 잠재력을 갖고 있다. 그러나 해외여행이란 아무래도 경제력이 뒷받침되어야 하기 때문에 우리나라에 대한 긍정적인 태도가 방문으로 이어지기에는 아직까지 한계가 있는 것도 사실이다. 그러나 동남아 국가에서 우리나라를 방문하는 관광객을 모두 합치면 2백만 명을 넘어서기 때문에 우리나라 관광산업에 미치는 영향은 크다고 하겠다.

동남아 국가 중 가장 소득수준이 높은 곳은 싱가포르지만, 인구가 580만 명에 불과하기 때문에 절대적인 방문객 수는 24.6만명으로 적은 편이다. 다음으로 소득이 높은 동남아 국가는 말레이시아로서 최근 급격한 성장을 하고 있는 시장으로 2019년에 40만 명을 넘어섰다. 이슬람 국가이면서도 개방적인 특성을 갖고 있어, 무슬림 시장에서의 테스트베드 상품을 출시하기에 안성맞춤인 곳이다. 태국 역시 60만 명에 가까운 방문객이 찾는 중요한 시장이나 최근 국왕 서거 등으로 인해 방한 관광객 수는 주춤해 있는 상태다. 성장률에 있어서 가장 주목받는 국가는 역시 베트남이다. 우리나라 사람들이 워낙 최근에 많이 방문하고 있어, 정기노선이 많은 점도 있겠지만 4년간 3배가 넘는 성장을 한데다 방문객도 55만 명을 넘어서고 있어 곧 태국을 넘어설 기세다.

입국 장소별 입국자수 추이

앞서 설명한 것처럼, 우리나라에 입국하는 외래관광객은 결국 공항이 아니면 항만을 거치게 되는데, 가장 많은 비중을 차지하는 곳은 인천공항으로서 2019년 기준으로 66.7%를 차지한다. 김포공항이 6.7%를 점하고 있으니 이 둘을 합치면 73.4%가 된다. 외래관광객이 수도권으로 지나치게 집중되고 있다는 것을 이 수치를 통해서도 확인할 수 있다.

그 다음으로는 김해공항이 7.7%, 제주공항이 7.0%이고, 대구공항은 1.1%, 청주공항은 0.5%의 점유율에 불과하다. 아직도 언론에서는 우리나라 공항이 면적에 비해 지나치게 많다고 비판하기도 하지만, 지역관광 활성화라는 관점에서 보면, 그렇지만도 않다. 공항이 없으면, 지역까지 가는 접근성이 여간 불편한 게 아니다. 인지도도 없는데, 가는 길도 불편하다면 외래관광객이 갈 일이 없다. 또 하나의 문제점은 지역에 공항이 없으면, 지역을 방문하는 외래관광객의 수를 파악할 방법이 없다는 것이다. 그나마 김해공항과 제주공항이 있어 부산이나 제주를 방문하는 인원을 추정해 볼 수 있지만, 그 이외의 지역은 정확한 숫자 파악이 어렵다. 관광통계의 축적이 안 되는 것이다. 데이터가 없으니 외래관광객 유치를 위한 수요예측이나 시장 분석이 안 되고, 그러나 더더욱 지역관광을 위해 비즈니스를 하는 업체들이 발을 붙이기 어렵게 된다. 악순환이 반복되는 것이다.

일본은 우리나라보다 크기는 하지만 22개가 넘는 공항이 있으며, 각 지자체는 이 공항을 살리기 위해 국제노선을 유지하려고 민간이 합심하여 노력을 경주해 왔다. 나리타, 간사이, 중부 공항 등 주요 공항을 제외하면 일본의 지역 공항은 국제 노선은 오로지 한국 노선뿐이었다. 그 노선을 살리려고 공무원들은 사비를 털어 가족들을 데리고 한국을 방문하기도 했다. 2000년대 초반까지만 해도 과잉투자라며 많은 비판을 받았지만, 일본의 인바운드 관광이 활성화되자 그동안 지역공항을 중심으로 겨우 연명하던 관광 생태계에 불이 붙어 지역관광은 비약적인 성장을 하게 되었다는 사실은 우리에게 시사하는 바가 크다.

표 3-2 입국장소별 추이

(단위: 명)

구분		2015년	2016년	2017년	2018년	2019년
입국자수 (명)	계	13,231,651	17,241,823	13,335,758	15,346,879	17,502,756
	인천공항	7,667,973	9,862,596	9,086,053	10,550,384	11,672,601
	김해공항	791,062	1,056,549	1,052,591	1,263,630	1,350,263
	김포공항	971,881	1,056,106	945,481	1,101,506	1,173,054
	제주공항	962,129	1,328,318	557,200	840,940	1,218,438
	대구공항	50,521	102,704	68,595	106,145	199,631
	청주공항	191,535	232,688	57,751	63,732	84,539
	기타공항	97,367	75,980	14,208	29,407	41,171
	부산항	464,370	854,489	415,386	382,942	451,923
	인천항	529,281	608,636	320,522	399,639	500,975
	군산항	44,154	62,580	74,485	106,687	167,430
	제주항	1,060,653	1,553,751	254,072	27,466	46,276
	기타항	400,725	447,426	489,414	474,401	596,455
입국자 비율 (%)	계	100.0	100.0	100.0	100.0	100.0
	인천공항	58.0	57.2	68.1	68.7	66.7
	김해공항	6.0	6.1	7.9	8.2	7.7
	김포공항	7.3	6.1	7.1	7.2	6.7
	제주공항	7.3	7.7	4.2	5.5	7.0
	대구공항	0.4	0.6	0.5	0.7	1.1
	청주공항	1.4	1.3	0.4	0.4	0.5
	기타공항	0.7	0.4	0.1	0.2	0.2
	부산항	3.5	5.0	3.1	2.5	2.6
	인천항	4.0	3.5	2.4	2.6	2.9
	군산항	0.3	0.4	0.6	0.7	1.0
	제주항	8.0	9.0	1.9	0.2	0.3
	기타항	3.0	2.6	3.7	3.1	3.4

* 주: 교포 및 승무원을 포함한 전체 입국자 수를 파악한 결과임.

월별 방한 입국객 추이

외래관광객은 계절에 따라 방문 규모에 차이를 보이며, 국가별로도 차이가 있다. 본래 우리나라의 최대 비수기는 1~2월인데 날씨가 너무 춥다는 기온의 영향이 크다. 그러나 중국은 1~2월에 춘절이라는 장기 휴일이 있어 그 격차가 비교적 완만하게 나타나는 특징이 있다. 8월이 가장 많지만 월별 편차가 비교적 크지 않은 특징이 있다.

반면 일본은 월별 격차가 큰 편이다. 먼저 1~2월은 수요가 급격히 감소한다. 일본의 경우 도쿄 이북의 동북지방은 눈이 많이 오기로 유명해, 집을 2~3일만 비워도 눈이 지붕에 쌓여 주저앉는 경우가 있기 때문이다. 따라서 장기간 집을 비울 수 없으니 여행 자체를 자제하게 된다. 유난히 강도가 센 우리나라의 대륙성 추위에 대한 두려움도 있다. 그러다가 3월이 되면서 봄이 오면 1~2월에 위축되었던 여행 수요가 한꺼번에 터져 나오면서 3월은 가장 여행 수요가 많은 시즌이 된다. 8월은 휴가철인데다가 추석 연휴(양력 8월 15일 전후)가 있어 두 번째로 방문객이 많은 시즌이다.

동남아시아의 대표 주자인 말레이시아의 경우를 보면, 3~4월에 높아졌다가 우리나라의 성수기인 7~8월에 최저점을 찍고 있다. 이후 가을에 접어들면서 방문객이 많아지다가, 겨울철에 최고조에 이른다. 우리나라의 관광자원 중 동남아시아에서 가장 매력적으로 평가하는 것은 바로 계절이다. 봄철에 꽃이 피는 현상에 신기해하고, 꽃의 다양한 색상에 놀란다. 여름철의 모습은 동남아시아 현지와 큰 차이가 없기 때문에 오히려 관광객을 줄어들지만, 가을이 되면 나뭇잎이 붉은 색으로 지면서 낙엽이 떨어지는데 이것 역시 그들에게는 신기한 매력성을 가진다. 그러나 가장 큰 절정은 뭐니뭐니해도 바로 겨울에 하얀 눈이 내린다는 것이다. 그 눈을 직접 맞아보고 하얀 눈이 덮힌 스키장에서 미끌어지는 체험을 동경하기 때문에 오히려 12월이 가장 방문객이 많아지는 것이다. 동남아시아에서 오는 월별 방문객의 추이는 필리핀을 제외하고 비슷한 모양을 나타내는데, 우리나라 전체의 월별 방문객과 정반대의 구조를 갖추고 있다는 것이 특징이다. 그렇기 때문에, 비수기와 성수기의 격차를 완화시켜 준다는 차원에서 균형을 이루게 하는 강점을 가진다.

그림 3-1 **주요국 월별 방한 현황**

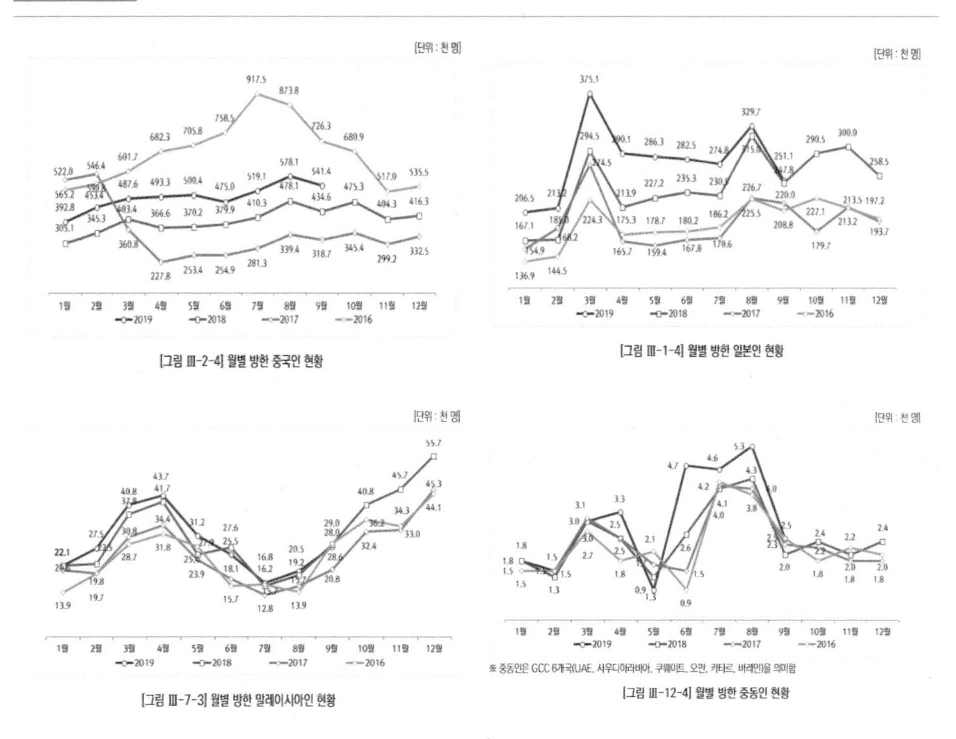

관광통계를 공부하는 의의는 이렇게 그래프를 보면서 의문을 갖는 것이다. 유난히 튀어나오거나 들어가 있는 시기가 있다면 반드시 이유가 있기 마련이다. 그 궁금증을 다른 관광통계를 찾거나 또는 다른 연구 보고서를 보면서 해결되는 경우가 많다. 그러나 애당초 궁금증이 없는 경우는 새로운 지식을 전달해도 그 함의를 모르기 때문에, 머릿속에 잘 저장되지도 않고 결정적인 순간에 적용해 내지도 못한다. 평소에 관광지식정보시스템이나 한국관광 데이터랩을 통해 관광통계를 자주 익히다 보면 나중에 관광에서 하던 경험을 쌓았을 때, 이 경험이 데이터와 함께 오버랩되면서 머릿속에 남게 되며, 알고 있는 지식들을 엮어 하나의 스토리가 만들어진다.

국가별 관광객 수 성장률 분석하기

순서상으로 좀 늦기는 했지만, 특정 지역을 찾는 외래관광객을 국적별로 분류하여, 4~5개년도의 추이를 보는 작업은 인바운드 관광시장 분석에 있어 가장 중요한 기본이 된다. 여기서 알아두어야 할 개념이 바로 연평균 성장률(CAGR: Compound annual growth rate)이다. 연평균 성장률을 구하는 공식은 아래와 같다. 상식적으로 연평균 성장률이라고 하면, 매년 전년 대비 성장률을 구한 뒤 이 수치들을 평균하는 것이라고 생각할 수 있는데, 실제로는 첫 번째 연도의 수치와 마지막 연도의 수치만 있으면 된다. $V(t_0)$은 시작값이고, $V(t_n)$은 끝값이며, $t_n - t_0$은 연수다. 어려운 공식 같지만 엑셀에 공식만 입력해 놓으면 자동적으로 계산이 되기 때문에 어려울 것이 없다.

$$\mathrm{CAGR}(t_0,\ tn) = \left(\frac{V(t_n)}{V(t_0)}\right)^{\frac{1}{t_n - t_0}} - 1$$

연평균 성장률을 구하는 이유는 가장 매력적인 시장을 선별하기 위해서다. 보스턴컨설팅에서 시장 포트폴리오 전략을 구사하는 지표로서 만든 BCG 매트릭스를 보면 성장률과 수익성을 기준으로 하고 있다. 이 공식은 실제 관광 마케팅 전략을 수립하는 데 있어서도 동일하게 적용된다. 성장률은 바로 연평균 성장률로 간단히 구해진다. 그럼 나머지 하나인 수익성은 바로 후반부에 나오는 관광객 1인당 지출액을 적용하면 된다. 이렇게 쉽게 집중해야 할 시장이 도출되는 것이다. 여기서 한 가지 빠진 것이 있다면 관광객 규모다. 아무리 성장률이 높아도 관광객 수가 적다면 의미가 없기 때문이다.

5개년 연평균 증가율(CAGR) 기준으로 한 아래의 부산방문 외래관광객의 그래프를 보면, 대만인 관광객의 CAGR이 35.5%로 괄목할만한 성장세를 보이고 있으며, 베트남 관광객 역시 25.0%로 매우 높다. 일본인 관광객과 홍콩 관광객 역시 각각 11.9%와 8.3%의 높은 성장률을 보이는 반면, 태국 관광객은 1.6%, 중국인 관광객은 -9.9%를 기록하고 있다.

그림 3-2 부상방문 외래관광객 수의 국적별 추이 및 연평균 성장률(2015~2019)

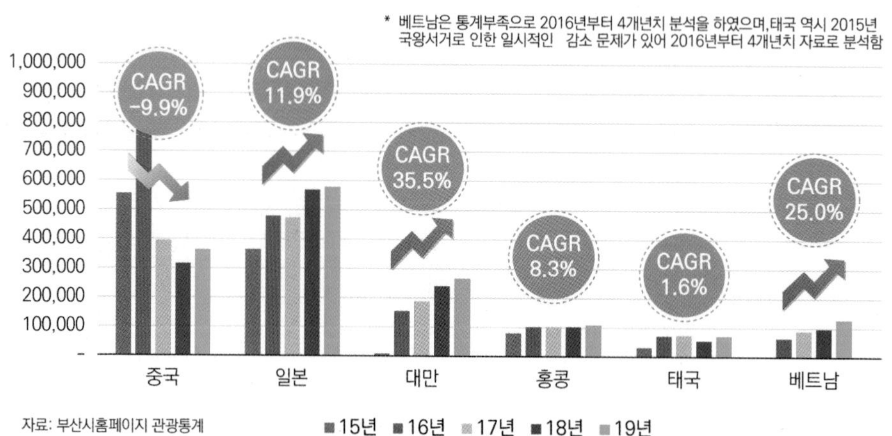

자료: 부산시홈페이지 관광통계

지역의 관광통계 분석하기

외래관광객 통계는 공항이나 항만을 중심으로 집계되기 때문에, 우리나라의 어느 지역을 어디를 방문했는지는 파악하기 어렵다. 그나마 김해공항과 제주공항이 있는 부산과 제주는 입국객의 데이터를 활용하면서 현황을 진단할 수 있다.

지역의 외래관광객 통계를 분석할 때 주의해야 할 점은 방문객 수와 같은 절댓값에 너무 큰 의미를 두어서는 안 된다는 점이다. 왜냐하면 우리나라 전체의 방문객이 증가하면 지역의 방문객 역시 함께 증가하기 때문이다. 다시 말해, 우리나라의 다른 지역도 다 같이 증가했다면, 특정 지역의 방문객이 증가한 것은 너무나 당연한 일이라는 것이다. 우리나라 전체 평균보다 더 증가해야 특정 지역의 마케팅을 잘했다고 평가할 수 있는 것이다.

아래의 그래프를 보면 부산지역은 9월까지 전년대비 성장률이 매우 높게 나타나고 있다. 4월은 전년동기 대비 20.3% 증가하고 있으며 대부분 10%가 넘는 성장을 하고 있다. 그럼에도 불구하고 부산은 해외관광 마케팅을 잘했다고 성급히 말할 수가 없다. 왜냐하면 우리나라 전체는 그보다 더 높은 성장률을 보였기 때문이다. 예를 들어 8월에 부산은 20.3%의 성장을 했지만 우리나라는 22.8% 성장을 했다. 그렇다면 우리나라의 어느 지역은 부산보다 더 높은 성장을 했다는 얘기가 된다.

그림 3-3 외래관광객의 방문 월별 성장률(2019년)

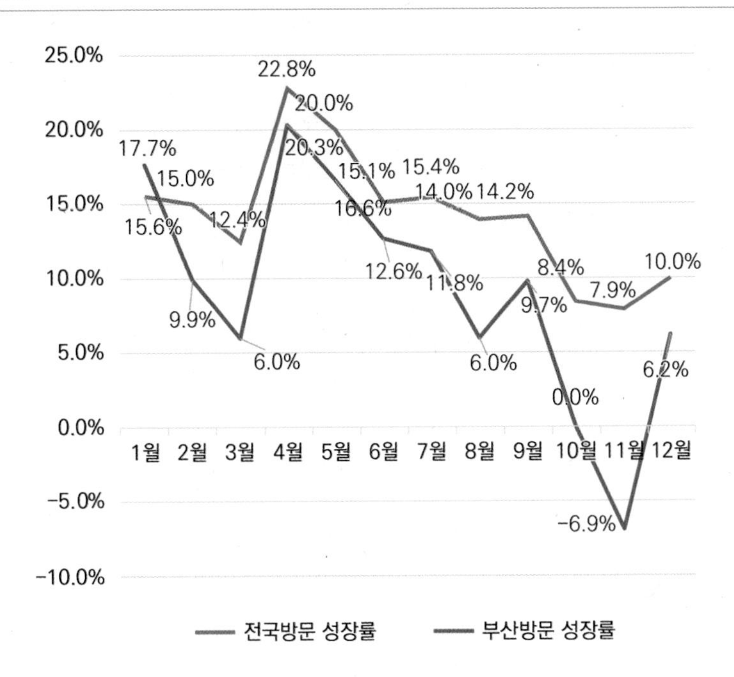

그림 3-4 외래관광객의 방문 월별 누적치 성장률(2019년)

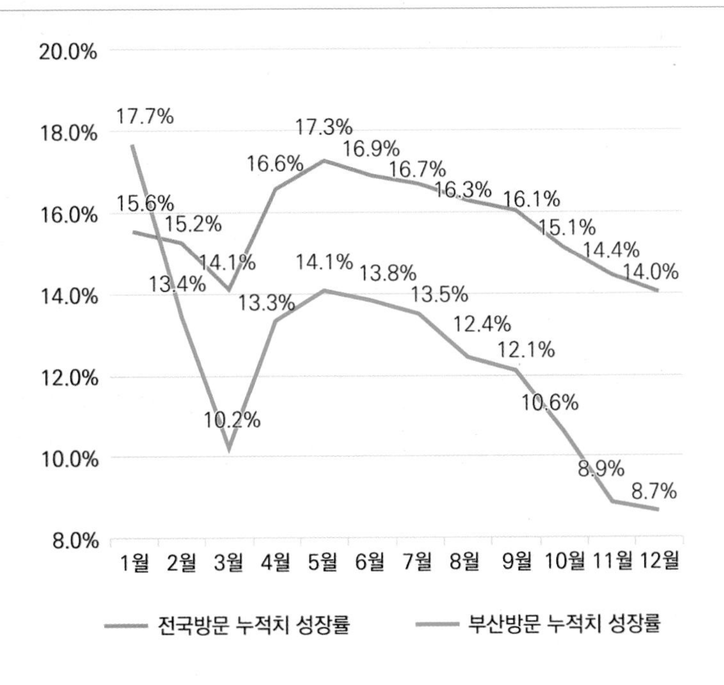

우측의 그래프를 보면 월별 방문객이 아닌 월별 누적치 방문객의 성장률을 비교한 것인데, 1월에는 부산의 성장률이 더 높았지만 갈수록 우리나라 전체와의 격차가 더욱 크게 벌어지고 있다는 것을 알 수 있다. 분명 누적 데이터는 12월 시점에서 8.7%의 성장을 보여주고 있지만 우리나라 전체와의 격차는 6.7%p나 벌어져 있고, 그 차이가 점점 벌어지고 있어, 특별한 대비책이 없다면 2020년 1월 이후에는 더 큰 격차를 보일 수도 있음을 간파해야 한다.

이러한 이유 때문에, 지역의 외래관광객 데이터는 절대 값으로 지역 내의 과거 데이터와 비교에 머물러서는 안되며, 우리나라 전체와 비교하며 문제점을 찾아나가야 한다.

국가별 점유율 비교하기

아래의 그래프를 보면, 우리나라를 방문하는 외래관광객 중 일본이 18.7%, 중국이 34.4%, 대만이 7.2%를 차지하고 있다. 반면, 부산을 방문하는 외래관광객 중 일본이 21.5%, 중국이 13.6%, 대만이 9.9%의 순이다. 부산을 방문하는 외래관광객 중 일본인 관광객의 비중이 21.5%로 매우 높다. 우리나라 전체에서 일본인 관광객은 16.7% 수준이니 상대적으로 그렇게 평가할 수가 있는 것이다. 지리적으로

그림 3-5 외래관광객의 방문 월별 성장률(2019년)

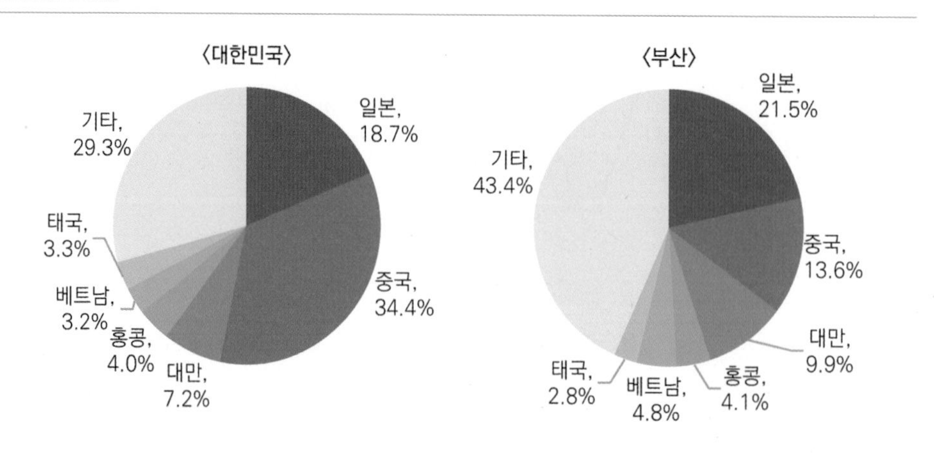

가깝다는 이점도 작용했을 것이고, 해외관광 마케팅을 효과적으로 수행한 것도 있을 것이다. 그런데, 중국은 우리나라 전체와 부산의 격차가 너무 크게 난다. 아무리 사드 배치에 따른 한한령의 영향을 받았다고는 하지만, 한한령의 피해는 부산만 받은 것이 아니라 우리나라 전체가 받는 것인데, 그 차이가 20.8%p나 난다는 것은 뭔가 부산관광에 있어 적신호임이 분명하다.

위의 그래프에서 우리나라 전체 성장률과 부산의 성장률의 격차가 점점 벌어졌던 원인이 중국인 관광객에 있다고 유추해 볼 수 있는 대목이다. 반면, 대만의 경우 우리나라 전체에서의 점유율인 7.2%보다 부산에서의 점유율이 9.9%로 더 높다. 대만에 대해서도 효과적인 정기노선 관리나 효과적인 마케팅이 수행됐을 것이라는 추론이 가능하다.

앞에서도 강조했듯이 관광통계 수치는 같은 시기의 경쟁도시 수치와 비교해 보거나 과거로부터의 시간의 흐름에 따른 추이를 비교하는 것이 중요하다. 따라서, 점유율로 분석을 할 때는 해당 지역에서 각 국적별 관광객의 점유율을 비교하는 것도 있지만, 특정 국적별 관광객 내에서 우리나라 전체 안에서 해당 지역이 차지하는 점유율을 파악하여 시간의 흐름으로 추이를 보는 방법도 있다.

사실 위의 그래프에서 중요한 것은 부산을 방문하는 중국인 관광객이 언제부터 줄어들기 시작했냐는 점이다. 또 한편으로는 일본과 대만은 그 전년도에도 줄곧 높았는지 궁금해진다. 아래의 그래프를 보면, 먼저 중국의 경우 2016년에만 하더라도 부산은 우리나라 전체의 11.7%를 점유하고 있었다. 그러던 것이 2017년에 9.5%로 낮아지더니, 2018년이 되면 6.6%가 되고, 2019년에는 6.1%까지 하락했던 것이다. 이미 3년 전부터 하락 현상이 시작되었고 3년째 일관되게 진행되고 있었다는 것을 알 수 있다.

일본인 관광객의 경우, 부산 내에서의 점유율은 우리나라 전체보다 높았기 때문에 문제가 없다고도 할 수 있지만, 아래의 그래프를 보면 그렇지도 않다. 2016년에는 우리나라 전체의 20.8%를 점유하고 있었지만, 2018년이 되니 19.1%로 낮아졌고, 2019년에는 17.7%가 되었다. 역시 3년 전부터 일관되게 감소하고 있었던 것이다. 17.7% 점유율이 결코 낮은 것은 아니지만, 문제는 일관되게 나타나는 경향성이다. 이런 추세라면 특별한 복안이 없는 한 그 다음 연도에는 더 나빠질 가능성이 있다.

그림 3-6 우리나라 전체 중 부산 방문 외래관광객 국적별 점유율

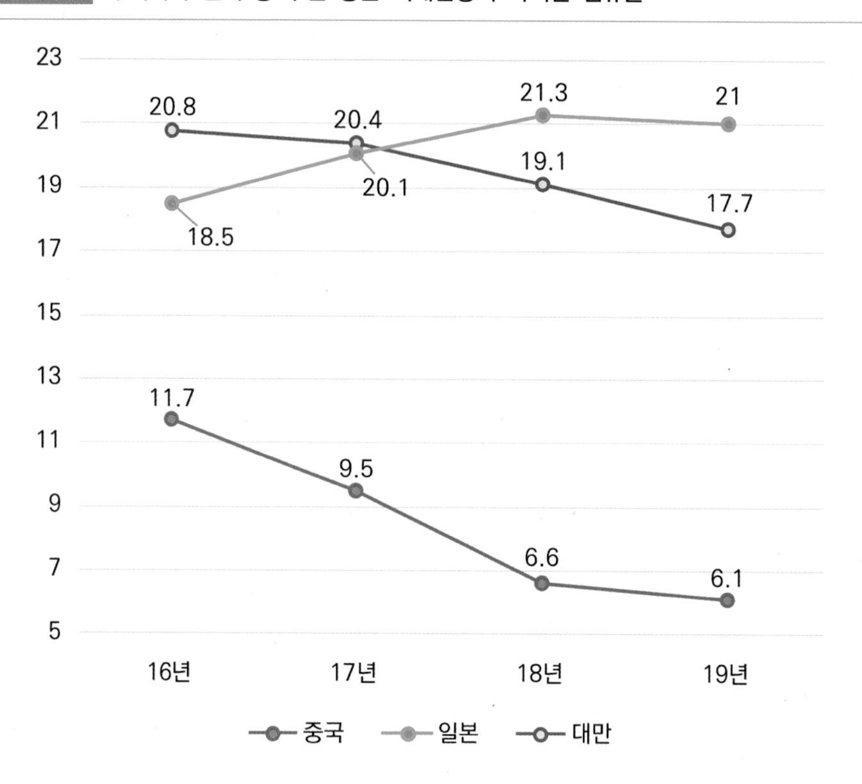

반면, 대만인 관광객은 2016년도에 우리나라 전체에서 부산이 18.5%의 점유율을 보였는데, 2017년에는 20.1%이었고, 2018년에는 21.3%, 2019년에는 21.0%를 기록했다. 2019년도에 잠시 주춤했지만 일관되게 상승하는 추세에 있다. 아주 좋은 신호이며, 앞으로 대만 시장에서 확립한 위치를 공고히 하는 추가적인 방안이 마련된다면 한동안 순항할 조짐이 보인다.

국가별 성별 통계 비교하기

외래관광객 통계에서는 관광객 특성에 관한 인구통계학적 항목으로 성별과 연령을 제시하고 있다. 흔한 데이터이긴 하지만, 특정 국가의 잠재력을 파악하는 데 있어 성별 데이터가 의미 있는 시사점을 제공하기도 한다.

아래의 그래프에서는 2000년과 2019년의 방한 일본인 관광객과 중국인 관광객의 남녀 성별 비율을 보여주고 있다. 2000년도에는 일본인 관광객의 경우 남성 59.2%, 여성 40.8%였고, 중국인 관광객의 경우 남성이 58.3%, 여성 41.7%로 남성 관광객이 압도적으로 많았다. 그랬던 것이 2019년도가 되면 남녀 비율이 역전되어, 일본인 관광객의 경우 남성 37.0%, 여성 63.0%였고, 중국인 관광객의 경우 남성이 41.0%, 여성 59.0%로 여성 관광객이 많아졌다. 우리나라 전체도 마찬가지여서, 2000년 남성 59.9%, 여성 40.1%였던 것이 2019년에는 남성 41.1%, 여성 58.9%가 됐다.

그림 3-7 방한 일본인 관광객과 중국인 관광객의 남·녀 성별 비율

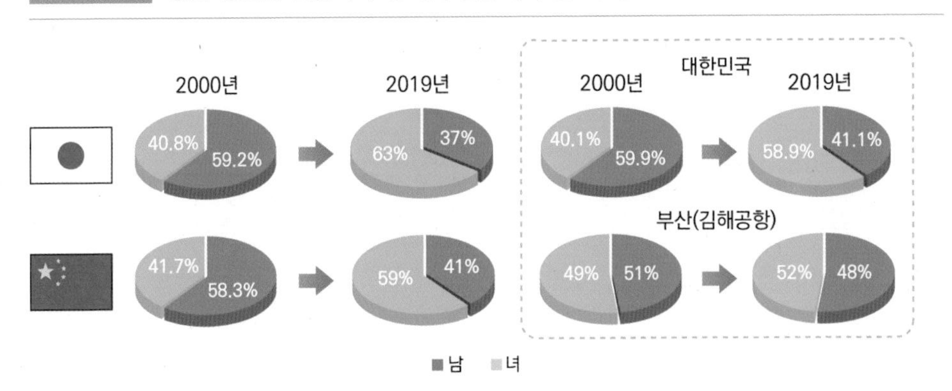

이러한 변화는 대단히 긍정적으로 평가된다. 여성은 새로운 유행을 받아들일 줄 알고 좋은 것에 돈을 쓰는 소비를 할 줄 알며, 좋은 경험은 주변 사람들과 공유하기 때문이다. 반면 부산의 경우 2000년과 2019년 사이에 남녀 성비의 차이가 거의 없다. 여성을 대상으로 한 콘텐츠를 적시에 제공하지 못했거나, 여성들이 선호할 만한 도시 브랜드 관리를 하지 못했다는 것일 수도 있다. 중요한 것은 이러한 데이터를 분석하면서 해당 지역의 문제점을 찾고, 원인을 진단하고, 대안을 세

우는 과정이다. 하나의 데이터가 또 다른 데이터를 만나면서 시사점을 찾아나가는 과정에 주목해야 할 것이다.

가장 매력 있는 세그멘트 도출하기

외래관광객 통계가 확보한 관광객 특성 데이터는 성별과 연령, 관광목적 정도인데, 관광 목적은 당연히 관광으로 온 사람들을 대상으로 마케팅한다고 하면 결국 관광객 특성 중 남는 것은 성별과 연령뿐이다. 이 두 가지 변수만으로도 타겟 설정을 하는 데 있어 의미 있는 시사점을 도출할 수 있다.

아래의 좌측 표를 보면 중국인 관광객 중 성별, 연령을 기준으로 가장 많은 비중을 차지하는 세그멘트와 매년 성장률이 높은 세그멘트를 한눈에 알아볼 수 있다. 가장 많은 비중을 차지하는 것은 20대 여성으로서 2019년 기준으로 1,593,129명이며, 그 다음은 30대 여성으로 2019년 기준 1,431,249명이다. 1년에 한 국가에서 1백만 명이 와도 많은 숫자인데, 한 세그멘트에서 1백만 명을 넘어선다는 것은 실로 대단하다. 반면, 다른 세그멘트와의 격차가 매우 크게 나타나는데, 특히 20대 여성은 50대 남성의 5.8배에 이르고 있다. 성장률 면에서는 2017년 한한령에 의한 급격한 감소가 있었으나, 경제력이 있는 30대에서 50대의 여성을 중심으로 44.0%~61.9%라는 놀라운 회복세를 보였다. COVID-19로 인해 이러한 기세를 살리지 못한 것은 매우 아쉬운 부분이다.

일본인 방문객 역시 역시 가장 많은 비중을 차지하는 세그멘트는 20대 여성이다. 게다가 점유율뿐만 아니라 성장률에 있어서도 2018년 41.8%, 2019년 24.2%라는 성장세를 보이고 있다. 이 시기에 한·일 간의 정치적인 갈등이 심각한 국면이었다는 점을 감안한다면 놀라운 현상이다. 일본인 방문객은 중국에 비해서 연령별 편차가 크지 않고 대부분의 세그멘트에서 안정적인 수요가 발생한다는 점이다. 20대가 가장 많기는 하지만 다른 연령대와 비교하여 2배를 넘어서지 않고, 30대와 40대, 50대의 방문객 수에 큰 차이가 없다는 점은 긍정적이라고 할 수 있다.

표 3-3 성별/연령별 방한 중국인 현황

(단위: 명, %)

구분		2017년		2018년		2019년	
		인원	증감율	인원	증감율	인원	증감율
0~20세	남성	108,599	-66.6	88,671	-18.4	129,240	45.8
	여성	149,550	-70.3	132,001	-11.7	190,778	44.5
	소계	258,149	-68.8	220,672	-14.5	320,018	45.0
21~30세	남성	332,900	-41.0	340,918	2.4	391,846	14.9
	여성	827,562	-45.7	966,641	16.8	1,201,283	24.3
	소계	1,160,462	-44.4	1,307,559	12.7	1,593,129	21.8
31~40세	남성	350,266	-40.5	395,779	13.0	489,544	23.7
	여성	504,681	-52.8	653,964	29.6	941,705	44.0
	소계	854,947	-48.4	1,049,743	22.8	1,431,249	36.3
41~50세	남성	224,760	-45.1	225,348	0.3	258,129	14.5
	여성	220,331	-65.3	238,231	8.1	350,214	47.0
	소계	445,091	-57.4	463,579	4.2	608,343	31.2
51~60세	남성	191,698	-47.6	165,291	-13.8	206,486	24.9
	여성	194,935	-68.9	185,513	-4.8	300,372	61.9
	소계	386,633	-61.1	350,804	-9.3	506,858	44.5
61세이상	남성	164,442	-59.3	171,012	4.0	270,037	57.9
	여성	124,767	-73.9	121,346	-2.7	223,408	84.1
	소계	289,209	-67.2	292,358	1.1	493,445	68.8

표 3-4 성별/연령별 방한 일본인 현황

(단위: 명, %)

구분		2017년		2018년		2019년	
		인원	증감율	인원	증감율	인원	증감율
0~20세	남성	57,733	2.9	78,679	36.3	92,385	17.4
	여성	180,182	17.6	262,501	45.7	304,087	15.8
	소계	237,915	13.7	341,180	43.4	396,472	16.2
21~30세	남성	121,593	11.9	161,037	32.4	195,820	21.6
	여성	414,842	14.1	588,259	41.8	730,896	24.2
	소계	536,435	13.6	749,296	39.7	926,716	23.7
31~40세	남성	166,788	-2.8	191,024	14.5	197,189	3.2
	여성	211,682	-1.7	265,764	25.5	307,565	15.7
	소계	378,470	-2.2	456,788	20.7	504,754	10.5
41~50세	남성	237,066	-2.3	265,257	11.9	257,640	-2.9
	여성	225,086	0.2	284,183	26.3	314,977	10.8
	소계	462,152	-1.1	549,440	18.9	572,617	4.2
51~60세	남성	185,955	-7.5	216,435	16.4	213,434	-1.4
	여성	186,853	-8.6	250,046	33.8	273,104	9.2
	소계	372,808	-8.1	466,481	25.1	486,538	4.3
61세이상	남성	154,452	-11.7	178,382	15.5	169,077	-5.2
	여성	138,365	-10.2	179,793	29.9	184,725	2.7
	소계	292,817	-11.0	358,175	22.3	353,802	-1.2

02

외래관광객 조사

외래관광객 통계의 아쉬운 점

외래관광객 통계는 공항과 항만으로 입국하는 모든 사람을 놓치지 않고 파악할 수 있다는 장점이 있었다. 또한 성별과 연령, 국적, 교통수단이라는 관광객 특성을 바탕으로 한 교차분석을 통해 타겟팅을 위한 시사점을 제공하였으며, 과거 수치, 점유율 전환을 통해 인바운드 관광시장의 현황과 문제점을 진단하는 기능을 수행할 수 있도록 하였다.

반면, 외래관광객 통계는 아쉬운 점도 있다. 국가 단위의 데이터로는 손색이 없지만, 공항과 항만을 통과한 외래관광객이 어느 지역으로 이동했는지는 파악할 수 없다. 또한 서울과 경기, 제주, 부산으로 가는 관광객 수는 어느 정도 파악이 되지만, 공항과 항만을 확보하고 있지 않은 그 이외의 지역으로 가는 관광객 수를 전혀 파악할 수 없다. 게다가 어떠한 대중교통으로 어디에 숙박하고, 어떠한 활동을 했는지 알 수 없다. 왜 우리나라를 택해서 오게 됐는지, 우리나라 관광에 만족은 한 것인지도 알 수 없다. 이러한 태도와 행동에 관한 자료가 있어야만 외래관광객 유치를 위한 효과적인 마케팅과 효율적인 수용태세 개선을 할 수 있기 때문이다.

외래관광객 조사 개요

외래관광객 조사는 국민여행조사와 마찬가지로 월 단위로 수행하며, 만 15세 이상이며 체류기간이 90일 이하인 외래관광객을 대상으로 한다. 단지 이들이 입국할 때 하는 것이 아니라 출국하는 시점에서 공항이나 항만에서 조사가 이루어진다. 환승을 위해서 숙박하는 경우는 제외하는데, 전체 표본 규모는 16,076명으로 매달 1,340명씩 조사가 이루어진다. 2016년까지만 하더라도 12,000명 규모였지만, 동남아시아와 몽골, 카자흐스탄, 중동 등 신규 외래관광객의 증가, 대구 및 청주 공항, 인천공항 제2터미널 등이 추가되어 16,000명 규모까지 확대되었다.

전체적인 표본의 구성은 국가별, 월별, 입국경로별, 성별, 연령별로 할당되어 있으며, 2인 이상 동반자인 경우에는 그 중 1명만 조사를 하고, 10인 이상 동반자인 경우는 2명까지만 성별과 연령을 달리하여 조사하고 있다. 더 많은 단체 여행일 때는 동일 패키지 상품에서 최대 4명까지 조사하고 있다.

외래관광객 조사 항목

그림 3-8 외래관광객 예약시점 및 방문 비교 국가

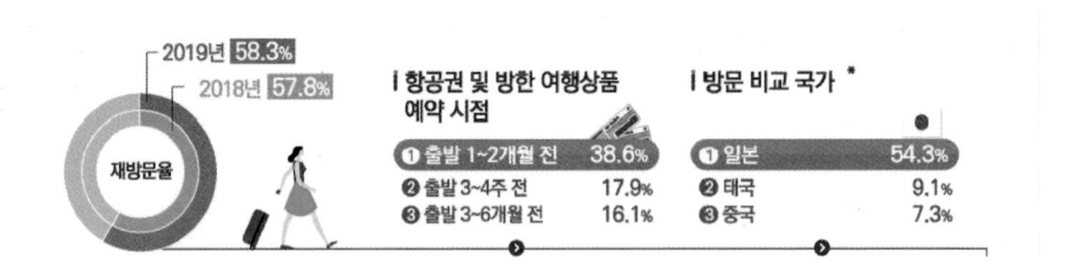

외래관광객 조사 역시 인포그래픽으로 정리되어 이해하기 쉽게 정리되어 있다. 앞서 외래관광객 통계에서 언급한 바와 같이, 국가별로 데이터 값에 큰 차이가 있기 때문인데, 전체 외래관광객 관광통계는 마케팅 실전에서는 활용하기 어렵다. 그렇지만, 인바운드 관광에 대한 경험이 부족한 초심자들이 이해를 하는 데 큰 도움을 주기도 한다.

● 재방문율

위의 그래프는 재방문율과 예약시점, 방문 비교 국가에 관한 관광통계다. 먼저 재방문율과 관련하여, 우리나라를 찾는 외래관광객의 58.3%가 한번 이상 우리나라에 왔던 사람이라는 것을 알 수 있다. 재방문율이 높다는 것은 새롭게 인지도를 끌어올릴 마케팅 비용을 절감할 수 있다는 측면에서 의미가 있다. 브랜드 전문가들은 전 세계를 대상으로 한 브랜드 인지도 1%를 끌어올리기 위해서는 600억 원 정도의 예산이 필요하다고 한다. 신규 방문자에만 너무 의존하게 되면 잠재 관광객들을 대상으로 한 마케팅 커뮤니케이션을 통해 알리고 좋아하게 만들고 빨리 오라고 설득을 해야 하는데, 여기에는 어마어마한 예산이 소요된다. 그러나 재방문자들이 절반 이상을 차지한다면 인바운드 시장은 안정적으로 돌아갈 수 있는 것이다.

재방문률은 성장단계에 따라 차이가 나기도 한다. 대만과 같이 급성장하는 흐름에 있는 경우는, 당연히 재방문자보다는 신규 방문자가 많기 때문에, 상대적으로 재방문률이 낮을 수밖에 없다. 재방문률이 중요한 기준으로 적용되는 경우는 어느 정도 많은 사람들이 방문한 경력이 있는 성숙시장에 해당되는 국가로서, 일본이나 홍콩이 대표적이라고 할 수 있다.

● 항공권 및 방한 여행상품 예약 시점

유럽처럼 해외여행의 경력이 많은 사람들은 항공 예약을 매우 서둘러 한다. 항공사 입장에서도 항공 노선의 예약이 미리 되어야 리스크를 줄일 수 있기 때문에, 미리 예약하는 사람들에게는 저렴한 가격을 제시한다. 유럽에서는 6개월 전에 예약하는 사람들도 꽤 있다고 한다. 이에 비해, 아시아 지역의 여행자들은 예약시기가 상대적으로 늦은 편인데, 아시아 내에서도 근거리일수록 예약시기는 더 늦어지는 편이다. 따라서 예약 시점은 여행자와 여행지의 거리가 영향을 미친다.

평균적으로는 여행전 1~2개월 전 예약자는 전체의 38.6%로 가장 많은 비중을 차지하고 있다. 출발 3~4주 전도 17.9%나 있다. 출발 3~6개월 전에 미리 예약하는 사람들은 전체의 16.1% 정도를 차지한다. 이러한 정보는 특정 국가의 잠재 관광객을 대상으로 프로모션을 할 때, 프로모션을 해야할 시기를 정하는데 큰 도움을 준다. 예를 들어, 6월에 여행상품을 기획하는 경우, 사람들은 1~2개월 전에 예약을 하기 때문에, 적어도 3~4월에는 상품이 출시되어 프로모션에 들어가게 된다.

여기서 또 하나 염두해 두어야 하는 것은 상품 개발에도 3개월 이상의 시간이 소요된다는 점이다. 일단은 항공 좌석을 확보되어야 상품 개발이 시작될 수 있기 때문에, 이미 1월에는 여행상품의 일정이 나와야 한다. 만일 대형 축제와 이벤트와 관련된 상품이라면, 이미 1월에 해당 축제와 이벤트의 개최시기는 확정되어야 한다는 것을 알 수 있다. 최소 3개월 간 현지 여행사에서는 우리나라 답사와 피드백을 거쳐 다양한 교섭이 오고 가며 최종적인 여행상품은 완성이 된다. 그렇기 때문에, 6월 상품을 5월이 되어서 준비하려고 한다면 이미 타이밍은 다 지나간 것이다. 원거리에 있는 국가의 외래관광객을 타겟으로 생각했다면 더더욱 어렵다는 것을 알 수 있다.

● 방문 비교 국가

소비자 구매의사결정과정의 틀에서 상상해 보자면, 우리나라를 방문하는 외래관광객들은 당연히 휴가 시기가 먼저 결정되고, 그 때 여행할 후보 지역을 몇 군데 골라서 비교해 보다가 한 곳을 최종적으로 선정하게 될 것이다. 그 때 최종적으로 어느 국가와 비교가 되고 있는가라는 정보도 매우 중요하다. 스스로의 경쟁대상을 규정하는 것은 마케팅 컨셉과 믹스를 수립하는데 매우 중요하다. 그 경쟁대상을 골라내는 작업을 STP 분석의 포지셔닝이라고 한다. 포지셔닝은 진정한 경쟁자를 가려내기 위한 것이다. 관광통계를 보면 우리나라는 절반이 넘는 사람들이 일본과 비교되다가 최종적으로 우리나라를 선택했다. 상당히 높은 비율이다. 그렇다면 우리나라의 지역에서 개발되는 콘텐츠는 우리나라 내의 도시들과 경쟁하는 것도 있겠지만, 일본의 도시들과 비교하면서 상대적인 우위를 점하는 방향으로 설계되어야 한다는 것을 알 수 있다. 우리나라에서 대형 축제를 개최한다면, 우리나라에서만 독특한 이벤트라고 해서 해결될 문제가 아니다. 만일, 비슷한 시기에서 일본에서 더 큰 비슷한 유형의 대형 축제가 개최된다면 외국인들은 일본으로 갈 수도 있는 것이다. 그 다음으로 태국(9.1%), 중국(7.3%)의 순서다. 아마도 이 통계수치는 국가별로도 다르게 나타날 것이다. 왜 이들 국가와 우리나라가 같은 구간 내에서 비슷한 이미지를 갖게 되었는지, 면밀하게 고민되어야 한다. 그리고 비슷한 특성에 있어서 우리나라가 경쟁국보다 더 발전될 수 있도록 장기적인 플랜이 마련되어야 하는 것이다.

● 방한 고려요인

외래관광객들은 왜 우리나라로 오기로 결정을 했을까? 또는 그 사람들은 우리나라에 와서 무엇을 하는 상상을 하며 여행하고 있을까? 이러한 질문에 대한 응답이 바로 방한 고려요인이다. 압도적인 1위는 쇼핑(66.2%)이었으며, 음식/미식 탐방(61.3%), 자연풍경 감상(36.3%)로 나타났다.

그림 3-9 외래관광객 방한 전 행태 조사

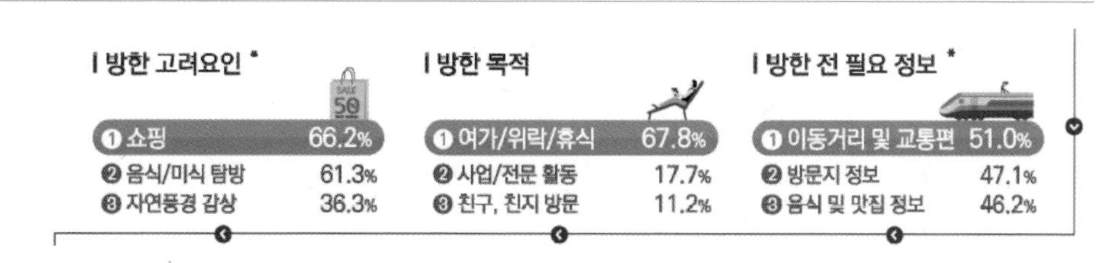

세부적인 순위는 뒤에서 한번 더 확인하겠지만, 쇼핑과 음식은 우리나라의 가장 경쟁력 있는 관광자원이라는 것을 알 수 있다. 외래관광객들은 방문한 지역에서만 구입할 수 있는 독특한 살거리를 필요로 하는데, 일반적으로 지역의 관광목적지에서는 관광시설이나 볼거리만 중시하고 쇼핑에 대한 대비가 부족한 경우가 많다. 쇼핑은 기본적으로 백화점이나 쇼핑몰을 연상하지만, 반드시 그런 것만은 아니다. 규모가 작아도 독특한 그 지역만의 기념품이나 잡화점이라도 제대로 구색이 갖춰져 있으면 더 좋을 수도 있다. 중요한 것은 해당 지역을 찾는 외래관광객들에게 무엇을 사게 할 것인가가 명확하게 제시되어야 한다는 점이다.

● 방한 목적

외래관광객의 방문 목적으로 가장 많은 비중을 차지한 것은 여가/위락/휴식(67.8%)이다. 일반적으로 여행을 가는 가장 큰 이유이며, 일반적으로 관광객이라고 하면 여가/위락/휴식을 목적으로 한 사람들을 말한다. 그 다음은 사업/전문활동(17.7%), 친구, 친지 방문(11.2%)의 순이다. 여기서 주의해야 할 것은 여가/위락/휴식이 중요한 것처럼, 사업/전문활동이나 친구, 친지 방문도 매우 중요하다는 것이다.

사업/전문활동과 같은 비즈니스를 목적으로 방문하는 사람들은 계절을 가리지 않고 꾸준한 수요가 있다. 일반적으로 근로자의 휴가는 여름철에 많기 때문에, 당연히 여름철에는 비즈니스 출장이 줄어들게 마련이다. 따라서 여가/위락/휴식과 균형을 맞추는 효과도 있다. 또한 국가 간의 정치적인 갈등이 일어나더라도 비즈니스는 계속 되어야 하기에, 이로부터 영향을 받지 않는다. 연중 꾸준한 항공기 탑승과 입국이 유지된다.

친구, 친지 방문 역시 마찬가지다. 호주나 뉴질랜드는 섬나라면서 동시에 타 국가와 거리가 멀기 때문에, 관광객 유치가 쉽지 않다. 우리나라도 실질적인 섬나라에 가깝지만 1시간 반에서 3시간 거리에 경제 대국인 중국, 일본, 대만이 있기 때문에 어렵지 않게 외래관광객을 유치할 수 있다. 그렇지만 이 거리가 6시간 이상이 되면 짧은 2~3일의 휴가로 여행을 가기에는 무리가 따른다. 따라서 호주나 뉴질랜드는 현지에 유학을 와 있는 중국 등 아시아 학생들에게 친구나 가족들을 초청하는 프로모션을 전개한다. 또한 이 두 국가는 영국과 교류가 많기 때문에 영국에서 비즈니스로 와 있는 사람들에게 역시 친구나 가족들을 초청하는 프로모션도 전개한다. 이렇게 친구, 친지가 방문하는 것을 VFR(Visit Friends and Relatives) 관광이라고 한다. 우리나라에서는 그다지 중시하지 않았지만 다른 나라에서는 이 시장에 사활을 걸기도 한다. 호주의 경우 전체 숙박 관광시장에서 VFR 관광은 48%를 차지한다.

친구, 친지 방문의 특징은 일단 체류기간이 길다. 가족들 보러 왔는데 3~4일 머무르다 가기는 너무 아쉽기 때문이다. 부모가 자식을 만나러 온다면 체류하면서 청소도 해 주고, 빨래도 해 주고, 밥도 해주면서 뒷바라지를 하길 원한다. 자식의 입장에서는 부모가 왔으니 유명한 관광지를 데리고 다니며 구경시키고 싶고, 유명한 레스토랑에서 식사도 대접할 것이다. 체류기간도 긴데 씀씀이도 크다. 한 곳에만 머물지 않고 유명하다는 지역 관광지도 방문할 것이다. 우리나라가 안고 있는 소비지출과 체류기간, 지역관광 활성화 등의 문제를 일거에 해소해 줄 수 있다.

항공 노선이라는 관점에서도 중요하다. 지역에서 공항은 지역 경제 활성화를 위한 대단히 중요한 인프라인데, 공항이 있어도 국제노선이 정상적으로 운항하지 않으면 공항이 자체적으로 유지를 할 수가 없게 된다. 어렵게 항공노선을 유치해도, 탑승율이 높지 않으면 항공사의 수익성이 악화되기 때문에 언제라도 없어질

수 있다. 따라서 항공사뿐만 아니라 공항이 있는 해당 지자체에서는 탑승율을 높이기 위해 필사적인 노력을 경주하게 된다. 여가/위락/휴식을 목적으로 방문하는 사람들은 대부분 날씨가 좋은 계절이나 휴가철에만 집중된다. 그 이외의 시기에 좌석이 텅텅 빈다면 항공사의 수익성이 악화되면서 어렵게 개설한 노선은 사라질 수 있다. 1년 내내 편차가 없는 탑승율을 유지하기 위해서는 비즈니스나 VFR 관광을 동시에 추진해야 한다.

● 방한 전 필요 정보

우리나라를 방문하기 전 가장 궁금해 했던 정보는 이동거리 및 교통편(51.0%)가 가장 많았고, 방문지 정보(47.1%), 음식 및 맛집 정보(48.2%)의 순으로 나타났다. 처음 가보는 익숙하지 않은 곳에 갈 때는 하루의 여행 일정을 짜보게 되는데, 이 때 가장 중요한 것은 이동거리와 교통수단, 그리고 소요시간이다. 최근에는 여행 일정을 짜는 데 도움을 주는 어플리케이션이 많이 출시되어 수고를 덜어주고 있지만, 다른 매체를 통해서도 확인해 보고 싶을 것이다. 각각의 방문지에 대한 정보 역시 여행 일정을 짜면서 방문지의 우선순위를 세우는 데 필요하다.

방문지 정보와 음식 및 맛집에 대한 정보의 경우, 가장 중요한 것은 바로 진정성이어서, 이러한 고객 니즈를 간파하여 비즈니스로 만든 것이 바로 트립 어드바이저다. 각종 방문지나 맛집에 관한 고객의 의견을 리뷰의 형태로 확인할 수 있는데, 아르바이트성이나 광고용 리뷰를 가려내어 고객의 입장에서 진정성이 느껴지는 리뷰로 내용을 채우게 되었고, 이를 고객들이 인정하면서 지금은 글로벌 기업으로 성장했다.

● 여행 전 정보 입수 출처

우리나라를 방문한 외래관광객들이 여행 전 정보를 얻은 곳에 관한 관광통계는 외래관광객을 대상으로 한 홍보 마케팅을 전개할 때, 매체 선정을 위한 중요한 정보가 된다. 그런데 가장 많은 정보를 입수한 출처로 1위를 차지한 것은 친지, 친구 동료로 중복응답이기는 하지만 50.9%를 차지하고 있다. 국민 국내여행에서도 주변인이 39.%로 1위였는데 비슷한 경향을 보이고 있다. 그만큼 화려한 것보다는 신뢰할 수 있는 정보를 우선시 하는 것이다. 홍보 마케팅에서 신뢰성이 얼마나 중요한지를 체감할 수 있는 대목이다. 그 다음으로는 글로벌 인터넷 사이트나 앱이 48.9%로 2위였다. 우리나라를 방문하는 외래관광객은 특정 국가만 있는 것이 아니기 때문에, 세계인들이 즐겨 찾는 인터넷 사이트나 앱을 이용하면, 그곳에는 더 풍성한 정보가 담겨 있을 것이 틀림 없다. 3위는 자국의 인터넷 사이트와 앱(41.2%)이였고, 한국의 여행 관련 사이트와 앱(21.0%)은 5위를 차지했다. 한국에서 제공하는 매체일수록 소비자 입장이 아닌 공급자 입장의 정보가 되기 때문에 상대적으로 순위는 낮게 나타난다. 6위부터 나오는 매체들은 모두 공급자에 가까우며 특히 우리나라의 공공기관이나 지자체가 발신하는 정보는 그다지 참고하지 않는 것도 이러한 맥락이다.

그림 3-10 외래관광객 한국 여행 전 정보 입수 출처

(중복응답, 단위: %)

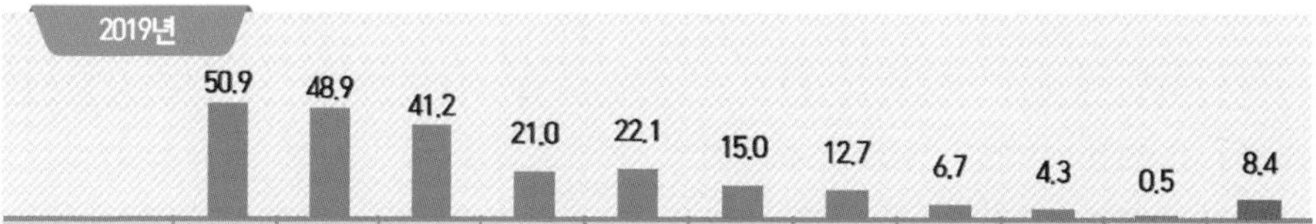

구분	친지, 친구, 동료	글로벌 인터넷 사이트/앱	자국의 인터넷 사이트/앱	한국의 여행관련 사이트/앱	주요 언론 매체	자국 여행사(오프라인)	관광 안내 서적	항공사, 호텔	자국 한국 공공기관	기타	정보를 얻지 않음
2019년	50.9	48.9	41.2	21.0	22.1	15.0	12.7	6.7	4.3	0.5	8.4
2018년	51.0	47.6	41.3	20.5	20.1	14.9	15.3	6.5	4.3	0.3	7.7
2017년	63.9	71.8			19.2	22.4	19.7	6.0	5.5	3.4	5.5
2016년	63.0	74.1			22.0	34.6	19.7	6.0	5.0	3.6	4.1
2015년	62.5	71.5			18.8	31.3	18.0	6.0	5.1	2.3	4.3

● 여행 형태

본래 여행업의 출발은 1841년 토마스 쿡의 패키지 여행(Conducted Tour)으로 안내와 수배를 모두 포함한 개념이었다. 그러나 정보통신의 발달로 인해 여행자들은 모바일을 통해 손 쉽게 실시간으로 여행 정보를 얻을 수 있었고, 온라인 여행사(OTA)를 통해 최고로 저렴한 할인된 가격을 제공받을 수 있게 되면서, 여행사의 서비스에 의존하지 않고 독자적으로 하는 여행을 선호하게 되었다. 이에 따라 패키지를 포함한 단체여행은 15.1%까지 감소하였고, FIT(Free Independent Travel)로 불리는 개별여행 또는 자유여행이 77.1%로 증가하였다. 20년 전만 하더라도 구미주의 여행객들은 이전부터 FIT 중심의 여행이 일반화되었지만, 아시아에서는 여행사의 패키지 상품 의존도가 높았다. 그러나 20년이 지난 시점에서는 개별여행이 대세가 되었다. 물론 어느 국가의 외래관광객이냐에 따라 조금씩 차이는 있지만, 대세인 것만은 분명하다.

이렇게 FIT 중심으로 전환된 것은 사실 지역 관광의 입장에서는 위기다. 이전에는 여행사에서 안내원과 차량이 제공되어 여행지의 인프라가 부족하더라도 큰 문제가 없었다. 그러나 이제는 배낭 하나 짊어지고 모바일 하나에 의존하며 여행을 하기 때문에, 외래관광객이 대중교통을 이용하여 자유롭게 여행할 수 있는 여건이 되지 않으면, 아예 그 지역으로 가지 않는 문제가 발생할 수 있는 것이다.

아직 우리나라는 항공이나 철도는 세계적인 수준으로 운영되지만, 버스나 택시의 운영 시스템에 있어서는 그렇지 못하다. 우리나라 말을 구사하지 못하는 외래관광객이 고속버스나 일반버스를 타고 여행한다는 건 거의 불가능에 가깝다. 택시 역시 최근 어플리케이션을 통해 도움을 받기도 하지만 신뢰성에 있어서 아직도 가장 많은 불만과 불평이 제기되고 있다.

교통 이외에도 안내와 숙박, 식당 등 수용태세가 완비되지 않으면 FIT 중심으로 전환되는 변화에서 뒤처지게 되며, 이는 다시 부익부 빈익빈의 관광지 양극화를 초래할 수 있기 때문에, 지역에서는 만반의 준비가 필요하다.

● 동반 인원수 및 동반자 유형

동반 인원수와 동반자 유형은 같은 맥락에서 다루어지는데 가족/친지는 동반자가 많고, 친구/연인이나 직장동료는 상대적으로 적을 것이다. 국민 국내여행에서도 가족이 절반을 넘었는데, 외래관광객 역시 47.1%가 가족/친지와 함께 하고 있다. 절반 가까이가 가족과 함께 움직이는데, 이들은 대부분 아이들과 함께 있을 것이고, 이들이 FIT 중심으로 전환된다면 더더욱 수용태세의 중요성은 커지게 된다. 안 그래도 타지에서 익숙하지 않은 것들 투성이인데, 아이들까지 챙겨야 하는 상황에서 불편함이 계속 이어진다면 좋은 기억으로 남기는 어렵기 때문이다.

한편, 동반자 유형은 보통 연령과 연동되어 타겟의 여행 특성에 가장 큰 영향은 미치기 때문에, 여행자의 특성과 여행 행태(방문지, 교통수단, 체류기간, 만족도 등)의 특성에 관한 시사점을 도출하는 데 요긴하게 사용된다. 그렇기 때문에 횡단적으로 특정 시기의 데이터만 볼 것이 아니라, 과거 4~5개년 관광통계와 비교하면서 종단적으로 데이터를 분석하여 최근의 여행 트렌드를 파악하는 것이 중요한 것이다.

그림 3-11 외래관광객 한국 여행 중 특징

| 여행 형태
① 개별여행 77.1%
② 단체여행 15.1%
③ Air-tel 7.8%
| 동반 인원수 **
2018 2.9명 < 2019 3.5명
| 동반자 유형 **
① 가족/친지 47.1%
② 친구/연인 39.7%
③ 직장동료 14.2%

● 방문 지역

방문 지역은 외래관광객 조사의 관광통계 중 가장 중요하다고 할 수 있다. 외래관광객 통계는 공항이나 항만이 있고 정기노선이 원활하게 운영 중인 도시인 수도권, 부산, 제주의 관광 현황을 파악하는 데는 도움이 되지만, 그 이외의 도시를 방문하는 외래관광객을 집계할 수가 없는 문제가 있었다. 비록 표본에 의한 집계기는 하지만, 외래관광객 조사에서는 적어도 광역시도 단위로 방문객을 추정할 수 있도록 방문 비율 수치를 제공하고 있다. 이를 통해 해당 지역에 몇 명의 외래관광객이 방문했는지를 파악할 수 있다.

그림 3-12 외래관광객 한국 여행 중 특징

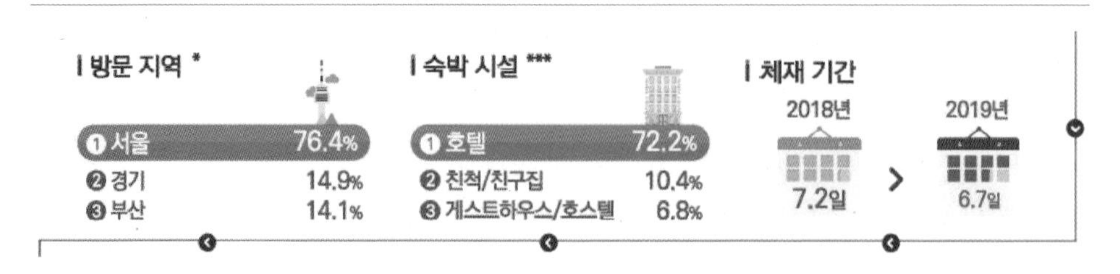

많은 사람들이 알고 있는 것처럼 우리나라 중 가장 많은 외래관광객이 방문하는 지역은 서울로서, 무려 76.4%에 해당된다. 문제는 2위와의 격차가 너무 크다는 점인데, 경기도(14.9%), 부산(14.1%)다. 아래의 그래프를 보면 4위 이후로는 제주(9.9%), 인천(8.0%), 강원(7.8%), 대구(3.5%)의 순서다. 한 때 중국 관광객으로부터 선풍적인 인기를 끌었던 제주는 20%에 육박했지만 한한령 이후 10% 수준으로 하락했고, 제주의 수요는 부산과 강원으로 분산되었다. 부산과 강원의 경우 방문 비율은 높아졌지만 제주의 하락에 따른 상대적인 비율의 증가이며, 절대치가 증가한 것은 아니기 때문에 엄밀하게 고질적인 서울 중심의 관광 패턴이 개선되었다고 보기는 어렵다.

2019년 한국을 방문한 외래관광객은 1,750만 명이었으니, 1,750만 명에 서울 방문 비율인 76.4%를 곱하면 1,337만 명이라는 서울 방문 인원이 산출된다. 부산은 방문 비율이 14.1%이므로, 246만 명이 방문하였으며, 제주 역시 9.9%의 방문 비율을 곱하면 173만 명이 방문하였음을 알 수 있다. 실제 부산시에서 김해공항과 부산항 입국과 KTX를 통한 방문을 감안하여 도출하는 통계치와는 큰 차이가 나지 않아서 각 지역의 외래관광객 수를 산정하는데 활용할 정도의 신뢰도를 갖추고 있다.

그림 3-13 외래관광객 한국 여행 중 방문 지역

(중복응답, 단위: %)

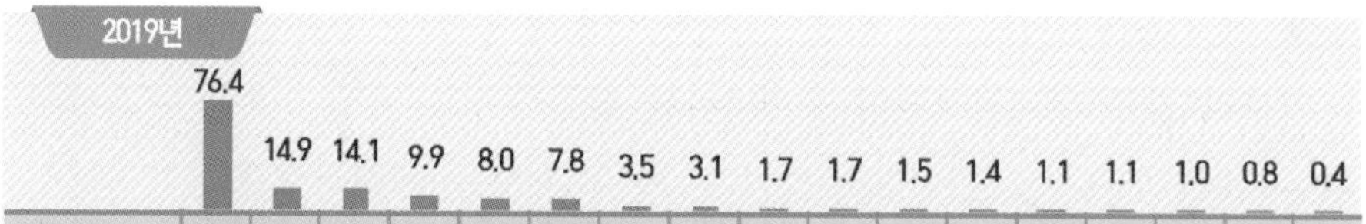

구분	서울	경기	부산	제주	인천	강원	대구	경북	경남	전북	대전	충남	충북	광주	울산	전남	세종
2019년	76.4	14.9	14.1	9.9	8.0	7.8	3.5	3.1	1.7	1.7	1.5	1.4	1.1	1.1	1.0	0.8	0.4
2018년	79.4	14.9	14.7	8.5	8.3	9.7	3.1	2.8	2.3	1.1	1.7	1.4	0.9	1.1	1.2	0.7	0.4
2017년	78.8	15.6	15.1	10.8	10.0	6.8	2.5	2.6	2.2	1.5	1.7	1.3	0.9	1.2	1.4	0.7	0.4
2016년	78.0	13.1	10.4	20.2	6.2	6.4	1.2	2.0	1.9	1.3	1.0	1.0	0.4	0.5	0.6	0.9	0.2
2015년	78.7	13.3	10.3	18.3	6.8	6.4	1.6	2.5	3.2	1.7	1.2	1.3	0.6	0.8	1.0	1.8	0.2

● 숙박 시설

국민 국내여행에서는 펜션이 1위였고 호텔은 10% 정도로 4위를 기록했지만, 외래관광객에게는 호텔이 72.2%로 단연 1위였다. 원래 관광진흥법에서 규정하는 관광호텔업이라는 것이 외국인들을 환대하기 위한 내용으로 구성되어 있기 때문에, 당연할 수도 있겠다. 펜션이나 모텔 등은 외국인들을 위한 외국어 표기나 외국어 안내, 또는 국제표준을 감안한 운영이 열악하기 때문에 버스와 마찬가지로 한국어를 구사할 수 없는 외국인들에게는 상당한 부담감이 있기 때문에 가격적인 면에서 부담이 있더라도 호텔을 사용하게 된다.

그 다음으로는 친척/친구집(10.4%)인데, 앞선 관광 목적 통계에서 친구, 친지 방문이 11.2%였던 것과 비슷한 수치를 보이고 있다. 친구, 친지 방문을 목적으로 방문하는 대부분 친척/친구집에서 숙박한다. 따라서 숙박업체의 입장에서는 VFR 관광은 그다지 매력적이지 않은 시장이라고 볼 수도 있으나, VFR 관광 중에서도 일본인들은 호텔에서의 숙박 비중이 높기 때문에, 국가별로 차이가 있다는 점도 명심해야 할 것이다.

게스트하우스/호스텔은 비교적 젊은 층을 대상으로 하며 저렴한 가격과 친교를 목적으로 찾는 곳으로 전체 방문객의 6.8%를 차지하고 있다. 일부 연령층에 한정되어 있음에도 불구하고, 6.8%라는 것은 매우 높은 비율이므로 젊은 층을 대상으로 한 숙박 인프라로서 수용태세 점검에도 만전을 기해야 할 것이다.

● 체재 기간

아무리 많은 외래관광객이 우리나라를 방문한다고 해도, 1박만 하고 돌아간다면 그 경제적 효과는 미비할 것이다. 또한 한 사람의 외래관광객을 유치하기 위해서는 대규모의 마케팅 비용이 소요되기 때문에, 새로운 고객을 유치하는 것만큼 중요한 것이 현지를 방문하는 외래관광객을 하루라도 더 숙박하도록 만드는 일이다. 하루를 더 체류하게 되면 그만큼 해당 지역에서 더 많은 돈을 소비할 것이기 때문이다. 따라서 체재 기간에 관한 데이터는 꾸준히 축적하여 과거의 수치와 비교 분석을 하고, 해당 수치가 감소할 경우에는 반드시 그 원인을 찾아 대책을 수립해야 한다.

2018년도 우리나라를 방문한 외래관광객의 체재 기간은 7.2일이었고, 2019년에는 6.7일로 소폭 감소했다. 그러나 앞에서도 언급한 것처럼 전세계 관광객을 대상으로 한 수치이기 때문에, 소폭 감소했다고 해서 큰 문제가 난 것처럼 부하뇌동하기 보다는 국가별로 수치를 파악하면서 이러한 감소가 어느 국가의 정치경제적 상황으로 인한 것인지, 또는 어느 국가의 특정 세그멘트의 취향의 변화로 인한 것인지 세부적인 원인 진단이 필요하다.

일반적으로 가까운 근거리 국가일수록 체재기간이 짧고, 원거리로 갈수록 체재 기간은 길어진다. 원거리인 경우는 이번에 가면 또 못 갈 수도 있다는 생각 때문에, 하루라도 더 휴가를 내서 장기간 체류를 하게 되며, 가까운 경우는 주말이나 연휴를 이용해 갈 수 있기 때문에 상대적으로 체류 기간은 짧아지게 되는 것이다.

[그림 3-14]는 우리나라의 지역을 방문한 외래관광객의 숙박시간에 관한 관광통계를 보여주고 있다. 여기서는 충북(9.5박), 광주(8.0박), 전남(7.7박), 충남(6.5박)의 순서를 보이고 있다. 그런데, 이 관광통계를 볼 때 주의할 점은 해당 지역을 방문한 사람들의 평균이 아니라 숙박을 한 사람들의 평균이라는 점이다. 그런데 사실 서울이나 부산, 제주를 제외하면 대부분의 사람들이 숙박을 하지 않고 당일로 방문하거나 잠시 경유하는 패턴을 보인다. 아래의 수치는 숙박 없이 당일로 왔다가 가는 사람들은 포함이 안 되며, 1박 이상을 숙박한 사람들만 해당되기 때문에, 외래관광객이 그다지 방문하지 않는 지역의 숙박기간이 지나치게 높게 도출되는 문제가 있었다.

수요예측이나 경제적 효과를 계산할 때, 체재 기간이 필요한 경우가 있는데,

그림 3-14 **외래관광객조사 시도별 숙박기간**

(단위: 박)

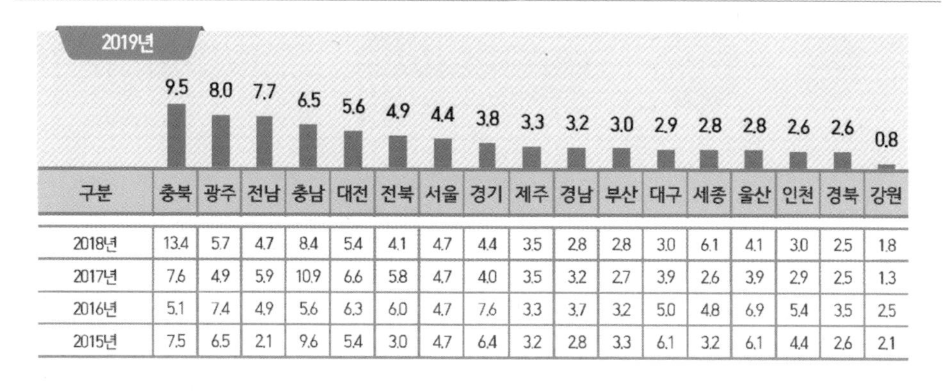

구분	충북	광주	전남	충남	대전	전북	서울	경기	제주	경남	부산	대구	세종	울산	인천	경북	강원
2018년	13.4	5.7	4.7	8.4	5.4	4.1	4.7	4.4	3.5	2.8	2.8	3.0	6.1	4.1	3.0	2.5	1.8
2017년	7.6	4.9	5.9	10.9	6.6	5.8	4.7	4.0	3.5	3.2	2.7	3.9	2.6	3.9	2.9	2.5	1.3
2016년	5.1	7.4	4.9	5.6	6.3	6.0	4.7	7.6	3.3	3.7	3.2	5.0	4.8	6.9	5.4	3.5	2.5
2015년	7.5	6.5	2.1	9.6	5.4	3.0	4.7	6.4	3.2	2.8	3.3	6.1	3.2	6.1	4.4	2.6	2.1

이때 이 수치를 사용하게 되면 상당히 왜곡된 결과가 나올 수 있음에 주의해야 한다.

● 가장 인상 깊었던 방문지

가장 인상 깊었던 방문지는 명동/남대문/북창이 55.9%로 가장 많았고, 동대문 패션타운(24.7%), 신촌/홍대 주변(18.0%)의 순이었다. 사실 인상 깊었던 방문지는 가장 많이 가는 방문지와 연관성이 높다. 일단 가봐야 인상이 깊던 말던 할 것이기 때문이다.

또한 종단적으로 보면 명동/남대문/북창과 동대문 패션타운 모두 전년도와 비교해서 수치가 오차 범위 밖으로 하락하는 양상을 보였는데, 이처럼 고객의 선호 트렌드를 짐작할 수 있게 된다.

그림 3-15 외래관광객 한국 여행 중 특징

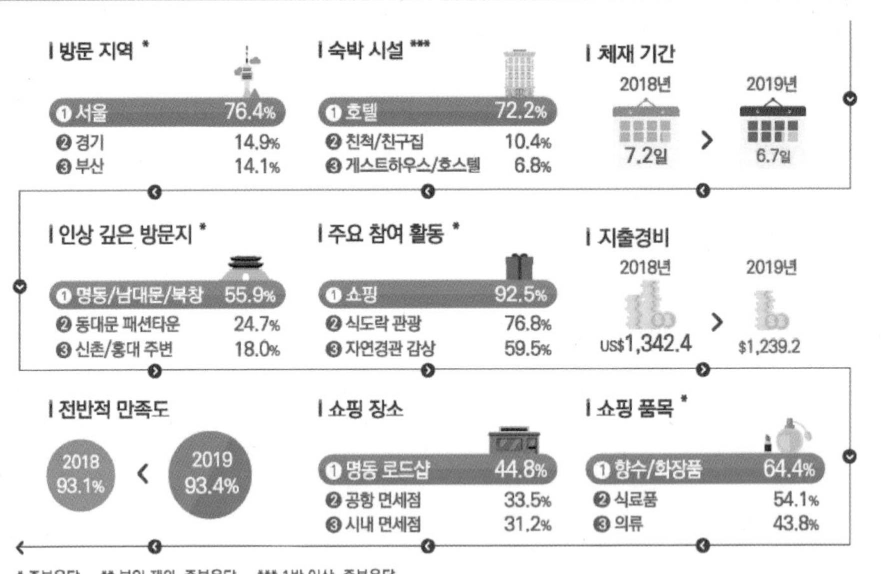

● 주요 참여 활동

앞선 방한 고려요인에서 쇼핑과 음식/미식관광, 자연경관 감상이 가장 많았는데, 실제로 우리나라를 방문해서 행한 활동 역시 크게 다르지 않았다. 쇼핑은 무려 92.5%에 달했고, 식도락 관광은 76.8%, 자연경관 감상은 59.5%였다. 이 수치는 다른 관광통계와 마찬가지로 횡단적인 수치보다는 시계열 추이를 지켜보면서 고객 트렌드를 파악하는 것이 중요하며, 관광 목적지에서는 쇼핑과, 음식, 풍경 감상은 어디서 시켜줄지, 어떻게 동선을 구성할지를 고민해야 한다.

방한 고려요인은 우리나라를 방문하기 전에 생각한 것이므로, 수요예측에서 활용할 관광통계는 당연히 방한 고려요인보다는 주요 참여 활동 수치다. 인바운드 외래관광객을 대상으로 비즈니스 창업을 고려하는 경우에는 이 관광통계를 분석하면서 의미를 찾으면 도움이 된다. 요즘 대세로 떠오르는 체험관광은 유흥/오락(20.9%)과 관련이 있다. 각주를 보면 유흥/오락은 나이트 라이프 체험과 카지노, 놀이공원/테마파크 방문으로 정의하고 있다. 해양레포츠나 원데이클래스, 전통의상 대여, 스냅샷 촬영 등을 기획하는 경우는 바로 이 유흥/오락의 수치를 활용하여 수요예측을 할 수 있다.

K-POP/한류스타 관련 방문(15.5%)은 공연, 민속 행사, 축제 관람 및 참가, 드라마/영화 촬영지 방문을 포함한다. 공연이나 축제도 함께 이 카테고리에 포함

그림 3-16 **외래관광객 주요 참여 활동**

(중복응답, 2019년 상위 10위 기준, 단위: %)

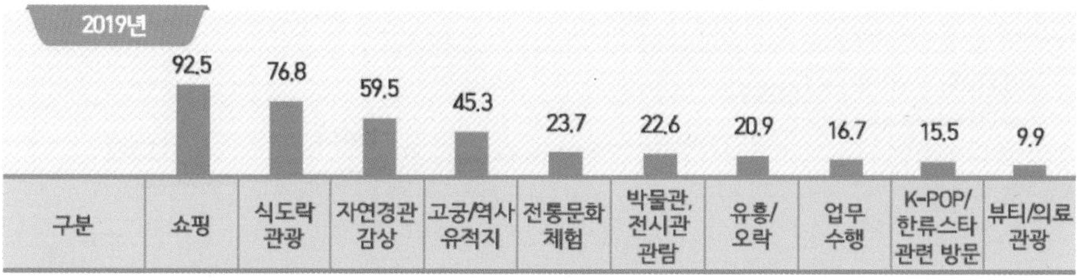

구분	쇼핑	식도락 관광	자연경관 감상	고궁/역사 유적지	전통문화 체험	박물관, 전시관 관람	유흥/오락	업무 수행	K-POP/한류스타 관련 방문	뷰티/의료 관광
2019년	92.5	76.8	59.5	45.3	23.7	22.6	20.9	16.7	15.5	9.9
2018년	92.5	71.3	54.4	42.6	17.7	19.5	32.3	17.6	21.5	9.9
2017년	72.5	58.2	25.8	23.4	5.5	7.6	24.1	14.4	5.6	5.1
2016년	75.7	51.0	28.6	25.0	4.9	10.5	28.2	11.4	7.9	4.2
2015년	71.5	47.3	30.0	26.2	5.2	10.5	22.4	12.9	6.9	4.5

되어 있다는 점에 주의할 필요가 있다. 뷰티/의료관광(9.9%)은 세부적으로 마사지샵, 헤어샵, 네일케어, 피부과, 성형외과 방문으로 구성되어 있는데, 특히 마사지나 네일케어도 함께 포함하고 있다는 점에 주의해야 한다.

● 지출 경비

앞서 체재 기간에서 설명한 것처럼, 지출 경비는 외래관광객 방문을 유치하는 가장 큰 목적인 경제적 효과가 직결되는 항목이다. 2018년에는 1인당 1,342.4$였고, 2019년에는 1인당 1,239.2$였다. 이 비용은 우리나라에서 여행하는 동안 사용한 것으로, 숙박비와, 쇼핑, 식음료비, 한국 내에서의 교통비, 옵션투어비, 문화오락 관련 지출 등이 포함되며, 참고로 우리나라로 오고 가는 항공료는 포함되어 있지 않다. 1달러가 1,200원이라고 가정하면 2019년 기준 1,487,040원이니 거의 150만 원 수준이다. 이 금액에 2019년 방문객 수인 1,750만 명을 곱하면 26조 원이 나온다. 우리나라를 방문한 외래관광객이 1년간 무려 26조 원을 지출한 것이다.

최근 4개년간 외래관광객의 1인 평균 지출 경비는 일관되게 하락하고 있다. 본래 관광시장이 성숙기에 접어들면 재방문객이 늘어나면서 소비 규모가 줄어들게 되어 있기는 하지만, 그렇다고 하더라도 지나치게 일관되게 하락하는 이와 같은 경향은 매우 좋지 않은 적신호다.

각 지역에서 주요 타겟 국가를 설정할 때, 설정하는 기준으로 방문객 수 규

그림 3-17 외래관광객 1인 평균 지출 경비

(단위: US$)

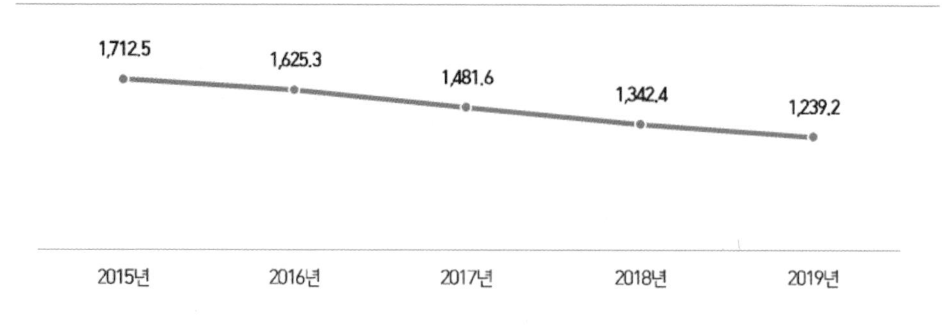

모, 증가율, 지출액의 이 세 가지 기준이 주로 사용된다. 방문객 수 규모나 증가율은 양적인 수준을 측정하는 지표가 되는 반면, 질적 수준을 진단하는 방편으로 1인 평균 지출경비를 사용한다. 그런데, 지출액은 체재 기간의 영향을 받고 체재 기간은 거리의 영향을 받기 때문에, 당연히 오래 체재하는 국가의 지출액은 높게 나오게 된다. 예를 들어 아래의 표에서 중국, 중동, 독일, 프랑스, 러시아의 순이며, 같은 아시아권에서는 태국과 말레이시아는 일본보다 높게 나타난다.

따라서, 외래관광객의 질적인 수준을 판단하기 위한 것이라면 1일 평균 지출경비 지표를 사용하는 것이 보다 합리적이다. [표 3-5]에서는 일본보다 1인당 평균 지출금액이 높게 나타났던 대만이나 태국이 일본보다 낮아졌으며, 말레이시아의 경우는 큰 격차를 보이며 낮아졌다. 구미주권 국가인 독일, 프랑스, 러시아 등 구미주 국가의 지출액 역시 현저하게 낮아지는 것을 확인할 수 있다.

전체적으로, 1인 평균 지출경비나 1일 평균 지출경비 모두 중국은 높게 나타났으며, 일본은 1인 평균 지출경비에서는 가장 낮은 수준이었지만, 1일 평균 지출경비에서는 2위를 기록하고 있기 때문에, 이 두 가지 관광통계를 동시에 활용하면, 해당 국가의 외래관광객이 해당 지역에 기여하는 경제적 효과를 파악해 낼 수 있다.

표 3-5 **거주국별 방한 외래관광객 1인 평균 지출 경비**

(단위: %)

구분	500$ 이하	500$초과 1,000$이하	1,000$초과 1,500$이하	1,500$초과 2,000$이하	2,000$초과 3,000$이하	3,000$ 초과	최대금액 초과자	평균 (US$)
전체	16.8	38.6	20.3	9.5	7.7	6.6	0.5	1,239.2
일본	28.0	53.9	12.7	3.0	1.1	1.0	0.3	758.9
중국	9.3	28.5	23.0	13.3	12.3	12.8	0.7	1,632.6
홍콩	14.2	43.5	25.7	8.9	5.6	1.9	0.1	1,052.9
싱가포르	13.2	31.9	27.9	16.3	6.9	3.6	0.2	1,217.8
대만	12.1	46.7	26.8	8.7	3.8	1.7	0.3	1,034.8
태국	16.3	53.3	18.9	6.2	3.4	1.7	0.2	945.3
말레이시아	24.1	43.2	19.7	6.1	4.7	2.2	0.0	946.7
호주	27.0	31.2	21.4	5.5	8.5	5.7	0.6	1,128.2
미국	23.2	35.5	17.5	9.4	8.6	5.5	0.2	1,148.6
캐나다	34.0	34.3	14.8	7.1	6.9	2.6	0.3	897.4
영국	19.5	37.2	20.6	10.3	7.6	3.7	1.2	1,132.8
독일	16.0	38.5	20.0	13.1	5.9	6.5	0.0	1,230.0
프랑스	18.8	30.4	22.4	11.3	11.0	6.1	0.0	1,279.3
러시아	26.5	40.2	14.1	6.9	5.9	5.7	0.7	1,120.2
중동	16.8	26.5	15.5	11.2	14.1	14.5	1.2	1,696.5
중앙아시아	19.7	26.9	16.7	10.9	11.5	13.2	1.1	1,581.7
GCC	8.9	15.2	12.2	13.3	17.2	31.5	1.7	2,558.8
기타중동	14.0	33.4	14.5	10.8	19.7	6.4	1.2	1,429.6
인도	14.1	33.4	13.0	11.4	13.6	14.1	0.4	1,633.2
필리핀	30.0	47.5	15.4	2.8	3.0	0.8	0.6	807.5
인도네시아	17.9	29.8	26.9	13.0	7.9	4.3	0.1	1,233.2
베트남	12.7	39.2	19.9	14.0	8.8	5.2	0.3	1,275.6
몽골	14.3	24.8	18.7	11.2	17.5	11.4	2.2	1,616.0
기타	14.1	37.3	24.2	11.8	7.9	4.6	0.2	1,259.6

표 3-6 거주국별 방한 외래관광객 1인 평균 지출 경비

(단위: %)

구분	100$ 이하	100$초과 200$이하	200$초과 300$이하	300$초과 400$이하	400$초과 500$이하	500$초과 700$이하	700$초과 1,000$이하	1,000$ 초과	평균 (US$)
전체	19.8	35.6	21.6	9.6	4.9	4.1	2.6	1.8	245.4
일본	10.8	40.9	30.6	11.4	3.5	1.8	0.5	0.5	221.5
중국	15.4	26.0	19.2	12.1	8.2	8.3	6.1	4.6	340.9
홍콩	16.6	45.0	22.3	9.9	2.6	2.6	0.9	0.1	203.3
싱가포르	20.8	44.7	20.7	9.7	3.1	0.9	0.0	0.1	181.0
대만	13.4	45.0	28.9	7.3	3.3	1.1	0.9	0.2	202.4
태국	15.0	44.2	27.3	7.7	2.9	2.0	0.6	0.3	202.1
말레이시아	30.1	43.9	16.6	5.5	2.0	1.3	0.3	0.2	164.2
호주	43.8	32.7	14.3	3.0	3.2	2.1	0.5	0.3	150.3
미국	36.2	37.4	16.7	5.0	2.9	1.5	0.4	0.0	159.3
캐나다	52.5	32.7	11.7	2.2	0.5	0.5	0.0	0.0	118.6
영국	33.3	40.1	15.7	6.7	2.5	1.5	0.2	0.0	161.7
독일	39.4	40.3	15.3	2.5	1.2	0.6	0.6	0.0	140.5
프랑스	43.7	34.9	13.2	5.2	2.0	1.0	0.0	0.0	140.6
러시아	35.8	41.3	14.4	4.0	2.0	1.9	0.5	0.1	157.5
중동	27.0	35.2	18.2	10.6	4.0	3.5	1.2	0.3	199.3
중앙아시아	34.6	34.4	15.7	8.4	3.4	2.5	0.6	0.5	177.9
GCC	13.7	28.4	27.9	10.4	7.1	9.9	2.6	0.0	266.3
기타중동	14.2	41.8	19.1	17.0	3.7	2.3	1.9	0.0	215.2
인도	30.8	48.1	12.4	3.8	2.6	1.4	0.9	0.0	160.0
필리핀	41.3	41.0	10.5	4.7	1.1	1.0	0.4	0.0	141.2
인도네시아	25.9	32.0	19.7	10.7	5.9	3.4	1.8	0.5	218.8
베트남	22.0	38.7	19.0	10.5	4.5	3.3	1.3	0.7	212.8
몽골	47.4	28.2	10.3	6.4	2.3	2.0	3.1	0.4	164.6
기타	37.0	42.3	13.2	5.2	0.6	1.0	0.7	0.0	147.5

● 만족도

우리나라를 방문하는 외래관광객의 만족도는 2019년 기준 93.4%로 매우 높게 나타났다. 93.4%란 전체 응답자 중 '매우 만족'과 '만족'으로 응답한 사람들의 비율을 말하는데, 일본을 제외한 모든 국가에서 90점을 얻었다.

득점 현황을 특히 '매우 만족'이 높은 나라들을 보면 알 수 있는데, 호주, 캐나다, 미국, 독일, 영국으로서 60% 전후의 높은 점수를 얻었다. 원거리일수록 오히려 점수가 높게 나타나는 것으로 보아 기대 수준 자체가 낮았다고 유추해 볼 수 있다. 반면, '매우 만족'이 낮은 국가는 홍콩, 대만, 태국, 중국, 일본으로 동아시아 국가에서는 40% 이상을 받지 못했다.

국민여행조사에서는 만족도 질문 항목이 하나 밖에 없었지만, 외래관광객 조사에서는 전체 만족도 이외에 분야별로 자세한 질문을 하는 것이 특징이다. 각 질문 항목은 출입국 절차, 대중교통, 숙박, 음식, 쇼핑, 관광지 매력도, 여행경비, 치안(안전성), 모바일/인터넷 이용 편의, 언어 소통, 길 찾기, 관광안내서비스 등 무려 12개에 달한다. 전체적으로 80% 이상의 높은 점수를 기록한 반면, 유난히 낮은 항목은 '언어 소통'이다. 2015년부터 2019년까지 수치의 증가 없이 비슷하거나 오히려 하락하는 양상을 보여주고 있다. 특히 언어 소통은 만족한 사람들이 60%대에 머물고 있다는 것은 심각하게 받아들여야 하며, 대대적인 개선을 필요로 한다. '언어 소통'과 비슷한 개념의 '길 찾기' 역시 75.2%로 낮은 편에 속하며, 관광안내서비스 역시 80점은 넘지만 81.1점으로 상대적으로 낮은 항목이었다. 이 세 가지 항목이 모두 안내 시스템으로 극복될 수 있기 때문에 이에 대한 장기적인 대책이 필요하다는 것을 알 수 있다. 추가로 여행경비 역시 70점대 초반으로 낮은 편이지만, 조금씩 상승하는 모습을 보이고 있다.

만족도 점수와 관련하여 국가별로 또는 시기별, 연령별로 만족도 결과를 확인하고 싶다면, 한국관광 데이터랩의 관광 실태조사/외래관광객조사 게시판에서 2019 외래관광객조사_광역지자체별 결과표를 다운로드하면 광역지자체별로 교차분석으로 정리된 결과를 확인할 수 있다. 각 지자체별로 무려 157개의 표가 이해하기 쉽게 한 개의 시트에 정리되어 있어, 외래관광객의 행태를 이해하는데 도움을 준다.

표 3-7 거주국별 전반적 만족도

(단위: %)

구분			만족	보통	불만족		
	매우 만족	만족				불만족	매우 불만족
전체	42.1	51.3	93.4	6.3	0.3	0.3	0.1
일본	38.0	50.8	88.8	11.0	0.2	0.2	0.0
중국	37.2	56.0	93.2	6.3	0.5	0.5	0.0
홍콩	22.7	70.0	92.7	7.3	0.0	0.0	0.0
싱가포르	39.5	57.0	96.5	2.9	0.5	0.5	0.1
대만	34.0	61.2	95.2	4.7	0.1	0.0	0.1
태국	35.6	56.9	92.5	7.4	0.1	0.1	0.0
말레이시아	35.3	59.4	94.7	4.7	0.6	0.3	0.4
호주	63.9	33.5	97.4	2.1	0.5	0.3	0.2
미국	70.3	27.3	97.5	2.1	0.4	0.0	0.4
캐나다	60.9	36.4	97.3	2.5	0.1	0.1	0.0
영국	58.3	39.4	97.7	2.3	0.0	0.0	0.0
독일	58.6	38.0	96.6	3.2	0.2	0.2	0.0
프랑스	55.7	42.4	98.1	1.6	0.3	0.0	0.3
러시아	52.4	41.4	93.8	6.0	0.2	0.2	0.0
중동	52.6	40.9	93.5	5.6	0.9	0.3	0.6
중앙아시아	51.4	42.4	93.7	5.7	0.6	0.1	0.5
GCC	54.2	35.5	89.7	7.3	3.0	0.9	2.2
기타중동	55.0	40.5	95.6	4.2	0.2	0.2	0.0
인도	56.8	41.6	98.4	1.1	0.5	0.0	0.5
필리핀	65.3	33.4	98.8	1.0	0.3	0.1	0.2
인도네시아	45.4	50.9	96.3	3.7	0.0	0.0	0.0
베트남	57.2	39.0	96.2	3.6	0.2	0.0	0.2
몽골	45.7	50.9	96.6	3.3	0.1	0.1	0.0
기타	56.4	39.2	95.6	3.6	0.7	0.0	0.7

표 3-8 연도별 한국 여행에 대한 항목별 만족도

(단위: %)

구분	2019년	2018년	2017년	2016년	2015년
출입국절차	89.0	87.7	88.3	87.2	87.7
대중교통	89.4	87.0	89.1	87.3	87.7
숙박	88.9	86.9	89.9	90.7	90.1
음식	84.9	84.9	87.1	86.6	85.8
쇼핑	89.7	89.8	92.0	92.5	90.1
관광지매력도	86.4	85.9	87.0	88.3	86.4
여행경비	77.4	73.7	77.3	77.2	71.9
치안(안전성)	91.8	91.3	93.3	92.5	90.9
모바일/인터넷이용편의	86.6	87.9	–	–	–
언어소통	62.5	60.5	66.2	68.1	65.8
길찾기	75.2	76.0	–	–	–
관광안내서비스	81.1	81.7	83.5	85.6	82.9

별도로 관광 실태조사/외래관광객조사에서 로데이터를 다운로드할 수도 있으나, 로데이터는 코드명으로 되어 있어 시각적으로 알아보기 어려우며, 코드북에 의존하여 하나하나 대조해 봐야 하기 때문에 어지간히 통계에 익숙한 사람이 아니면 접근하기 어렵다.

또한 통계에 익숙한 사람이라고 하더라도, 엑셀로 된 통계표를 수차례 읽으면서 전체적인 내용을 이해하고, 또 더 세부적인 분석이 필요하다고 여기는 항목을 체크한 후, 로데이터 분석에 들어가는 것이 더 의미 있는 실증연구 결과를 도출할 수 있을 것이다.

그림 3-18 관광지식정보시스템에서 다운받은 외래관광객조사 엑셀 파일

133	<표14-5-7> 1인 평균 지출 경비_Air-Tel 여행(문화/오락 관련 지출) (평균산출 시 최대금액 초과제	Go
134	<표14-5-8> 1인 평균 지출 경비_Air-Tel 여행(데이터 통신비) (평균산출 시 최대금액 초과제외)	Go
135	<표14-5-9> 1인 평균 지출 경비_Air-Tel 여행(치료비) (평균산출 시 최대금액 초과제외)	Go
136	<표14-5-10> 1인 평균 지출 경비_Air-Tel 여행(기타) (평균산출 시 최대금액 초과제외)	Go
137	<표14-6-1> 1일 평균 지출 경비_전체	Go
138	<표14-6-2> 1일 평균 지출 경비_개별여행	Go
139	<표14-6-3> 1일 평균 지출 경비_단체여행	Go
140	<표14-6-4> 1일 평균 지출 경비_Air-tel	Go
141	<표15-1> 한국여행에 대한 전반적 만족도	Go
142	<표15-2-1> 한국여행에 대한 항목별 만족도_평균	Go
143	<표15-2-2> 한국여행에 대한 항목별 만족도_Top2	Go
144	<표15-2-3> 한국여행에 대한 항목별 만족도_출입국절차	Go
145	<표15-2-4> 한국여행에 대한 항목별 만족도_대중교통	Go
146	<표15-2-5> 한국여행에 대한 항목별 만족도_숙박	Go
147	<표15-2-6> 한국여행에 대한 항목별 만족도_음식	Go
148	<표15-2-7> 한국여행에 대한 항목별 만족도_쇼핑	Go
149	<표15-2-8> 한국여행에 대한 항목별 만족도_관광지매력도	Go
150	<표15-2-9> 한국여행에 대한 항목별 만족도_여행경비	Go
151	<표15-2-10> 한국여행에 대한 항목별 만족도_치안	Go
152	<표15-2-11> 한국여행에 대한 항목별 만족도_모바일/인터넷 이용편의	Go
153	<표15-2-12> 한국여행에 대한 항목별 만족도_언어소통	Go
154	<표15-2-13> 한국여행에 대한 항목별 만족도_길찾기	Go
155	<표15-2-14> 한국여행에 대한 항목별 만족도_관광안내서비스	Go
156	<표16> 향후 3년 내 관광목적 재방문 의향	Go
157	<표17> 타인 추천 의향	Go
158	<표18> 연 가구 소득	Go

이름

- 01. 2019년 외래관광객조사_통계표_서울
- 02. 2019년 외래관광객조사_통계표_인천
- 03. 2019년 외래관광객조사_통계표_경기
- 04. 2019년 외래관광객조사_통계표_강원
- 05. 2019년 외래관광객조사_통계표_대전
- 06. 2019년 외래관광객조사_통계표_세종
- 07. 2019년 외래관광객조사_통계표_충남
- 08. 2019년 외래관광객조사_통계표_충북
- 09. 2019년 외래관광객조사_통계표_광주
- 10. 2019년 외래관광객조사_통계표_전남
- 11. 2019년 외래관광객조사_통계표_전북
- 12. 2019년 외래관광객조사_통계표_부산
- 13. 2019년 외래관광객조사_통계표_대구
- 14. 2019년 외래관광객조사_통계표_울산
- 15. 2019년 외래관광객조사_통계표_경남
- 16. 2019년 외래관광객조사_통계표_경북
- 17. 2019년 외래관광객조사_통계표_제주
- 2019 외래관광객조사_코드북 (1)
- DATA_2019_외래관광객조사_1
- DATA_2019_외래관광객조사_외부용_0
- 빅데이터 편집(울산)
- 빅데이터 편집(울산)_수정
- 울산 아노바

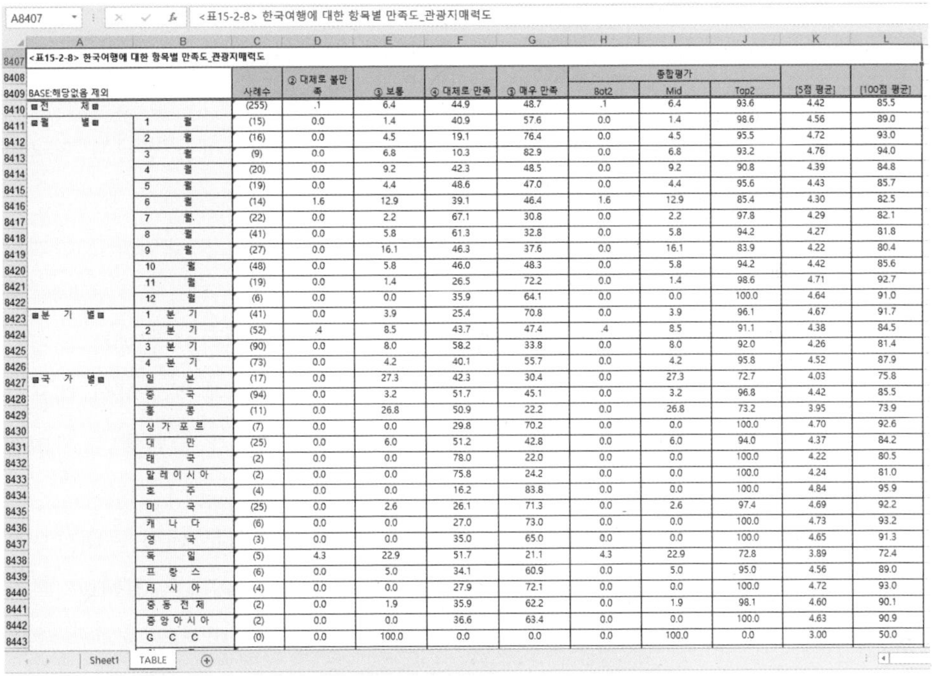

A8407 <표15-2-8> 한국여행에 대한 항목별 만족도_관광지매력도

<표15-2-8> 한국여행에 대한 항목별 만족도_관광지매력도

BASE:해당없음 제외		사례수	② 대체로 불만족	③ 보통	④ 대체로 만족	⑤ 매우 만족	종합평가			[5점 평균]	[100점 평균]
							Bot2	Mid	Top2		
■전 체■		(255)	.1	6.4	44.9	48.7	.1	6.4	93.6	4.42	85.5
■월 별■	1 월	(15)	0.0	1.4	40.9	57.6	0.0	1.4	98.6	4.56	89.0
	2 월	(16)	0.0	4.5	19.1	76.4	0.0	4.5	95.5	4.72	93.0
	3 월	(9)	0.0	6.8	10.3	82.9	0.0	6.8	93.2	4.76	94.0
	4 월	(20)	0.0	9.2	42.3	48.5	0.0	9.2	90.8	4.39	84.8
	5 월	(19)	0.0	4.4	48.6	47.0	0.0	4.4	95.6	4.43	85.7
	6 월	(14)	1.6	12.9	39.1	46.4	1.6	12.9	85.4	4.30	82.5
	7 월	(22)	0.0	2.2	67.1	30.8	0.0	2.2	97.8	4.29	82.1
	8 월	(41)	0.0	5.8	61.3	32.8	0.0	5.8	94.2	4.27	81.8
	9 월	(27)	0.0	16.1	46.3	37.6	0.0	16.1	83.9	4.22	80.4
	10 월	(48)	0.0	5.8	46.0	48.3	0.0	5.8	94.2	4.42	85.6
	11 월	(19)	0.0	1.4	26.5	72.2	0.0	1.4	98.6	4.71	92.7
	12 월	(6)	0.0	0.0	35.9	64.1	0.0	0.0	100.0	4.64	91.0
■분 기 별■	1 분 기	(41)	0.0	3.9	25.4	70.8	0.0	3.9	96.1	4.67	91.7
	2 분 기	(52)	.4	8.5	43.7	47.4	.4	8.5	91.1	4.38	84.5
	3 분 기	(90)	0.0	8.0	58.2	33.8	0.0	8.0	92.0	4.26	81.4
	4 분 기	(73)	0.0	4.2	40.1	55.7	0.0	4.2	95.8	4.52	87.9
■국 가 별■	일 본	(17)	0.0	27.3	42.3	30.4	0.0	27.3	72.7	4.03	75.8
	중 국	(94)	0.0	3.2	51.7	45.1	0.0	3.2	96.8	4.42	85.5
	홍 콩	(11)	0.0	26.8	50.9	22.2	0.0	26.8	73.2	3.95	73.9
	싱 가 포 르	(7)	0.0	0.0	29.8	70.2	0.0	0.0	100.0	4.70	92.6
	대 만	(25)	0.0	6.0	51.2	42.8	0.0	6.0	94.0	4.37	84.2
	태 국	(2)	0.0	0.0	78.0	22.0	0.0	0.0	100.0	4.22	80.5
	말 레 이 시 아	(2)	0.0	0.0	75.8	24.2	0.0	0.0	100.0	4.24	81.0
	호 주	(4)	0.0	0.0	16.2	83.8	0.0	0.0	100.0	4.84	95.9
	미 국	(25)	0.0	2.6	26.1	71.3	0.0	2.6	97.4	4.69	92.2
	캐 나 다	(6)	0.0	0.0	27.0	73.0	0.0	0.0	100.0	4.73	93.2
	영 국	(3)	0.0	0.0	35.0	65.0	0.0	0.0	100.0	4.65	91.3
	독 일	(5)	4.3	22.9	51.7	21.1	4.3	22.9	72.8	3.89	72.4
	프 랑 스	(6)	0.0	5.0	34.1	60.9	0.0	5.0	95.0	4.56	89.0
	러 시 아	(4)	0.0	0.0	27.9	72.1	0.0	0.0	100.0	4.72	93.0
	중 동 전 체	(2)	0.0	1.9	35.9	62.2	0.0	1.9	98.1	4.60	90.1
	중 앙 아 시 아	(2)	0.0	0.0	36.6	63.4	0.0	0.0	100.0	4.63	90.9
	G C C	(0)	0.0	100.0	0.0	0.0	0.0	100.0	0.0	3.00	50.0

Sheet1 TABLE

03

해외광고 마케팅 커뮤니케이션 효과조사

조사 개요

앞선 외래관광객조사는 관광객 통계가 제공하지 못하는 외래관광객의 활동이나 방문지, 만족도 등 행동과 태도에 관한 의미 있는 정보들을 다수 제공하였다. 그러나 이 역시 나름 아쉬운 부분이 있다. 보통 관광 목적지에서 해외 마케팅을 하게 되면 이에 노출되는 사람들은 한국에 와 본 경험이 있는 사람들보다는 오히려 한국에 와 본 적이 없거나, 또는 우리나라를 잘 모르는 사람들이 더 많을 것이다. 따라서 해외 현지의 보통 사람들이 우리나라에 대해서 어떻게 생각하고 있는지에 대한 정보도 필요하다. 반면, 외래관광객조사는 우리나라를 방문한 외국인을 대상으로 한 것이기 때문에 한계가 있는 것이다.

바로 이처럼 현지의 보통 사람들을 대상으로 한 관광통계가 '해외광고 마케팅 커뮤니케이션 효과조사'다.

이 조사는 원래 한국관광공사에서 실시하는 브랜드 마케팅의 효과를 측정하기 위해 2011년부터 실시된 것으로 당시에는 4,000개의 표본에 불과하여 대표성이 부족했으나, 'Imagine Your Korea'라는 신규 관광 브랜드가 출범했던 2014년부터 12,000개의 표본으로 대표성을 충분히 확보하고 있다.

이 설문조사가 외래관광객조사와 크게 다른 점은 먼저 설문 패널을 대상으로 한 온라인 설문조사라는 점과 설문시기가 매년 12월~1월 사이라는 점이다. 목적 자체가 1년 동안 실시한 해외광고를 비롯한 마케팅 커뮤니케이션의 효과를 측정하는 것에 있기 때문에, 연말이나 그 다음해 연초에 진행해야 하며, 단기간에 많은 샘플을 확보해야 하기 때문에, 온라인 방식에 의존하고 있는 것이다.

그림 3-19 2020년 해외광고 마케팅커뮤니케이션 효과조사

조사 대상은 최근 3년 이내에 해외관광을 경험했거나, 또는 향후 1년 이내에 해외관광을 계획하고 있는 사람이며, 한국관광공사 해외지사가 있는 20개국에 거주하는 만 15~59세에 해당한다. 샘플 수만 2,000개에 달하는 중국의 경우, 베이징은 물론, 상하이, 광저우, 칭다오, 선양, 청뚜, 시안, 우한 등 8개 도시에서 실시되며, 샘플 수가 1,000인 일본의 경우에는 도쿄, 오사카, 후쿠오카 3개 도시에서 실시된다. 그 외에는 미국이 LA와 뉴욕, 독일이 베를린과 헤센주, 호주가 시드니와 멜버른, 인도네시아가 자카르타와 수라바야, 말레이시아가 쿠알라룸푸르와 조호르, 러시아가 모스크바와 프리모르스키, 캐나다가 토론토와 벤쿠버, UAE가 두바이와 아부다비, 인도가 델리와 뭄바이, 베트남이 하노이와 호치민으로 나누어 대표성을 확보하기 위해 조사되고 있다.

인지도 및 선호도 조사

이 조사에서 가장 큰 중요성을 갖는 것은 바로 한국관광 인지도와 선호도 조사다. 1년 간 막대한 예산을 투입하여 브랜드 마케팅을 하는 첫 번째 목표는 바로 브랜드 인지도를 제고하기 위한 것이기 때문이다. 우리나라로 외래관광객을 유치하려면 우리나라를 좋아하게 만들어야 하고, 그 이전에 우리나라의 관광 목적지 자체를 알려야 하기 때문이다.

그림 3-20 한국관광 인지도 및 선호도 연도별 조사 결과

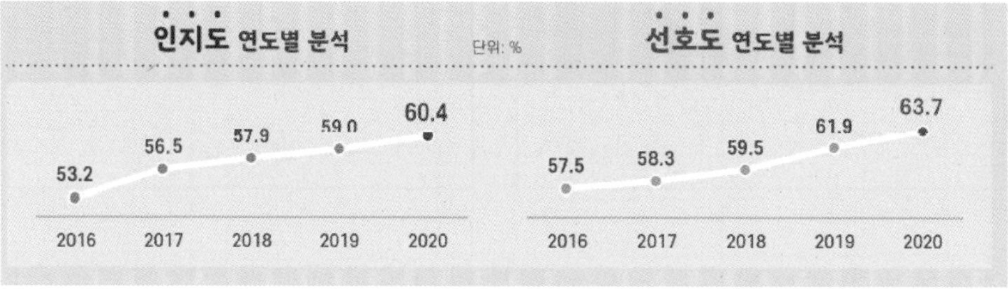

인지도 연도별 분석

단위: %

2016	2017	2018	2019	2020
53.2	56.5	57.9	59.0	60.4

선호도 연도별 분석

2016	2017	2018	2019	2020
57.5	58.3	59.5	61.9	63.7

전 세계를 대상으로 브랜드 마케팅을 하는 글로벌 기업들도 자사의 인지도를 높이는 일이 만만치는 않다. 아래의 표는 한국관광 인지도와 선호도 조사의 5개년 결과치인데, 매년 아주 조금씩 상승하고 있음을 알 수 있다. 2020년 수치인 60.4%라는 것은 5점 척도에서 '매우 그렇다'와 '그렇다'의 비율을 합친 것이다.

이 수치는 전세계 국가 사람들의 점수 모두 합산한 것인데, 세부적으로 들어가면 국가별로 점수 차이가 확연히 드러난다. 전체적으로 동남아 국가의 한국관광 인지도와 선호도가 매우 높으며, 유럽으로 갈수록 인지도와 선호도가 낮게 나타나고 있다.

그림 3-21 국가별 한국관광 인지도 및 선호도 조사 결과

이 점수 결과를 매트릭스로 나타나는 것이 아래의 도식인데 인지도와 선호도 기준으로 우리나라에 대한 브랜드 자산이 가장 풍부한 국가는 태국, 필리핀, 인도네시아, 베트남, 말레이시아, 중국, 싱가포르의 순이었다. 우리나라를 방문할 가능

성이 가장 높은 국가들이지만, 중국을 제외하면 실제로는 방문자 수가 그렇게 높지 않은 이유는 경제력이 낮기 때문이다.

그림 3-22 한국관광 인지도/선호도 4분면 분석 결과

[Base: 전체응답(n=12,000), 단위: %]

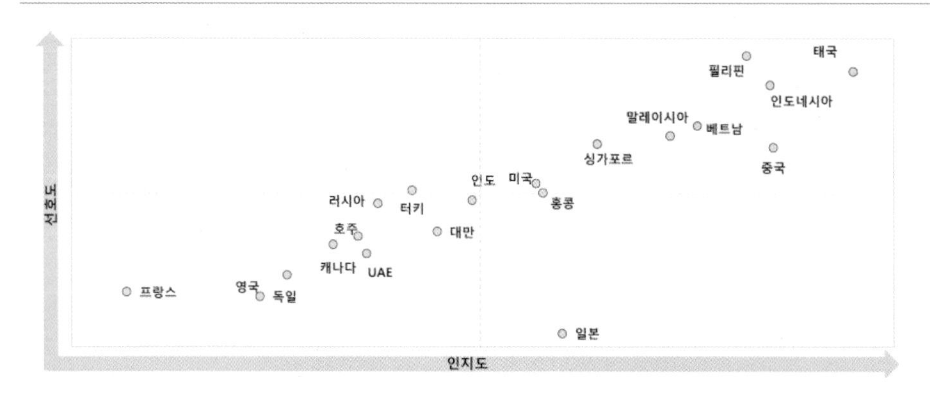

일본의 경우 인지도는 높지만 선호도가 가장 낮게 형성되고 있다. 그다지 한국관광을 가고 싶은 마음이 들지 않는다는 얘기다. 하지만 실제로 1년에 300만 명 이상이 우리나라를 방문하고 있다는 것은, 앞서 학습한 높은 재방문률과 관련이 있을 것이다. 싫어하는 사람은 싫어하고 오지 않지만, 좋아하는 사람은 계속 반복해서 오기 때문에 300만 명이 유지되는 것이라고 해석할 수 있다.

이 인지도와 선호도는 우리나라만 대상으로 종단적인 추이를 분석하는 것도 좋지만, 해외 국가들과 비교해 보는 것도 상대적인 위치를 확인하는 좋은 방법이 된다. 우리나라의 인지도나 선호도는 아시아에서도 매우 높은 수준이지만, 아직도 일본과 비교해서는 격차가 있다. 호주도 과거에는 인지도 59.4%, 선호도 74.0%에 이를 정도로 매우 높았으나 최근 2~3년 사이 두드러지게 감소하고 있으며 홍콩과 싱가포르도 소폭 감소세에 있는 것이 특징이다.

그럼에도 불구하고 우리나라의 한국관광 인지도와 선호도가 꾸준히 상승하는 이유는 역시 동남아시아와 구미주 국가에서의 상승에 있다. 먼저 인지도에 있어, 동남아시아에서는 태국이 90%를 넘어서고 있으며, 필리핀도 5년 전 55.3%에서 79.4%로 급증했다. 인도네시아와 말레이시아 역시 2015년 64.0%과 55.6%에서

2020년 79.9%, 68.7%로 급상승했다. 구미주 국가 중에서는 독일, 호주, 프랑스가 2배 넘는 상승률을 보였으며, 미국과 캐나다, 영국도 1.5배 전후에 이를 정도로 높게 상승했다.

표 3-9 관광 경쟁국가별 관광목적지로서 인지도('긍정' 응답만)

(단위: %)

구분	한국	일본	중국	대만	홍콩	싱가포르	태국	말레이시아	호주	인도	인도네시아	필리핀	베트남
2020	60.4	66.7	53.6	52.4	55.3	54.3	54.4	44.3	49.5	36.7	36.7	35.4	39.1
2019	59.0	67.8	53.0	51.4	56.0	56.5	55.9	45.4	52.1	37.3	38.2	35.2	-
2018	57.9	70.9	56.7	53.4	61.6	61.1	59.9	47.2	59.7	40.0	39.7	37.2	-
2017	56.5	68.0	54.9	52.3	60.8	57.8	58.8	44.8	58.4	39.0	40.7	36.4	-
2016	53.2	66.2	51.3	50.4	59.0	58.8	56.8	47.3	57.7	38.4	37.2	34.2	-
2015	52.5	65.1	50.5	50.3	58.8	59.7	57.2	47.5	59.4	38.9	37.0	34.0	-

표 3-10 관광 경쟁국가별 관광목적지로서 선호도('긍정' 응답만)

(단위: %)

구분	한국	일본	중국	대만	홍콩	싱가포르	태국	말레이시아	호주	인도	인도네시아	필리핀	베트남
2020	63.7	75.1	45.5	57.3	55.9	62.1	60.5	50.7	61.7	36.8	41.9	40.4	44.9
2019	61.9	75.9	48.5	57.6	55.3	64.2	62.2	52.9	66.2	38.7	44.0	40.8	-
2018	59.5	70.9	56.7	61.6	62.2	64.1	60.4	48.9	70.5	34.4	41.2	38.5	-
2017	58.3	75.8	49.7	58.7	64.8	66.9	64.8	52.0	73.8	39.8	47.7	41.7	-
2016	57.5	74.8	47.9	56.4	63.4	67.2	64.0	54.3	73.4	40.8	43.7	40.1	-
2015	56.2	72.1	46.1	57.0	61.8	67.9	63.9	53.5	74.0	41.2	42.0	38.6	-

한국관광 선호도의 경우, 중국은 2015년 이후 점차 감소하였으나 2019년을 기점으로 상승하는 흐름이며, 일본은 인지도에 비해서는 선호도가 2018년 이후 급상승하고 있다. 독일, 호주, 러시아, 프랑스 의 선호도 상승이 두드러지며, 미국

과 캐나다도 높은 성장률을 보이고 있다.

표 3-11 응답자 국적별 관광목적지로서 한국 인지도('긍정' 응답만)

(단위: %)

구분	조사국수	표본수	전체	중국	일본	태국	대만	싱가포르	미국	독일	호주
2020	20개국	12,000	60.4	80.5	64.4	90.8	42.7	67.8	59.5	31.8	44.8
2019	20개국	12,000	59.0	81.8	58.4	82.5	47.1	63.3	52.7	21.7	34.3
2018	20개국	12,000	57.9	77.2	54.0	77.5	58.6	57.6	50.2	28.4	33.9
2017	20개국	12,000	56.5	75.4	64.8	80.7	44.4	64.4	48.4	22.5	35.9
2016	20개국	12,000	53.2	81.6	56.0	84.0	39.1	55.5	52.1	18.3	30.3
2015	20개국	12,000	52.5	84.8	57.8	79.6	38.7	53.7	42.4	13.6	25.7

구분	인도네시아	말레이시아	러시아	캐나다	영국	프랑스	터키	UAE	인도	베트남	필리핀	홍콩
2020	79.9	68.7	41.9	41.5	39.9	27.3	51.8	42.7	56.1	72.7	79.4	58.4
2019	81.7	65.1	45.2	34.0	39.2	22.8	72.5	40.9	51.1	82.7	76.9	58.3
2018	73.3	55.9	55.0	36.1	33.7	39.0	70.0	52.6	57.9	82.1	72.2	66.9
2017	78.0	67.4	45.0	35.9	32.9	19.0	46.5	30.4	60.3	77.8	77.4	57.3
2016	70.9	58.9	35.1	27.5	29.4	16.0	37.4	25.2	63.3	69.6	58.0	68.7
2015	64.0	55.6	37.5	24.2	30.7	14.0	45.9	34.1	57.3	69.4	55.3	63.9

BTS를 중심으로 한 K-POP, 넷플릭스를 중심으로 전파되는 한국 드라마가 강세를 보인 결과라고 유추해 볼 수 있는데, 특히 고무적인 것은 수 십년 간 두드려도 개선되지 않던 구미주 지역에서 한국관광 인지도와 선호도가 상승하고 있다는 사실이다. 그동안 거리도 멀고, 인지도도 낮아 개척의 실마리를 좀처럼 찾지 못하고, 태권도 등 일부 틈새시장에만 의존했던 구미주 지역에서 새로운 전기를 맞이했다는 점은 향후 한국관광의 양질의 변화를 가져올 것으로 기대를 모으고 있다.

표 3-12 응답자 국적별 관광목적지로서 한국 선호도('긍정' 응답만)

(단위: %)

구분	조사국 수	표본수	전체	중국	일본	태국	대만	싱가포르	미국	독일	호주
2020	20개국	12,000	63.7	75.3	41.6	92.5	51.6	75.0	65.0	38.1	53.0
2019	20개국	12,000	61.9	77.4	34.9	81.8	58.3	69.7	57.3	30.8	45.5
2018	20개국	12,000	59.5	64.5	28.3	81.0	53.8	66.2	55.1	30.8	44.2
2017	20개국	12,000	58.3	64.9	38.9	81.8	50.0	73.4	55.1	29.9	43.2
2016	20개국	12,000	57.5	76.8	32.5	77.7	39.1	67.5	63.3	23.4	40.8
2015	20개국	12,000	56.2	80.4	30.0	76.7	39.8	71.0	48.7	17.2	39.3

구분	인도네시아	말레이시아	러시아	캐나다	영국	프랑스	터키	UAE	인도	베트남	필리핀	홍콩
2020	85.9	77.0	61.0	48.2	42.1	42.6	65.5	49.3	61.1	79.6	90.5	66.4
2019	87.3	75.6	52.1	39.3	45.3	36.1	83.9	51.2	58.6	85.6	87.8	60.1
2018	86.5	70.6	61.0	42.5	43.1	43.1	71.5	58.3	64.0	84.8	74.2	64.7
2017	80.0	76.4	49.8	42.9	39.9	35.9	57.4	42.0	67.2	84.4	86.4	66.8
2016	75.9	73.8	40.0	38.0	41.2	35.4	56.0	38.6	68.7	78.3	77.7	71.5
2015	66.8	70.5	38.1	40.4	40.0	27.4	57.7	46.3	67.3	75.7	75.7	68.9

방한관광을 희망하는 이유

향후 1년 내 방한관광 의향자(n=6,190)들은 방한관광 이유(1+2+3순위 기준)로 '한국대중문화(K-Drama, K-Pop, K-Movie 등)에 관심이 있어서'(48.9%)를 가장 많이 꼽았고, 이어서 '한국의 전통(로컬)문화, 역사에 관심이 있어서'(43.2%), '한국관광 광고를 보고 한국이 좋아져서'(41.2%) 등의 순으로 나타났다. 거주 국가별로 살펴보면, '한국대중문화에 관심이 있어서'는 인도네시아(63.2%), 필리핀(60.8%), 말레이시아(57.8%) 등 주로 동남아시아 국가에서 많았고, '한국의 전통문화, 역사에 관심이 있어서'는 터키(59.0%), 인도네시아(50.4%), 중국(48.8%), 러시아

(46.3%)에서 많았다. '한국관광 광고를 보고 한국이 좋아져서'는 말레이시아(57.7%), 터키(57.1%), 태국(52.4%), 베트남(50.5%)에서 특히 높게 나타났다.

그림 3-23 방한관광 의향 이유(1+2+3순위)

[Base: 방한 의향자(n=6,190), 단위: %]

구분		사례수	한국관광 광고를 보고 한국이 좋아져서	한국관광 프로모션/Fair/Festa 등 events를 보고 관심이 생겨서	한국대중문화(K-Drama, K-Pop, K-movie 등)에 관심이 있어서	한국의 전통(로컬)문화, 역사에 관심이 있어서	여행사, 항공사 등 민간 업체의 여행상품, 항공권 특별판촉, 가격할인이 있어서	다른 국가 대비 상대적으로 가격이 저렴해서	온라인 블로그/커뮤니티 등에서 한국 관련 좋은 여행 후기를 접한 바 있어서
전체		(6,190)	41.2	32.9	48.9	43.2	22.5	21.1	24.8
국적	중국	(1,368)	35.8	32.4	53.8	48.8	26.2	25.3	24.5
	일본	(272)	46.1	32.1	46.1	35.8	20.7	39.8	11.8
	태국	(369)	52.4	35.3	45.3	45.1	25.8	16.7	23.3
	대만	(241)	37.2	30.6	55.4	36.0	20.6	26.8	22.0
	싱가포르	(287)	30.0	35.7	39.1	37.0	27.6	21.8	28.5
	미국	(246)	43.9	32.7	48.7	36.8	23.2	19.3	29.5
	독일	(146)	44.7	35.1	39.2	41.8	24.0	12.9	26.4
	호주	(200)	34.2	27.9	40.9	36.8	19.4	27.8	25.9
	인도네시아	(327)	46.0	45.5	63.2	50.4	17.3	10.5	17.7
	말레이시아	(307)	57.7	38.9	57.8	41.2	27.8	15.7	17.9
	러시아	(257)	39.1	23.8	22.6	46.3	12.5	18.9	28.5
	캐나다	(188)	32.4	29.8	41.7	42.6	24.2	24.9	26.8
	영국	(212)	35.1	31.1	47.2	45.7	21.3	22.8	23.2
	프랑스	(149)	49.1	38.0	51.2	37.6	16.5	19.7	19.7
	터키	(220)	57.1	33.9	39.7	59.0	12.7	14.0	21.8
	UAE	(175)	49.8	45.8	44.5	33.1	26.1	25.1	19.7
	인도	(221)	43.2	39.7	42.0	30.9	23.4	18.9	34.3
	베트남	(295)	50.5	32.4	45.6	35.1	24.6	16.0	26.1
	필리핀	(417)	34.0	24.6	60.8	46.2	12.8	7.8	43.6
	홍콩	(294)	31.5	21.3	51.5	44.6	27.4	30.5	18.0

선호하는 관광 활동

이 보고서의 두 번째 파트는 관광 목적지로서의 한국을 평가하는 것으로, 여기서의 질문은 외래관광객 조사와 유사한 항목이 많다. 같은 질문이라고는 해도, 응답하는 사람의 특성이 다르기 때문에, 의미 있는 결과를 제시할 수 있다.

먼저 우리나라를 떠올렸을 때 어떠한 관광 콘텐츠가 연상되느냐는 질문에 대해, 가장 많은 응답을 보인 것은 한국의 대중문화(56.9%)였다. 그리고 쇼핑(45.1%), 전통문화(35.9%), 식품/음료(32.9%), 역사유적 탐방(31.2%), 테마파크(26.2%)의 순으로 나타났다. 전반적으로 우리나라의 대중문화에 가장 많은 관심을 보이는 것으로 나타났고, 이러한 관심은 전통문화나 문화예술로 이어지고 있었다.

그림 3-24 **관광목적지 연상 한국관광 콘텐츠(1+2+3순위)**

[Base: 전체 응답자(n=12,000), 단위: %]

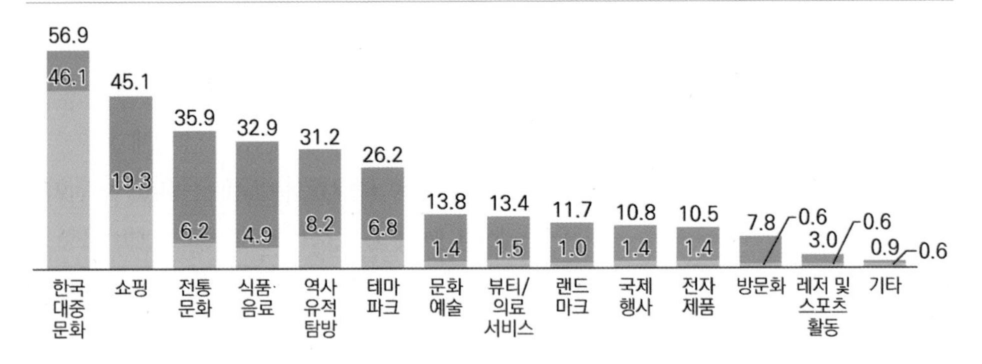

또한 향후 한국을 방문하는 경우, 희망하는 활동을 묻는 질문에 대해 자연경관 감상(54.0%)이 가장 높았고, 식도랑 관광(46.3%), 쇼핑(44.8%), 고궁/역사 유적지 방문(40.3%)의 순서로 나타났다. 외래관광객 조사에서는 쇼핑과 먹거리, 자연풍경의 순서였는데, 쇼핑과 자연풍경 감상의 순서가 바뀐 것이 특이한 점이다. 주로 동남아 국가에서 자연풍경 감상이 높게 나타난 것으로 보아, 봄철의 꽃, 가을의 낙엽, 겨울의 눈이 쌓인 산에 높은 관심을 보인다는 것을 다시 한번 체감할 수 있다.

그 이외에도 K-POP/한류 관련이 14.7%, 뷰티/의료관광이 8.0%를 차지했는데, 이것 역시 외래관광객 조사에서의 결과치인 15.5%, 9.9%와 비슷한 수치로 나타나고 있어, K-POP/한류 관련과 뷰티/의료관광에 대한 선호도 정도를 다시 한번 확인할 수 있다.

표 3-13 향후 방한 시 희망 활동

(문) 귀하께서 향후 한국을 방문하신다면, 어떤 활동을 하고 싶습니까? 희망하는 순서대로 3개까지만 선택해주십시오

[상위 10, 중복응답, 단위: %]

구분	자연경관 감상	식도락 관광	쇼핑	고궁/역사 유적지 방문	전통문화 체험	오락	박물관/ 전시관 방문	K-pop/ 한류 관련	유흥	뷰티/ 의료관광
전체	54.0	46.3	44.8	40.3	35.1	15.1	14.7	14.7	12.5	8.0
중국	57.9	58.4	49.4	32.3	33.7	11.6	9.3	13.2	13.6	8.3
일본	31.5	74.3	69.5	26.7	18.1	9.1	5.3	15.8	12.3	16.1
태국	64.2	21.9	56.4	46.5	28.7	22.7	10.6	13.3	16.9	9.2
대만	49.2	69.7	41.3	38.5	36.8	17.0	8.1	17.5	9.7	3.9
싱가포르	54.6	33.6	55.2	42.9	33.1	18.6	13.1	14.1	11.4	8.3
미국	44.2	42.5	50.8	32.1	33.0	8.5	19.5	14.8	15.9	10.0
독일	46.3	45.5	30.8	55.6	45.2	14.2	22.0	7.6	9.1	4.3
호주	54.4	40.2	53.0	43.7	39.2	11.0	19.0	14.0	13.0	1.1
인도네시아	60.1	59.0	40.2	32.2	48.9	18.8	9.0	15.2	6.3	6.5
말레이시아	67.5	25.2	42.6	40.7	34.1	22.8	14.0	15.1	14.0	11.5
러시아	44.0	26.2	29.7	48.8	52.6	22.2	35.0	8.0	13.5	7.6

해외여행 경험자의 한국문화 콘텐츠별 선호도를 묻는 질문에 대해서는 대부분 높게 나타났는데, 음식이 가장 높은 57.4%였고, 뷰티(50.5%), 패션(48.5%), 영화(46.3%), 예능 프로그램(45.1%), 드라마(44.1%), 음악(43.5%)의 순이었다. 체감도 상으로는 음악과 드라마가 가장 높을 것으로 생각할 수 있는데, 현지의 일반인들을 대상으로 한 설문에서는 오히려 상대적으로 낮게 나타나고 있다는 점에 대해서도 유념할 필요가 있다.

표 3-14 해외여행 경험자의 한국문화 콘텐츠별 선호도

(문) 다음에 제시되는 한국 대중문화 콘텐츠별로 선호하시는 정도를 선택해 주십시오.

[단위: %]

구분	음악	드라마	예능 프로그램	영화	음식	패션	뷰티
전체	43.5	44.1	45.1	46.3	57.4	48.5	50.5
중국	45.4	42.6	66.8	52.1	54.0	52.6	49.7
일본	24.6	24.7	14.7	21.2	41.9	20.2	26.3
태국	72.1	71.1	65.1	75.9	79.6	68.5	71.4
대만	38.0	40.3	52.7	45.7	52.2	44.5	41.4
싱가포르	39.0	45.6	38.9	38.4	59.1	41.8	45.6
미국	49.3	46.1	41.4	42.8	59.8	53.1	52.7
독일	21.4	15.8	19.7	20.4	38.2	25.3	26.9
호주	34.7	32.8	24.7	31.9	53.1	33.9	35.2
인도네시아	62.6	71.4	58.5	65.9	73.7	68.7	68.2
말레이시아	50.5	62.8	56.6	59.3	65.8	54.3	57.5
러시아	26.9	25.5	39.8	35.5	62.7	38.7	54.2

음악에 대해서 가장 높은 선호도를 보인 국가는 태국(72.1%), 인도네시아(62.6%)였고 상대적으로 러시아(26.9%)와 일본(24.6%), 독일(21.4%)이 낮게 나타났다. 드라마의 경우 역시 태국(71.1%), 인도네시아(71.4%), 말레이시아(62.8%)가 높았고, 러시아(25.5%), 일본(24.7%), 독일(15.8%)이 낮았다.

반면, 일본의 경우 음식이 41.9%로 가장 높게 나타났고, 러시아의 경우 뷰티가 54.2%로 높았으며, 음식 역시 62.7%로 높았다. 의외로 예능 프로그램에 있어 중국과 대만이 66.8%와 52.7% 매우 높았으며, 전체적으로 낮은 점수를 보인 러시아 역시 예능 프로그램에 대해서는 39.8%로 상대적으로 높은 점수를 기록했다.

이처럼 언론을 통해서 접하는 정보와 실제 해외 현지의 일반인들의 태도 사이에는 큰 괴리가 있다. 소수의 열렬한 팬들은 상품을 개발하여 출시했을 때 신속히 반응을 보이기는 하지만, 꾸준한 수요를 유지한다고 확신할 수 없다. 오히려 겉으로는 크게 드러나지는 않지만 폭 넓게 퍼져있는 현상을 지켜보며 큰 시장을 모색하는 냉철함이 필요하다.

지역관광 선호도

해외광고 마케팅 커뮤니케이션 효과조사 보고서의 대부분의 내용은 우리나라 국가 전체를 다루기 때문에, NTO(National Tourism Organization)에서 참고하기에 좋지만, 지역 관광을 다루는 실무자들에게는 보다 구체적인 지역의 정보를 원한다. 이 보고서는 일부 지역 관광 데이터를 다루고 있는데 대표적인 것이 바로 지역관광 인지도 조사다.

관광목적지로서 우리나라의 도시 중 떠오르는 도시를 3순위까지 응답하는 항목이 있는데, 이 질문은 12,000명을 대상으로 하는 것이어서 매우 소중한 데이터로 평가된다. 한 가지 아쉬운 점은 개별 지역에 대해 별도로 인지도 조사를 했더라면 더 좋았을텐데, 3순위까지만 적도록 되어 있어 상대적인 우선순위를 파악하는 데는 좋지만, 정량적인 브랜드 인지도 수치라고 하기에는 아쉬움이 있다.

그러나 이 정도 규모의 외국인들을 대상으로 한 지역 관련 조사가 없기 때문에, 소중한 자료임에는 틀림 없다. 서울이 80%로 가장 높았고 부산(59.9%), 인천(33.7%), 대구(23.9%), 제주도(22.7%), 광주(13.0%), 대전(11.7%), 경기도(10.2%), 강원도(9.5%), 울산(8.8%)의 순이었다. 우리나라의 도시 또는 지역 중 특정 도시의 상대적인 인지도 수준을 이해하는 데 도움을 준다.

또 하나 이 조사가 우월한 것은 국가별로 인지도에 차이가 있다는 점이다. 예를 들어, 대구는 태국이나 싱가포르, 말레이시아에서는 매우 낮지만, UAE나 베트남, 미국, 독일에서는 인지도가 높게 나타난다. 나름의 이유가 있을 것이다. 왜 높은지를 이해하면 나머지 국가에서 인지도를 끌어올릴 복안이 생각날 수 있다.

전체적으로 순위가 낮은 지자체의 경우에는 근거리 국가 중 아웃바운드 관광 규모가 어느 정도 있는 국가들 중에서 그나마 높은 순위를 보이는 곳을 타겟으로 선정하여 4~5년에 걸쳐 집중적으로 마케팅을 전개하는 것도 좋은 방법이다. 만일 전반적으로 인지도가 낮다면, 목표로 하는 국가의 특정 일부 지역을 대상으로 하거나 특정 공항을 중심으로 주변 지역을 공략하는 방식으로 전환하며, 인지도와 이미지를 끌어올리는 Pull 마케팅보다는 특정 지역에 대한 Push 마케팅 위주로 운영하는 것이 더 현실적일 수 있다.

표 3-15 관광목적지로서의 상기되는 한국 도시

(단위: %)

구분	조사국수	표본수	서울	부산	인천	대구	제주도	광주	대전
2020	20개국	12,000	80.0	59.9	33.7	23.9	22.7	13.0	11.7
2019	20개국	12,000	78.2	54.5	31.3	21.4	21.0	14.3	13.3
2018	20개국	12,000	61.4	34.3	26.9	14.6	31.5	10.8	13.3
2017	20개국	12,000	75.4	45.9	26.6	22.5	25.1	15.3	15.8
2016	20개국	12,000	76.5	46.0	29.0	19.9	31.9	14.2	14.9
2015	20개국	12,000	82.2	47.1	28.3	17.2	36.6	15.3	13.2

구분	울산	경기도	강원도	충청남도	충청북도	전라북도	경상북도	전라남도	경상남도
2020	8.8	10.2	9.5	4.9	5.0	4.3	4.4	4.2	3.6
2019	10.2	9.3	8.1	4.4	4.0	4.0	3.6	3.2	2.4
2018	8.9	16.0	17.4	12.6	7.7	9.3	13.8	10.3	11.2
2017	11.2	13.3	14.2	8.8	7.4	6.2	5.0	4.6	2.8
2016	10.7	12.8	10.4	8.6	6.7	5.8	5.0	4.8	2.7
2015	11.6	14.5	10.4	5.7	5.6	4.0	2.8	3.6	1.9

한편, 위의 관광통계에서 높은 수치가 나왔다고 해도 안심할 수 있는 것은 아니다. 2순위, 3순위는 사람들의 기억 속에서 바로 꺼내지지 않는 경우가 많으며, 최종적인 목적지 의사결정에서 살아남기 어렵기 때문이다. 따라서 1~3순위를 포함한 수치보다는 1순위에 더 주목할 필요가 있다.

[표 3-15]와 [표 3-16]에서는 1순위와 2순위를 골라 보여주고 있는데, 부산과 제주의 수치에 주목할 필요가 있다. 2순위 이상에서는 부산이 제주에 비해 압도적으로 높은 수치를 보이고 있다. 이 데이터만을 기준으로 한다면 인지도 면에서 가장 주목할 도시는 서울, 부산, 제주의 순이 된다. 그러나 1순위만을 대상으

로 한 좌측의 표를 보면 부산은 근거리 주요 국가에서 대부분 제주에 뒤지는 수치를 나타내고 있다. 도시로서의 인지도는 있지만 관광 목적지로서의 이미지로 포지셔닝 되어 있지 않다는 얘기다.

전체적으로 연상되는 관광 목적지에 있어서도 서울은 압도적이며 이 수치는 실제로 방한 외래관광객을 대상으로 한 방문지 비율과 거의 차이가 없는 수준이다. 결국 각 관광 목적지의 매력도를 논하기 전에 인지도의 문제도 중요하다는 것을 여실히 보여지고 있다. 이것은 홍보 마케팅만로 개선되는 것은 아니다. 앞선 관광통계에서 본 것과 같이, 외래관광객이 참고로 하는 정보는 친지, 친구, 동료가 가장 많기 때문이다. 제대로 된 관광경험을 설계하고 충분한 감동을 선사하면 입소문과 추천을 통해 저절로 인지도가 개선될 수 있다.

표 3-16 관광목적지로 연상되는 한국 여행지(1순위)

주요지점	서울	부산	제주	강원	경기	울산
전체	67.8	5.6	5.5	1.0	1.4	1.6
일본	75.3	4.6	6.2	0.4	1.7	1.4
중국	64.8	7.2	8.2	0.7	1.1	1.2
홍콩	79.8	3.0	4.8	0.3	0.4	1.4
싱가포르	70.6	4.4	11.2	0.4	1.1	0.7
대만	84.3	3.9	6.0	0.2	1.1	0.4
태국	68.3	6.2	6.2	1.6	0.5	0.6
말레이시아	63.5	6.1	14.4	0.2	1.5	1.0
러시아	71.3	6.0	4.6	1.6	1.1	1.7
필리핀	79.5	4.7	8.0	0.3	0.3	0.3
인도네시아	65.8	5.7	8.8	0.9	0.5	0.9

자료: 한국관광공사(2017), 2016 한국관광브랜드마케팅커뮤니케이션효과조사

표 3-17 관광목적지로 연상되는 한국 여행지(2순위)

주요지점	서울	부산	제주	강원	경기	울산
전체	73.9	33.9	17.4	5.3	6.8	6.2
일본	82.0	55.7	17.7	3.1	4.7	3.5
중국	74.5	34.1	26.2	5.0	6.5	5.0
홍콩	82.8	45.8	24.7	4.7	3.6	4.1
싱가포르	79.0	33.7	35.8	4.1	4.9	3.1
대만	91.1	48.8	25.9	2.8	6.6	1.0
태국	75.5	35.0	21.6	5.2	6.0	3.0
말레이시아	74.8	40.8	29.4	2.2	6.1	4.1
러시아	76.5	31.7	17.2	5.6	5.8	4.7
필리핀	89.0	39.8	22.0	2.9	3.9	1.2
인도네시아	75.3	31.9	20.3	3.1	5.5	3.9

자료: 한국관광공사(2017), 2016 한국관광브랜드마케팅커뮤니케이션효과조사

[표 3-18]은 상기 관광통계를 5년 전부터 시계열로 정리한 자료다. 전체적으로 조금씩 상승하는 모양새지만 꼭 그렇지 않은 곳도 있다. 사실 수치가 높고 낮음보다는 각 년도별로 왜 상승했고, 왜 하락하고 있는지에 대한 원인 진단일 것이다. 그리고 타 지역에 비해 뒤질 것이 없는데 왜 낮은 수치가 나오는지에 대해 심각하게 고민하게 만드는 것이 바로 관광통계의 힘이다.

표 3-18 **연도별 관광목적지로서 상기되는 한국 도시(1+2+3순위)**

(단위: %)

구분	조사국 수	표본 수	서울	부산	인천	대구	제주도	광주	대전
2020	20개국	12,000	80.0	59.9	33.7	23.9	22.7	13.0	11.7
2019	20개국	12,000	78.2	54.5	31.3	21.4	21.0	14.3	13.3
2018	20개국	12,000	61.4	34.3	26.9	14.6	31.5	10.8	13.3
2017	20개국	12,000	75.4	45.9	26.6	22.5	25.1	15.3	15.8
2016	20개국	12,000	76.5	46.0	29.0	19.9	31.9	14.2	14.9

구분	울산	경기도	강원도	충청남도	충청북도	전라북도	경상북도	전라남도	경상남도
2020	8.8	10.2	9.5	4.9	5.0	4.3	4.4	4.2	3.6
2019	10.2	9.3	8.1	4.4	4.0	4.0	3.6	3.2	2.4
2018	8.9	16.0	17.4	12.6	7.7	9.3	13.8	10.3	11.2
2017	11.2	13.3	14.2	8.8	7.4	6.2	5.0	4.6	2.8
2016	10.7	12.8	10.4	8.6	6.7	5.8	5.0	4.8	2.7

한국관광 데이터랩 활용

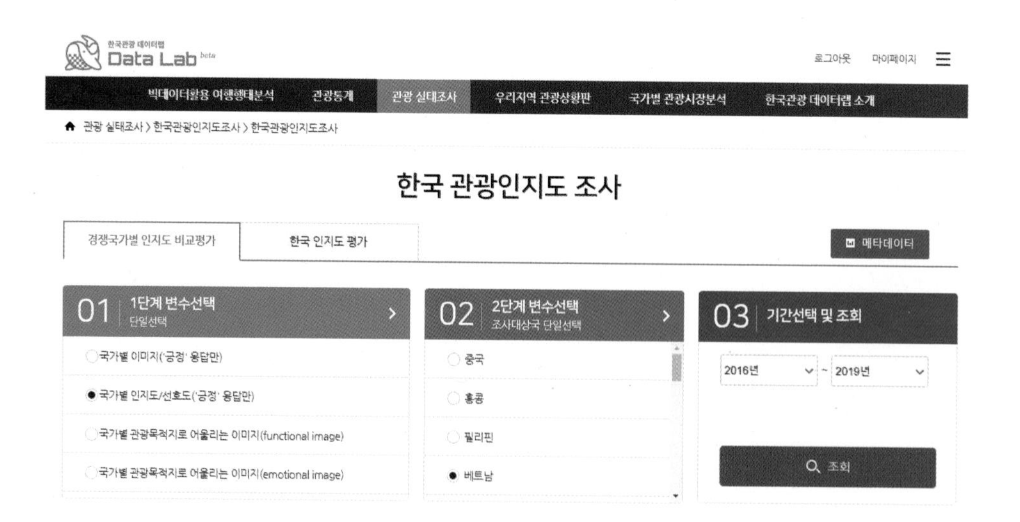

위에서 학습한 한국관광 인지도 조사 역시 한국관광 데이터랩에서 시각적인 자료로 확인해 볼 수 있다. 관광 실태조사 카테고리의 한국관광인지도조사를 클릭하면 바로 위의 화면이 나타난다. 입력 조건으로서 1단계는 종속 변수에 해당하는 국가별 이미지, 국가별 인지도/선호도, 국가별 관광목적지로 어울리는 이미지(기능적), 국가별 관광목적지로 어울리는 이미지(감성적)로 구성된다. 2단계 독립 변수는 국적으로 구성된다. 전반적으로 해당 국가에서 우리나라를 어떻게 인식하고 있는지를 이해하는 데 도움을 준다.

예를 들어 베트남 사람들이 우리나라 관광에 대해서 어떻게 생각하는지를 알아보기 위해 1단계에서 국가별 인지도/선호도를 선택하고, 2단계를 베트남으로 선택하여 조회를 눌러보면 아래와 같은 그래프가 나온다.

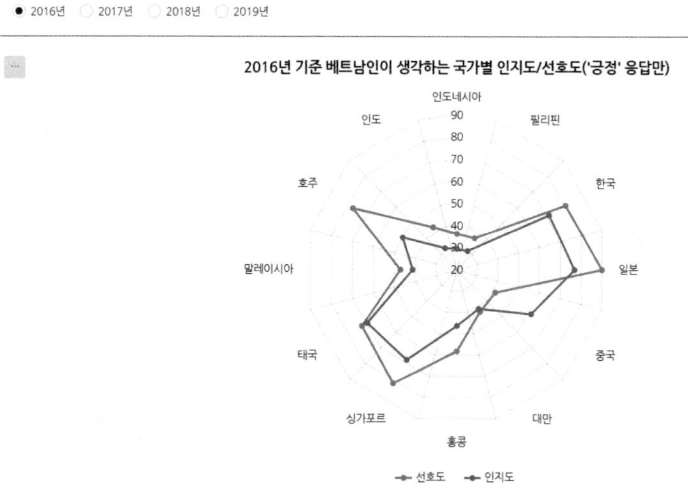

2016년 조사 결과를 보면 베트남 사람들은 우리나라에 대한 인지도는 그렇게 높지 않았지만 선호도는 매우 높게 나타나고 있다. 우리나라로 관광 가는 것에 대한 긍정적인 정서가 형성되어 있다. 그런데 문제는 이러한 성향이 우리나라에만 국한된 것은 아니라는 점이다. 베트남 사람들은 우리나라보다 더 일본을 좋아하고 있으며, 싱가포르와 호주는 우리나라 정도로 좋아하고 있다. 결국 베트남 시장에서 우리나라 관광상품을 마케팅할 경우에는 일본과 비슷한 포지션에서 경쟁하는 상품에 대해서는 철저하게 차별화하는 전략으로 승부를 내야한다는 것을 알 수 있다.

이 데이터의 강점은 우리나라에 대한 브랜드 자산만을 조사한 것이 아니라 경쟁하고 있는 근거리의 11개국을 동시에 조사하고 있기 때문에 서로 비교를 해 볼 수 있다는 점이다. 또한 연도별로 2016년부터 최근까지 버튼을 클릭하여 일일이 그 변화추이를 확인 가능하다는 점도 큰 강점이라 할 수 있겠다.

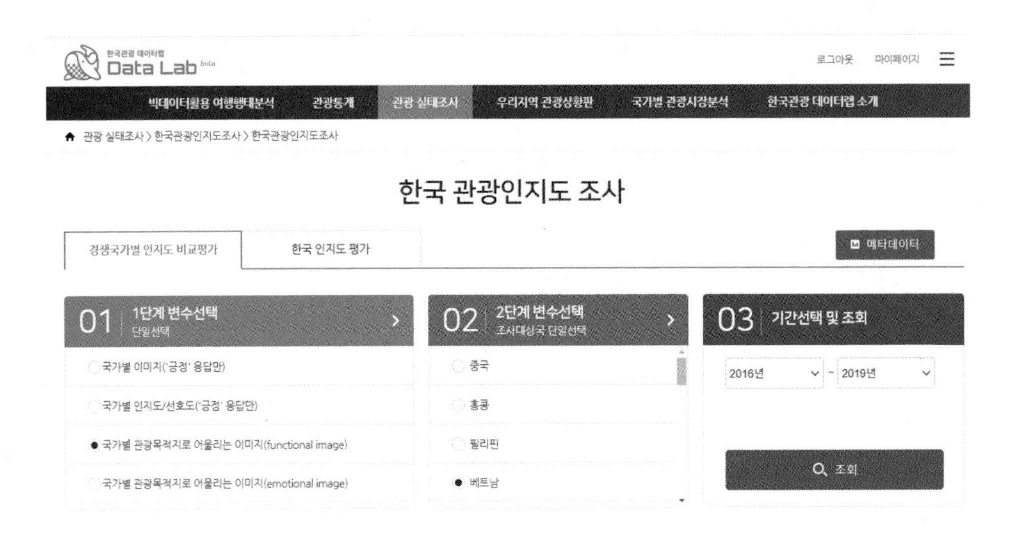

이번에는 1단계 종속변수를 국가별 관광목적지로 어울리는 이미지(기능적)를 선택하고, 마찬가지로 베트남을 선택한 후 조회를 눌러 보았다. 기능적 이미지는 ① 가족과 함께 하기 좋은, ② 사람들에게 잘 알려진, ③ 절경/아름다운 경치, ④ 주변사람들이 추천하는, ⑤ 지리적으로 가까운, ⑥ 여행경비가 경제적인, ⑦ 휴양/휴식하기에 좋은, ⑧ 쇼핑하기에 좋은, ⑨ 전통문화, 현대성 등을 동시에 즐길 수 있는/볼거리가 다양한, ⑩ 국제행사나 유명한 축제가 열리는, ⑪ 전통과 역사가 있는/고풍스러운, ⑫ 음식 탐방하기에 좋은, ⑬ 패션/유행 등 세련된 문화의 중심이 되는, ⑭ POP음식, 비보이 댄스 등 대중문화를 선도하는, ⑮ 드라마의 배경 또는 좋아하는 연예인이 있는, ⑯ 유흥/놀이 시설이 잘 갖춰진, ⑰ 공항시설이 잘 갖추어진, ⑱ 호텔, 게스트하우스 등 숙박시설이 잘 갖추어진, ⑲ 교통이 편리한, ⑳ 안전한 등과 같은 것으로, 관광목적지로서의 기능적 이미지를 20가지 제시하

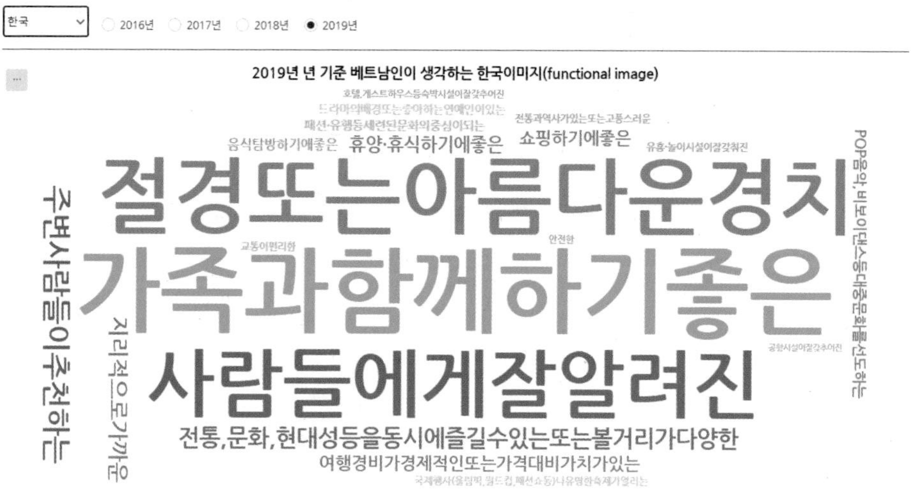

한국 2016년 2017년 2018년 2019년

2019년 년 기준 베트남인이 생각하는 한국이미지(functional image)

호텔,게스트하우스등숙박시설이잘갖추어진
드라마와배경또는좋아하는연예인이있는
패션·유행등세련된문화의중심이되는
전통과역사가있는또는고풍스러운
음식탐방하기에좋은 휴양·휴식하기에좋은 쇼핑하기에좋은 유흥·놀이시설이잘갖춰진
절경또는아름다운경치
교통이편리한 안전한
가족과함께하기좋은
주변사람들이추천하는
지리적으로가까운
POP음악,비보이댄스등대중문화를선도하는
공항시설이잘갖추어진
사람들에게잘알려진
전통,문화,현대성등을동시에즐길수있는또는볼거리가다양한
여행경비가경제적인또는가격대비가치가있는
국제행사(올림픽,월드컵,패션쇼등)나유명한축제가열리는

고, 이 중에서 한국하면 떠오르는 이미지를 3개씩 선택하도록 한다. 그리고 그 결과를 워드 클라우드로 분석하면 위와 같은 결과나 도출된다.

우리나라에 대한 베트남 사람들의 기능적 이미지로는 가족들과 함께 하기 좋은 곳이 가장 많고, 절경 또는 아름다운 경치가 있는 곳으로 알려져 있었다. 전반적으로 사람들에게 잘 알려지고 주변 사람들이 추천하는 이미지도 있다. 사실 이것만 보면 어떻게 대처를 해야할지 조금 난감한 측면도 있다.

이런 경우는 경쟁국가와 비교를 해 보면 좀 더 감이 오기도 한다. 우리나라보

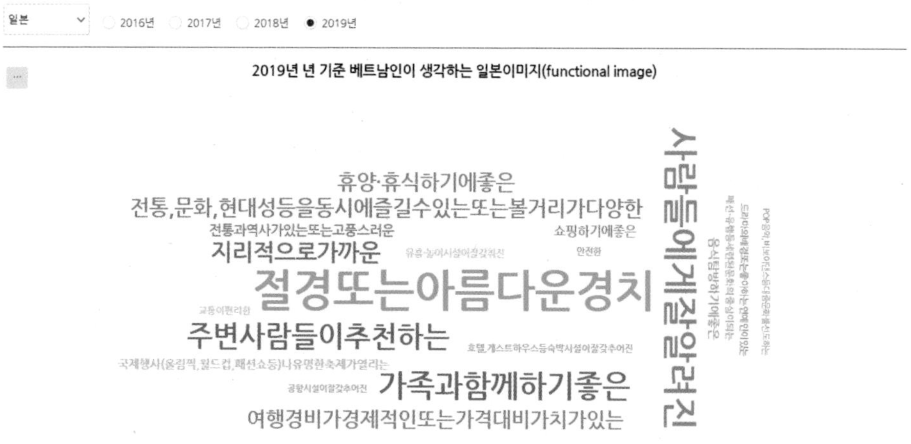

일본 2016년 2017년 2018년 2019년

2019년 년 기준 베트남인이 생각하는 일본이미지(functional image)

휴양·휴식하기에좋은
전통,문화,현대성등을동시에즐길수있는또는볼거리가다양한
전통과역사가있는또는고풍스러운 쇼핑하기에좋은
지리적으로가까운 유흥·놀이시설이잘갖춰진 안전한
절경또는아름다운경치
교통이편리한
주변사람들이추천하는 호텔,게스트하우스등숙박시설이잘갖추어진
국제행사(올림픽,월드컵,패션쇼등)나유명한축제가열리는
공항시설이잘갖추어진 가족과함께하기좋은
여행경비가경제적인또는가격대비가치가있는
사람들에게잘알려진
음식탐방하기에좋은
패션·유행등세련된문화의중심이되는
드라마와배경또는좋아하는연예인이있는
POP음악,비보이댄스등대중문화를선도하는

다 더 선호도가 높은 일본에 대한 기능적 이미지를 보면 상당히 우리나라와 비슷하다는 것을 알 수 있다. 그렇다면 관광 목적지 국가로서 우리나라와 일본은 거의 비슷한 포지션에서 비교되고 있다고 보아도 무방하다.

04

국가별 현황 파악하기

국가별 관광시장 분석[5)]

앞서 언급한 것처럼, 전세계 관광통계 수치는 일종의 평균 값이며, 국가별로 상당한 차이를 보인다. 또한 외래관광객 유치를 위한 마케팅 실무를 하는 경우는 대부분 타겟이 되는 국가를 먼저 설정하고 해당 국가의 관광객 통계나 외래관광객조사를 통해 가설을 만들고 검증하면서 시사점을 얻는다. 이러한 니즈에 대응하기 위해, 한국관광 데이터랩에서는 국가별 관광시장분석이라는 카테고리를 마련하고 있다. 아래의 국가들 중 유치하고자 하는 국가를 선택하면 세부적인 정보를 얻을 수 있다.

첫 번째로 해외여행 규모가 제시되는데, 해당 국가를 관광시장으로 판단하는 중요한 잣대가 된다. 외래관광객 통계에서는 주로 우리나라에 입국하는 외래관광

한국관광 데이터랩
Data Lab beta
로그아웃 마이페이지
빅데이터활용 여행행태분석 | 관광통계 | 관광 실태조사 | 우리지역 관광상황판 | 국가별 관광시장분석 | 한국관광 데이터랩 소개

국가별
관광시장분석

국가별 관광시장분석

중국	일본	대만
홍콩	필리핀	인도네시아
태국	베트남	인도
말레이시아	싱가포르	몽골
아랍에미레이트	카자흐스탄	터키
미국	캐나다	러시아
영국	독일	프랑스
호주		

코로나19 상황판

---

5) 국가별 관광시장 분석의 내용은 한국관광 데이터랩 1.0버전에서 제공되던 데이터로서, 제시하는 데이터와 그래프는 별도의 조사를 통해 얻을 수 있는 자료이며, 시장 파악에 유용하기에 활용하기를 원하는 의도에서 작성하게 됨

객만 측정하지만, 근본적으로 매력 있는 시장이 되려면, 해당 국가에서 해외여행을 하는 인구가 계속 성장세에 있어야 한다. 그래야 우리나라로 오는 외래관광객도 자연스럽게 증가할 수 있는 것이다. 예를 들어, 일본이나 홍콩의 경우 이미 20여 년 전부터 해외여행을 나가는 사람들의 수가 정체되어 증가하지 않아 그만큼 정해진 파이를 놓고 근거리 국가들이 치열하게 경쟁을 한다. 때문에, 방한 외래관광객 수는 성장에 한계를 보이게 된다. 반면, 중국의 경우 해외여행을 하는 비율이 계속해서 증가하기 때문에, 점유율이 다소 낮아지더라도 방한 중국인 관광객이 증가하는 원리다.

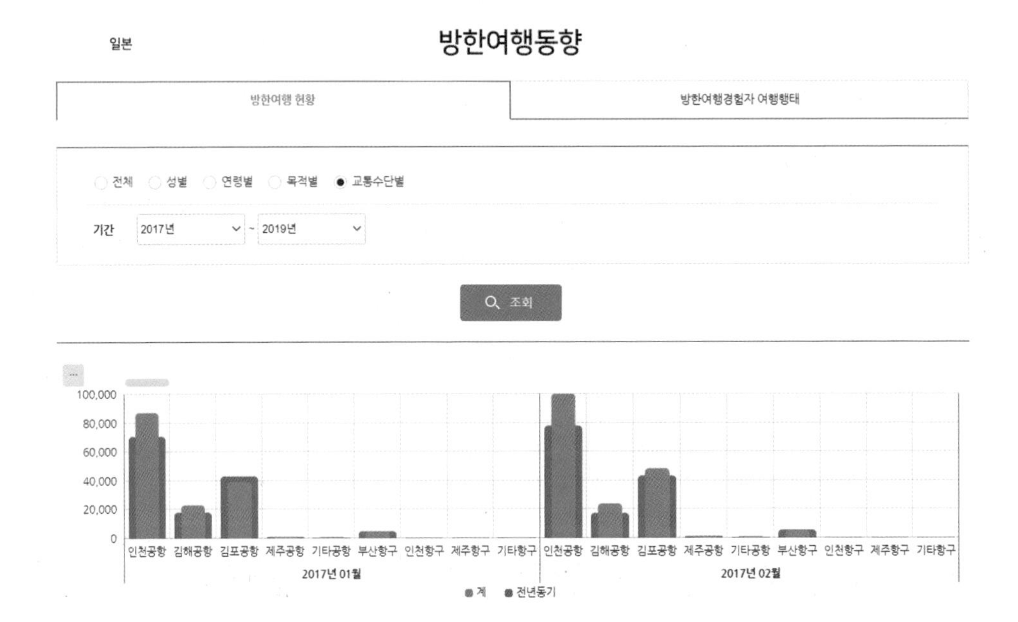

두 번째로 주요 해외여행 목적지별 여행자수는 해당 국가에서 어느 국가로 해외여행을 가는지에 대한 자료가 공개된다. 해당 국가에서는 어느 나라가 관광 목적지로서 가장 인기가 많은지도 알 수 있고, 우리나라가 현재 어느 국가와 경쟁을 하고 있는지도 파악이 가능하다.

세 번째로 방한여행 현황에서는 국민 국내여행에서 독립 변수에 해당되었던 성별, 연령별, 목적별, 교통수단별 방문 현황을 보여주며, 오른쪽 탭이 있는 방한여행경험자 여행형태에서는 국민 국내여행의 종속 변수에 해당되는 방문목적, 한국 선택시 고려 요인, 왕복 항공권 및 방한 여행 상품 예약 시점과 같은 결과를 확인할 수 있다.

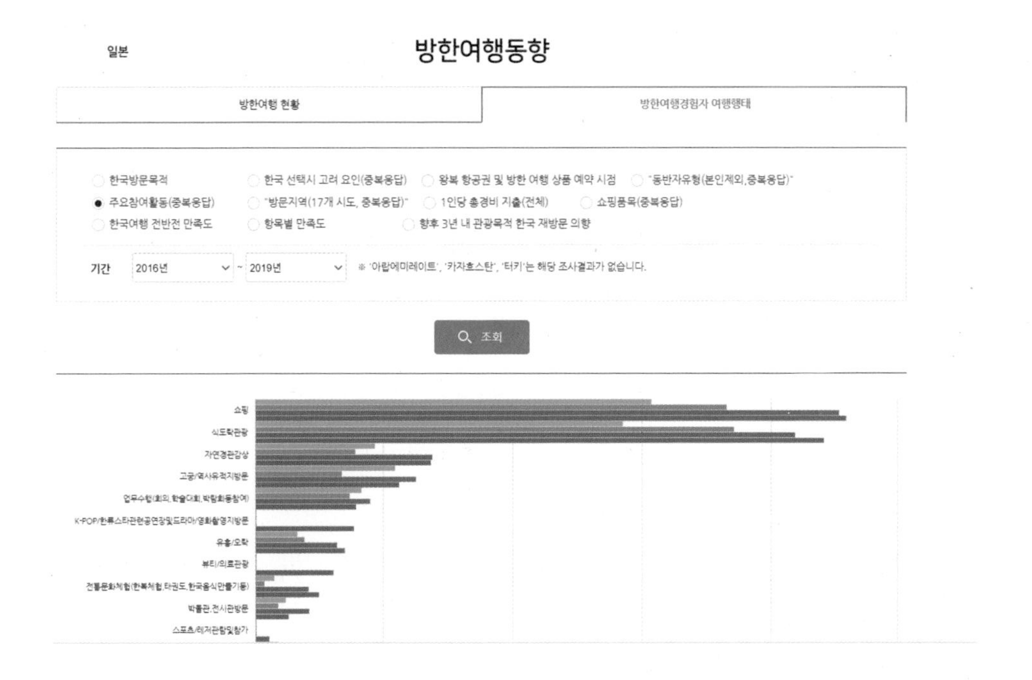

한 가지 아쉬운 점은 국민 국내여행과 같은 교차분석이 제공되지 않는다는 점이다. 그러나 약 4개년 이상의 종단적 데이터를 응답 항목별로 비교해서 볼 수 있다는 장점도 있다. 연도별로 증가하거나 감소하는 추세를 보면 해당 국가 관광객의 트렌드가 확인되기도 하므로, 매년 외래관광객조사 자료가 업데이트되면 확인할 필요가 있다.

마지막으로 관광시장 심화분석은 목적성을 가진 비교 데이터를 시각화하여 제공하고 있다. 해당 국가의 전체 해외여행자수와 한국방문 여행자수를 비교하여 종단적으로 보여주고 있다. 해당 국가의 해외 인바운드가 성장하고 있는지와 방한 관광객의 그래프를 비교하면서, 우리나라 점유율의 변화를 한눈에 직관적으로 파악할 수 있다는 장점이 있다.

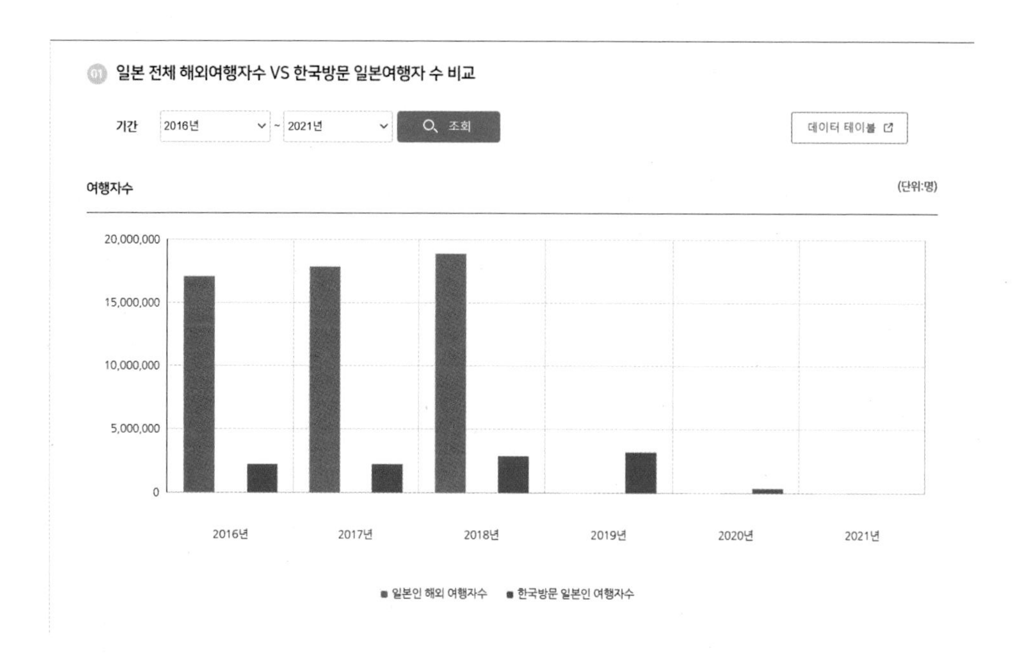

다음으로는 해당 국가에서 우리나라를 오는 여행자수와 우리나라에서 해당 국가로 가는 여행자수를 비교하는 기능도 있다. 이를 통해 양국의 교류가 균형 있게 진행되고 있는지를 알 수 있다. 특히 특정 국가에서 상대 국가로 아웃바운드만 있고 인바운드가 부족할 경우, 이러한 패턴은 지속가능하기가 어렵다는 점에서 이 자료를 통해 향후 양국의 관광 발전을 위해 어떻게 균형을 맞출 것인지가 논의되어야 한다.

양 국가 간 교류에 영향을 미치는 것은 해당 국가의 관광 매력성도 있으나 경제적인 지표인 구매력이 크며, 그 외에도 항공 노선의 시간대 역시 영향을 미친다. 관광 매력성이나 구매력은 단기간에 해결할 수 있는 성질이 아니기 때문에, 항공편의 국적기 운항이나 시간대 변경을 통해 균형을 유지하는 방안에 대해서도 검토가 필요할 수 있겠다.

앞에서 언급한 것처럼, 방문하는 관광객수도 중요하지만 얼마나 지출하는지 역시 중요하다. 다음의 그래프에서는 해당 국가의 관광객이 일반적으로 해외에서 집행하는 지출경비와 방한해서 지출하는 경비, 아울러 우리나라를 방문하는 전체 외래관광객의 지출경비를 비교하고 있다.

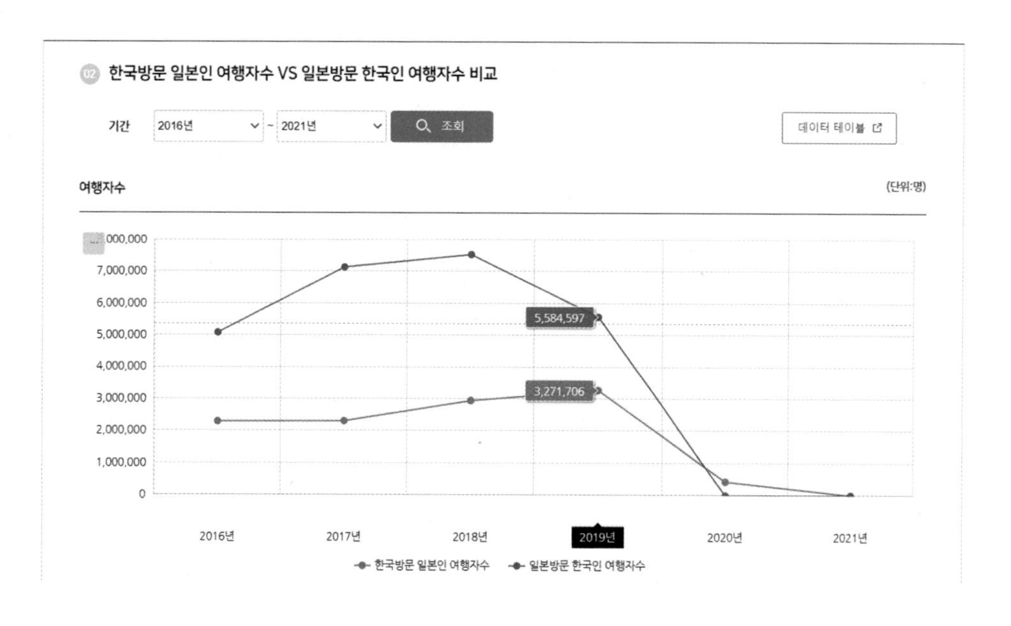

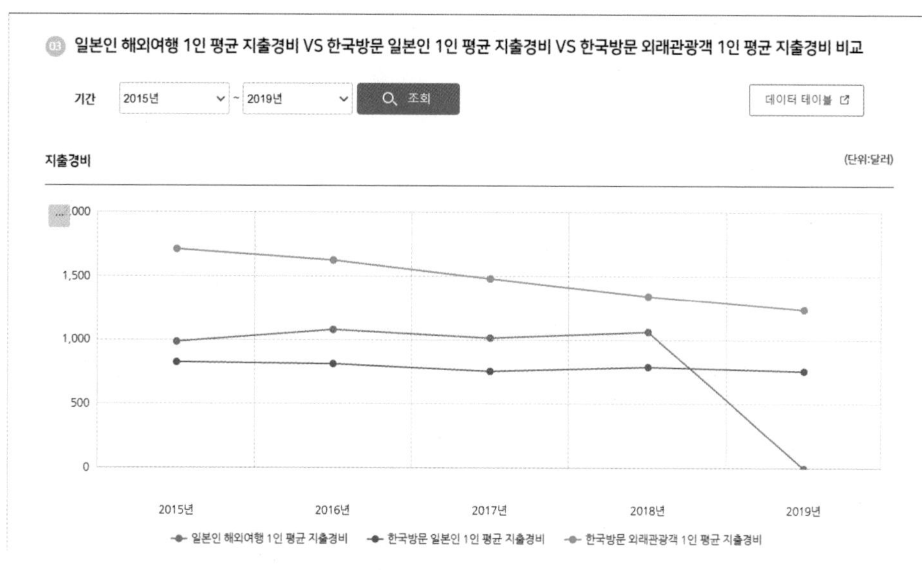

일본의 사례를 든 아래의 그래프를 해석할 때, 오해하지 말아야 할 것은 한국과 일본은 거리가 가깝고 주말을 이용하여 여행이 가능하기 때문에 체류기간이 짧으며, 그렇게 때문에 1인당 지출경비는 낮게 나타난다는 점이다. 그렇기 때문에 같은 일본인의 해외여행 1인 지출경비에 비해 방한 일본인 지출경비가 낮은 것이

며, 당연히 방한 외래관광객 1인 지출경비보다도 낮아지는 결과가 되었다. 이에 대해서는 앞에서도 잠시 다룬 바 있다.

아래 그래프에서 주목할 것은 방한 외래관광객의 1인당 지출경비가 매년 조금씩 하락하고 있는데 반해, 방한 일본인의 1인당 지출경비는 하락하지 않고 비슷한 수준을 유지한다는 점으로 그나마 긍정적인 신호라고 할 수 있다(일본인 해외여행 1인 지출경비의 2019년 데이터는 결측이라서 0으로 표기되어 있음).

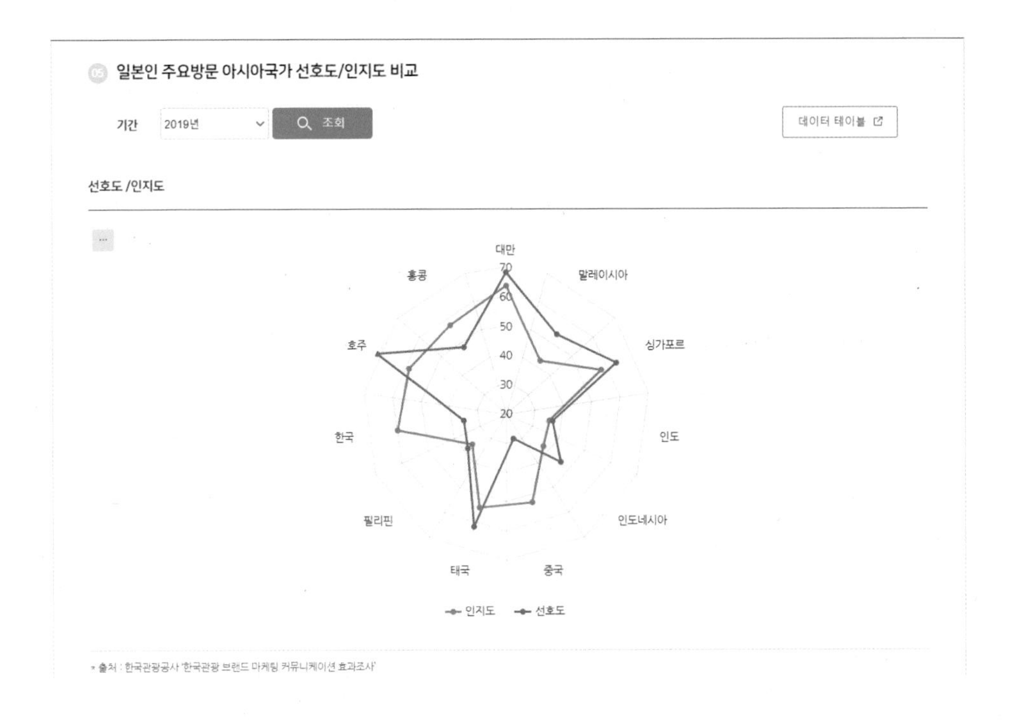

마지막으로 해외광고 마케팅 커뮤니케이션 효과조사에서 다룬 아시아 국가의 인지도와 선호도 결과를 방사형으로 나타낸 자료가 있다. 우리나라에 대한 인지도와 선호도를 주변의 10개 경쟁국가와 비교하여 한눈에 파악할 수 있다. 참고로 일본은 우리나라에 대해서는 선호도나 매우 낮은 반면, 호주나 대만에 대한 선호도가 매우 높고, 싱가포르나 태국에 대해서도 높은 선호도를 유지하고 있다는 것을 알 수 있다.

이동 동선을 알려주는 소셜 네트워크 분석

외래관광객조사는 보고서를 통해 공개되는 관광통계가 전부는 아니다. 로데이터를 분석해 보면 더 많은 시사점을 얻을 수 있다. 특히, 지역의 광역시도와 관련된 내용들을 이해하는 다양한 분석방법이 존재한다.

아래의 그림은 외래관광객조사의 로데이터를 활용한 소셜 네트워크 분석 결과다. 외래관광객조사에서는 자신이 방문한 광역시도를 체크하면서 더 세부적으로 방문한 관광지를 체크하는 질문 항목이 있다.

그림 3-25 울산 방문 외래관광객 대상 소셜 네트워크 분석 (n=213)

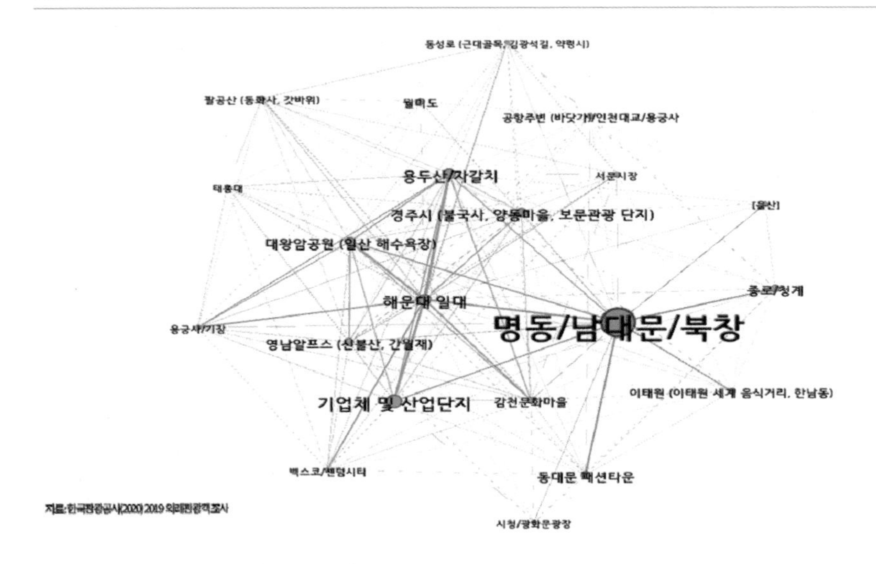

자료: 한국관광공사(2020) 2019 외래관광객조사

비록 300여 개에 불과해 우리나라의 모든 관광지를 다루고 있지 않은 부분은 아쉽지만, 그래도 나름의 시사점을 제공하기도 한다. 예를 들어, 외래관광객조사에 참여한 약 16,000명의 표본 중 울산을 방문한 외래관광객은 213명이었는데, 이들이 표기한 관광지 데이터를 바탕으로 소셜 네트워크 분석을 하면 아래와 같이 이동 동선을 시각적으로 확인할 수 있다.

울산을 방문하는 외래관광객은 크게 두 가지 패턴으로 분류되는데, 먼저 서울로 입국하여 대구－경주－울산－부산으로 이동하는 비즈니스 목적 패턴과 부산

그림 3-26 경남 방문 외래관광객 대상 소셜 네트워크 분석 (n=371)

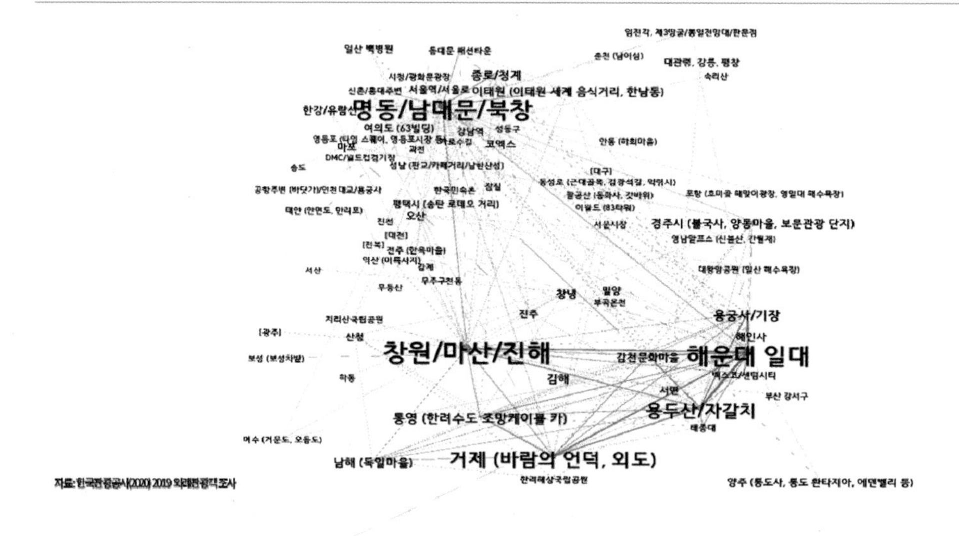

자료: 한국관광공사(2020) 2019 외래관광객조사

으로 입국하여 울산-경주-대구를 주유하는 관광 목적 패턴으로 분류되는 것을 알 수 있다.

같은 방식으로 경남을 방문한 외래관광객 데이터 371개를 활용하여 소셜 네트워크 분석을 실시하여, 아래와 같은 결과를 얻었다. 경남을 방문하는 외래관광객은 먼저 서울에서 바로 창원/마산/진해로 간 뒤, 거제, 통영, 남해를 거쳐 부산으로 가는 패턴과 부산으로 입국하여 창원/마산/진해나 거제를 방문하는 패턴으로 분류되었다. 서울에서 내려오는 비중이 전체의 약 30%였으며, 부산으로 들어와 경남으로 가는 비중은 약 70%였다.

위의 분석결과를 통해 이동 동선의 특징을 크게 분류해 보았는데, 이러한 이동 동선은 국적이나 방한 목적, 방문 횟수 등의 관광객 특성에 영향을 받을 수 있다. 이를 알아내기 위해 다시 이 데이터를 SPSS로 카이제곱 검정을 하면 아래와 같은 결과를 도출할 수 있다.

울산 방문 외래관광객 중 관광 목적으로 입국하는 사람들은 대부분 부산으로 입국하여 울산-경주-대구를 경유하는 일본, 중국, 홍콩, 대만 관광객으로 나타났다. 반면 서울로 입국하여 내려오는 사람들은 싱가포르, 구미주 국가의 사람들

그림 3-27 울산 및 경남을 방문한 외래관광객 대상 차이 분석 결과

울산 방문 외래관광객 카이제곱 검정(n=213)		경남 방문 외래관광객 카이제곱 검정(n=371)	
경유vs방문목적	• 부산, 경주, 대구 경유객:관광 목적 • 서울 경유객: 비즈니스 목적	경유vs방문목적	• 부산,경남 주유형:관광 목적 • 서울 경유객: 비즈니스 목적
국가vs방문목적	• 중국, 일본, 홍콩, 대만 : 관광 목적이 다수 • 싱가포르, 구미주 국가: 비즈니스가 다수	국가vs방문목적	• 일본, 홍콩, 대만 : 관광 목적이 다수 • 구미주 국가: 비즈니스가 다수
국가vs여행형태	• 일본, 중국: 자유여행객 • 대만: 패키지 단체여행	국가vs여행형태	• 중국, 홍콩, 태국, 말련: 자유여행객 • 대만: 패키지 단체여행
경유vs국가	• 일본, 중국, 홍콩, 대만: 부산 경유 • 말레이시아: 서울 경유	경유vs국가	• 일본, 홍콩, 대만, 태국, 말련: 부산 경유 • 미국: 서울 경유
국가vs방문횟수	• 홍콩. 대만: 첫방문객 • 일본, 중국: 재방문객	국가vs방문횟수	• 1~2회 방문이 대부분

자료: 한국관광공사(2020) 외래관광객실태조사의 원자료 활용

로 비즈니스 목적이 많았다. 홍콩과 대만 관광객은 첫방문객이 많았고, 일본과 중국은 재방문객이 많았으며, 대만은 패키지 단체여행의 여행 유형이라는 것 역시 유의미하다고 분석되었다.

경남 방문 외래관광객 중 관광 목적은 부산으로 입국하여 경남을 경유하는 일본, 홍콩, 대만, 태국, 말레이시아 관광객이었으며, 서울을 경유하는 경우는 비즈니스 목적의 미국이나 구미주 국가의 사람들이었다. 아직 경남지역은 울산보다도 외래관광객에게는 낯선 목적지여서 대부분이 1~2회 방문인 것 역시 특이한 점이었다.

이 분석에서 사용한 카이제곱 검정은 통계분석 기법 중 명목 변수 간의 차이를 규명하는 방법으로 쉽게 말하면 앞에서 연습한 교차 분석 결과를 통계적으로 검증하는 방법이다. 앞선 한국관광 데이터랩에서 시각적으로 확인한 것은 검증은 아니며 일종의 유추 정도의 수준이기 때문에, 함부로 규정하는 것은 위험하며 반드시 카이제곱 검정을 통해서 유의미한 범위에 있는지를 확인해야 한다는 것을 명심해야 할 것이다.

마케팅 실무에 활용하기

● 경제적 효과 계산

앞의 내용을 바탕으로 특정 지역을 방문하여 외래관광객이 지출한 금액을 계산해 볼 수 있다. 예를 들어, 울산을 대상으로 연습해 보면, 울산을 방문한 외래관광객의 비율은 1%이며, 체류기간은 정확히 알 수 없으므로 0.6일로 가정한다. 그리고 1일 평균 지출액은 바로 위의 표에서 245.4$로 나와 있다.

이들을 곱하면 25백만 달러가 되면, 이를 1달러 당 1,200원의 환율로 가정하여 계산하면 309억 원이 도출된다. 2019년 한 해동안 외래관광객이 울산에서 사용하고 간 금액은 309억 원이며, 외래관광객이 창출한 관광산업의 시장 규모 역시 309억 원이 되는 것이다.

17,502,756명 × 1.0% × 0.6일 × 245.4$ = 25,771,058$

25,771,058$ × 1,200원/$ = 30,925,269,521원 = 309억 2527만원

그림 3-28 외래관광객이 만들어 낸 울산의 방문자 경제규모

① 우리나라 방문 외래관광객 수

전체	2015년	2016년	2017년	2018년	2019년
계	13,231,651	17,241,823	13,335,758	15,346,879	17,502,756
일본	1,837,782	2,297,893	2,311,447	2,948,527	3,271,706
중국	523,427	650,676	658,031	683,818	694,934
홍콩	160,1513	221,548	216,170	231,897	246,142
싱가포르	518,190	833,465	925,616	1,115,333	17,502,756
대만	13,231,651	17,241,823	13,335,758	15,346,879	17,502,756

✖

② 방문비율

1.0

✖

③ 체류기간

0.6일
(가정)

✖

④ 1일 평균 지출액

1인 평균 지출액
2019년
$1,239.2

÷

1인 평균 체재기간
2018년 7.2일 〉 2019년 6.7일

만일, 여기서 우리나라 전체 관광객 수가 증가한가면, 울산을 방문하는 비율이 조금 더 증가한다면, 울산에 체류하는 기간이 조금 더 길어진다면, 지출하는 금액이 조금 더 많아진다면 외래관광객이 울산에 기여하는 경제적 효과, 그리고 시장 규모는 더 큰 규모로 상승할 것이다. 전체 경제적 효과를 높이기 위해서 당장 무엇을 해야 하는지 바로 답이 나온다.

계산의 프로세스는 아래와 같이 정리할 수 있으며, 이러한 시장 규모는 국가별로도 산출할 수 있다. 국가별 방문객 수와 1일 평균 지출금액을 대입하면 얼마든지 가능하다. 만일 1일 평균 지출액을 몰랐다면 아래의 도식처럼 1인 평균 지출액에서 1인 평균 체재기간을 나눠주면 또한 어렵지 않게 구할 수 있다. 이처럼 확보된 통계수치를 바탕으로 곱하고 나누면서 새로운 의미가 있는 수치를 도출해내는 것이 관광통계 분석의 묘미이기도 하다.

● 수요예측 및 매출액 도출

신규 사업을 제안하기 위해서는 사업계획서를 작성한다. 사업계획서의 후반부는 과연 이 사업이 수익성이 있는지 검토를 한다. 쉽게 말해서 장사가 되는지 아닌지를 판별하는 것이다. 역시 마찬가지로 울산에서 공연장을 빌려 상설 공연을 외래관광객을 대상으로 한다고 할 때 과연 1년에 몇 명이나 올 것인지 예측해 보자.

먼저 울산을 방문하는 외래관광객 수는 위에서 이미 구했다. 남은 것은 그들 중에서 과연 몇 %나 공연을 볼 것인가 하는 점이다. 이 근거자료는 주요 참여 활동 관광통계를 참조하면 된다. K-POP/한류스타 관련 방문에 참여하는 외래관광객이 전체의 15.5%인데, 이 내용 안에 공연 관람이 포함되어 있다. 따라서 울산 방문 외래관광객 수에 15.5%를 곱하면 울산에서 공연 관람을 하는 사람수를 구할 수 있다. 단지 15.5% 안에는 축제, K-POP 등이 함께 포함되기 때문에 보수적으로 절반인 7.8%만 잡을 수도 있다. 이것은 관광통계에 대한 가치판단의 문제이기 때문에 정답이 별도로 있지는 않다. 또는 상기 수치가 우리나라를 방문한 외래관광객 전체의 수치이기 때문에, 더 정확한 통계 수치를 구하기 위해서 울산에 오는 외래관광객을 대상으로 별도로 설문조사를 하는 것도 좋은 방법이다.

그림 3-29 울산에 공연/의료관광을 유치할 경우 예상되는 수요(외래관광객)

전체	2015년	2016년	2017년	2018년	2019년
계	13,231,651	17,241,823	13,335,758	15,346,879	17,502,756
일본	1,837,782	2,297,893	2,311,447	2,948,527	3,271,706
중국	523,427	650,676	658,031	683,818	694,934
홍콩	160,1513	221,548	216,170	231,897	246,142
싱가포르	518,190	833,465	925,616	1,115,333	17,502,756
대만	13,231,651	17,241,823	13,335,758	15,346,879	17,502,756

① 우리나라 방문 외래관광객 수 ✖ ② 방문비율 ✖ ③ 공연이나 의료관광 참여할 비율

05

크루즈 입국 통계

중국의 한한령과 COVID-19로 인해 크루즈는 현재 운항이 중단된 상태로, 재개되는데 상당한 시간이 걸릴 것으로 전망되고 있다. 2016년까지만 하더라도 우리나라에는 아시아에서만 200만 명이 넘는 외래관광객이 크루즈를 통해 입국할 정도로 주목을 받고 있었다.

크루즈 관광은 비교적 경제적 수준이 높은 사람들이 이용하는 특성이 있기 때문에 우리나라에 입국할 경우, 얻게 되는 경제적 부가가치는 매우 높다. 크루즈 관련 통계는 한국관광 데이터랩의 관광통계 카테고리에서 2013년 이후 데이터가

크루즈 입국통계

기준 월간 ▾ 기간 201901 ▾ - 201912 ▾

조회

기본조회 상세조회 메타데이터 통계게시판 >

승객선원별 항구별 성별 연령별 전체 다운로드 인쇄

	부산항구			인천항구			여수항구	
	인원	전년동기	증감률	인원	전년동기	증감률	인원	전년동기
› 201901	7,753	0	∞	0	0	0	0	0
› 201902	2,574	5,437	-52.7	0	0	0	0	0
› 201903	8,555	10,666	-19.8	0	0	0	0	0
› 201904	31,848	19,708	61.6	4,112	8,922	-53.9	857	2,214
› 201905	35,917	29,411	22.1	0	965	-100.0	5,389	0
› 201906	23,705	19,532	21.4	0	0	0	0	3,093
› 201907	18,045	12,434	45.1	0	0	0	0	0
› 201908	27,279	23,473	16.2	0	1,600	-100.0	2,680	0
› 201909	27,178	15,689	73.2	0	0	0	0	0
› 201910	23,092	19,038	21.3	2,238	6,169	-63.7	0	0
› 201911	11,585	10,306	12.4	0	0	0	588	0
› 201912	4,253	0	∞	0	0	0	0	0
전체	221,784	165,694	33.9	6,350	17,656	-64.0	9,514	5,307

관리되고 있다.

크게 승객선원별/국적별 분석과 항구별/국적별 분석, 성별/국적별 분석, 연령별/국적별 분석 등 4가지 탭으로 분류하여 볼 수 있다. 예를 들어 항구별/국적별 분석을 선택하여 조회하면 항구별은 아래쪽에서 클릭할 수 있도록 되어, 클릭할 때마다 지도상의 색깔이 달라지며 해당 국가의 지도에 커서를 올려두면 크루즈 관광객 숫자가 표기된다.[6]

마찬가지로 전 세계의 데이터를 한 화면에서 구현하려다 보니 시각적으로 바로 이해하기는 조금 어렵게 되어 있다. 따라서 그 아래에 있는 엑셀 표를 참고하는 것이 오히려 이해가 쉽다. 크루즈 관광의 최절정기였던 2016년을 참고로 살펴보면, 총 200만 명 중 중국인 관광객이 164.5만 명으로 가장 많았는데, 아시아 전체의 80%를 중국이 점하고 있으니 사실상 크루즈 관광은 중국에 대한 의존도가 매우 높았음을 알 수 있다. 그 다음으로 필리핀이 19만 명, 인도네시아가 약 8만 6천여 명, 인도가 9만 명으로 많다. 하지만, 앞에서 언급한 것처럼 이 세 국가는 선원의 숫자가 거의 대부분이다. 필리핀은 18만 7,528명, 인도네시아는 8만 4,825명, 인도는 8만 9,433명으로 약 99%에 이르는 사람들이 모두 선원이다. 이러한 경

6) 크루즈 관광 내용 역시 한국관광 데이터랩 1.0버전에서 제공되던 데이터로서, 시장 파악에 유용하기에 활용하기를 원하는 의도에서 작성하게 됨

향은 말레이시아나 미얀마 역시 마찬가지여서, 아시아권에서 크루즈 관광의 타겟은 역시 중국과 일본이 된다는 사실을 알 수 있다.

표 3-19 2016년 국가별 크루즈 관광객 현황

국적	계	선원	승객
중국	1,645,253	128,753	1,516,500
일본	43,336	2,513	40,823
대만	7,210	701	6,509
홍콩	7,847	108	7,739
마카오	268	0	268
필리핀	190,288	187,528	2,760
인도네시아	85,934	84,825	1,109
태국	3,889	2,983	906
베트남	4,539	4,032	507
인도	90,085	89,433	652
말레이시아	5,688	4,511	1,137
싱가포르	2,072	298	1,774
몽골	48	39	9
우주베키스탄	4	1	3
미얀마	3,071	3,059	12
GCC	53	1	52
카자흐스탄	162	83	79
터키	1,052	937	115
캄보디아	2	0	2
스리랑카	358	329	29
방글라데시	4	0	4
파키스탄	5	0	5
이스라엘	6313	82	531
이란	1	0	1

2016년 시점에서 항구별 입국 현황을 보면 중국인 관광객이 중심이 된 제주항구로 입국하는 사람들이 무려 145만 명을 넘어섰고, 부산항으로 입국하는 사람들이 49.8만명으로 2위였으며, 3위는 13만 2천 명의 인천항이었다.

제주항은 중국에 대한 의존도가 지나치게 높았던 반면, 부산항은 중국과 일본, 홍콩, 대만까지 안정적인 수요를 만들어 내고 있다.

표 3-20 2016년 국가별 크루즈 관광객 현황

국적	계	부산항구	인천항구	제주항구	여수항구	기타항구
중국	1,64,253	346,687	106,652	1,186,026	3,524	2,064
일본	43,336	36,042	101	6,71	4	479
대만	7,210	4,429	316	2,388	68	9
홍콩	7,847	5,250	344	2,241	6	6

크루즈를 이용하는 주요 외래관광객의 연령대는 20세 이하가 가장 적었고, 연령대가 높아지면서 이용객도 점차 증가하였으며 61세 이상이 가장 많았다. 단지, 중국의 경우에는 40대가 가장 낮은 참여를 한 것으로 나타났다. 전체적으로 크루즈 시장은 50대 이상을 타겟으로 마케팅을 전개해야 한다는 것을 알 수 있다

표 3-21 2016년 국가별 크루즈 관광객 현황

국적	계	0~20	21~30	31~40	41~50	51~60	61세 이상
중국	1,654,253	184,600	253,421,	268,574	190,436	318,211	130,011
일본	43,336	4,455	2,719	4,105	4,468	5,544	22,045
대만	7,210	1,009	412	1,135	1,230	1,366	1,758
홍콩	7824	1,443	312	478	807	1,582	3,225

그림 3-30 2019년 기준 크루즈 관광 관련 통계 그래프

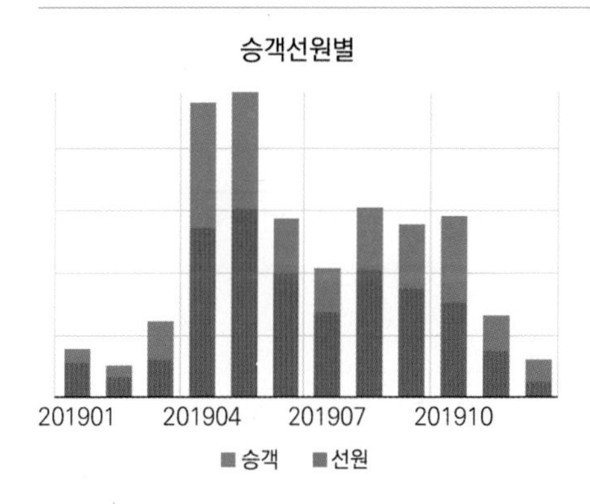

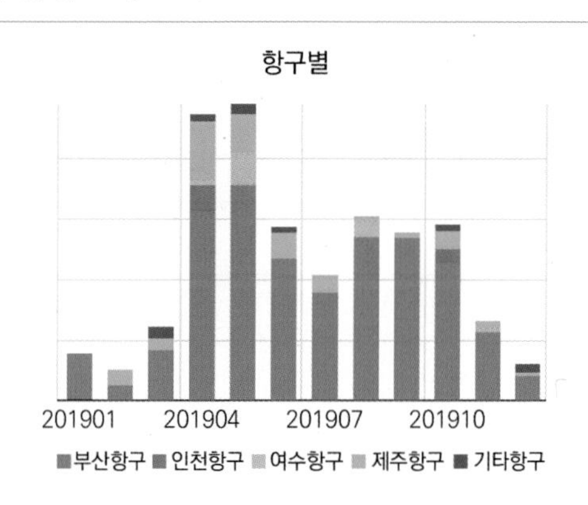

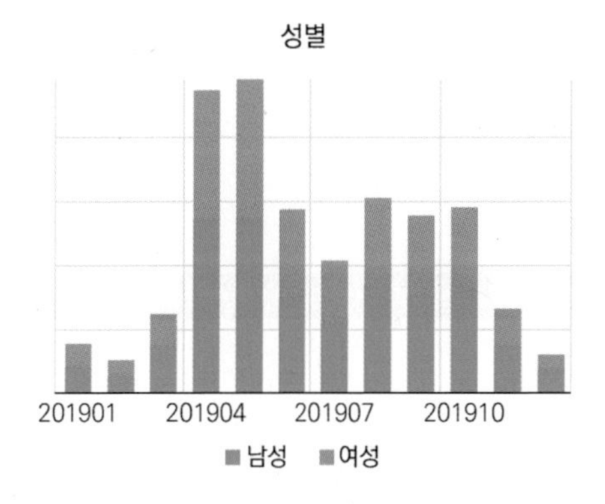

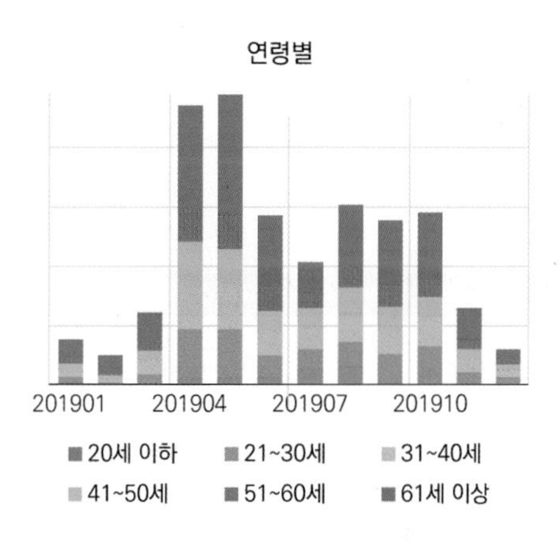

06

관광객 불편신고 데이터

국내관광을 하는 내국인과 외래관광객 모두 관광을 하면서 불편하거나 또는 불합리한 환경에 처하게 되면, 이를 신고할 대상이 필요하다. 한국관광공사에서는 고객불편신고를 접수하여 이에 대한 처리를 진행하는데, 그러한 내용 역시 데이터로 관리되고 있다. 7)

한국관광 데이터랩 Data Lab beta
로그아웃 마이페이지
빅데이터활용 여행행태분석 관광통계 관광 실태조사 우리지역 관광상황판 국가별 관광시장분석 한국관광 데이터랩 소개
관광 실태조사
국민여행조사
국내여행
해외여행
국민여행조사 게시판
한국관광인지도조사
한국관광인지도조사
외래관광객조사
외래관광객조사
외래관광객조사 게시판
관광객 불편신고 데이터
지역별 관광객 불편신고
국적별 관광객 불편신고
MICE 참가자조사
MICE 참가자조사 (미팅 컨벤션)
MICE 참가자조사 (인센티브)

관광객 불편신고 데이터는 지역별 관광객 불편신고와 국적별 관광객 불편신고로 분류된다. 지역별 관광객 불편신고는 내국인 또는 외국인이 특정 지역에서 발생한 불편신고 건수를 확인할 수 있으며, 분야별로 버스, 택시, 쇼핑, 숙박, 여행사, 음식점, 관광종사원으로 나누어 별도로 그 발생건수를 확인할 수 있다.

예를 들어, 지역별 관광객 불편신고에서 1단계에서 내국인을 선택하고, 2단계에서 서울특별시를 선택하여 조회를 누르면, 2018년부터 불편신고 건수가 그래프

---

7) 관광객 불편신고 데이터 역시 한국관광 데이터랩 1.0버전에서 제공되던 데이터로서, 시장 파악에 유용해 적극적으로 사용하기를 추천하는 의도에서 작성하게 됨.

로 표기된다. 2020년 이후로는 국내여행객 수가 감소되었기 때문에, 이에 비례하여 불편신고 건수도 줄어든 결과로 해석된다.

지역별 관광객 불편신고

만일 그래프 좌측 상단에 막대그래프 아이콘을 클릭하면 분야별로 불편신고 건수를 확인할 수 있으며, 전년도 발생 건과 비교해 볼 수 있게 된다. 서울특별시에서 내국인의 불편신고가 가장 많았던 건은 여행사와 숙박인 것으로 나타났다. 내국인의 불편신고 건수는 타 지역에서도 비슷한 경향이 나타나는데, 외국인의 경우에는 쇼핑과 택시에 대한 불편신고가 가장 많은 것이 특징이다. 상품의 품질상 결함이 발생했을 때 이에 대한 대응이 문제가 되는데, 대부분의 컴플레인은 귀국 후에 제기되기 때문에, 유선이나 인터넷을 진행하는 과정에서 오해가 생기는 경우들이 있다. 택시 서비스는 어제 오늘 일의 문제가 아닌데, 아직도 개선이 되지 않고 있다. 앞으로는 모바일 서비스 등을 통해 적어도 과다한 요금 징수 등의 문제는 조금씩 개선될 것으로 보고 있다.

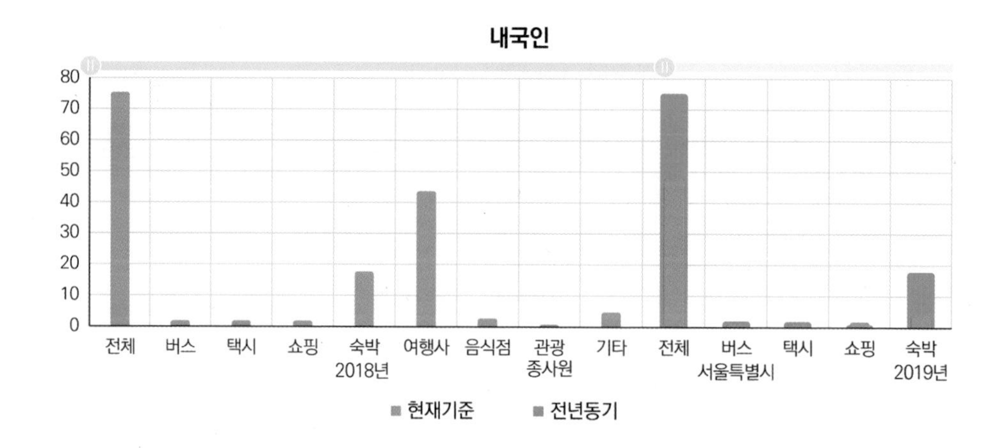

두 번째 카테고리는 국적별 관광객 불편신고인데, 외국인만 해당되며, 특정 국가의 결과만 확인하고 싶을 때 유용한 정보를 제공한다. 아래의 사례는 일본인 관광객의 불편신고 현황을 알고 싶어, 2단계의 일본을 선택하고 조회를 누르면 자료를 확인할 수 있다.

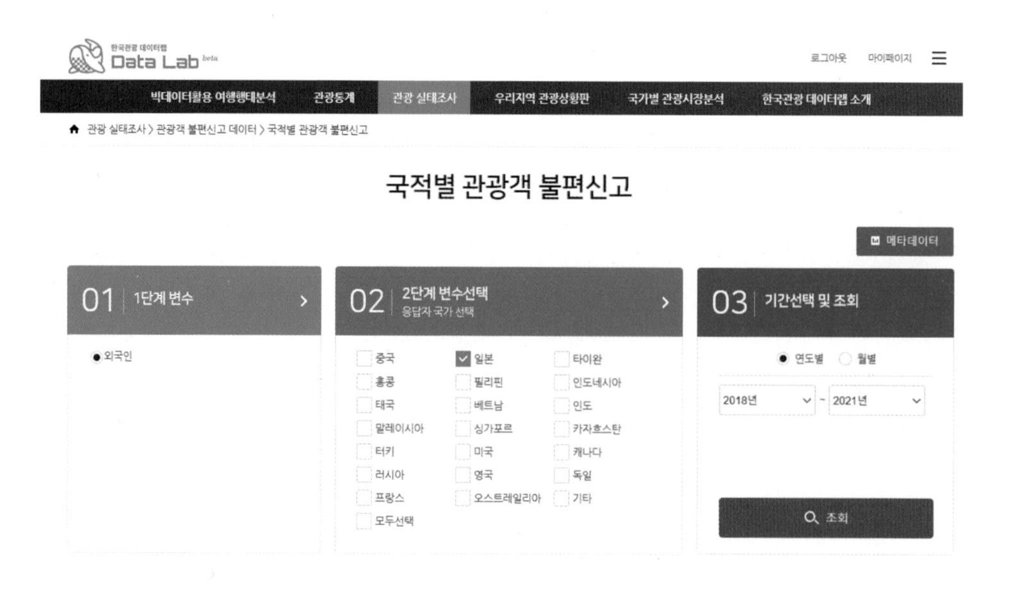

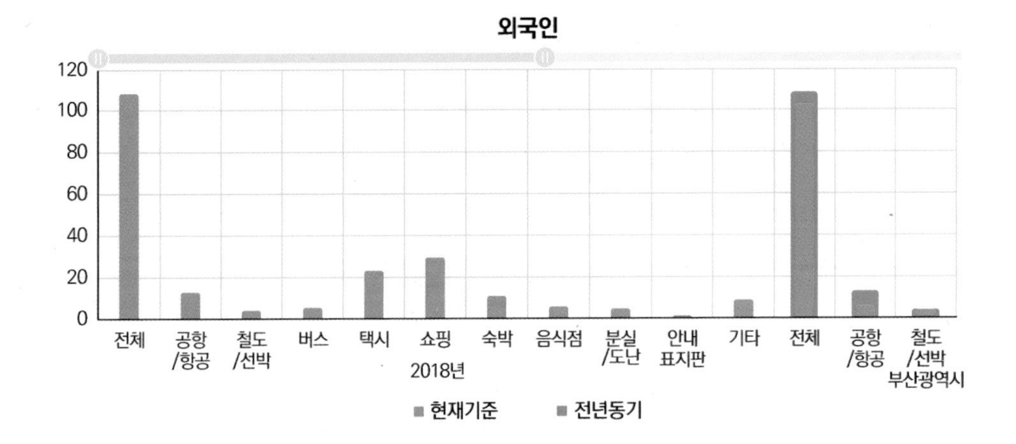

그러나 이 역시 우리나라의 특정 지역에서 특정 국적의 외국인이 제기한 불편신고는 확인할 수 없는 아쉬움이 있는데, 별도로 관광불편신고 종합분석서를 한국관광 데이터랩 소개 카테고리의 뉴스레터/발간보고서/이슈리포트 코너에서 다운로드 받을 수 있다. 보고서에서는 세부적인 고객의 신고 사례와 이에 대한 처리 결과 등을 자세하게 확인할 수 있다.

그림 3-31 2020 관광불편신고 종합분석서

2020

관광불편신고 종합분석서

2021.2

2020 관광불편신고 종합분석서

8) 관광종사원 불편신고 사례

① 응대태도 불량 및 불친절

국가	신고내용	처리내용
대한민국	◇◇◇ 매표소 직원의 실수로 매표가 잘못되어 재결제를 하게 되었으나 실수에 대한 사과도 없어 교육이 필요함	직원의 실수로 불편을 끼친 점 사과하고 매표원 대상 친절 교육을 실시함
대한민국	동굴 관람 예약을 하고 10분 전에 도착했으나 마감이 되어 관람을 못했으며, 운영업체에서 보낸 문자를 받지 못하였는데 오히려 따지는 목소리로 핸드폰을 가지고 가서 문자함을 일일이 확인하는 직원의 퉁명스러운 응대에 불쾌감을 느껴 신고함	민원인에게 사과 메일을 보냈으며 유사한 사례가 발생하지 않도록 추가로 팝업 생성 및 유의사항 공지를 완료함
대한민국	◇◇◇ 시설 이용 후 셔틀버스 탑승 시 운전자의 태도에 불쾌감을 느껴 신고함	◇◇◇ 시설 담당이 사과하고 향후 유사한 불편이 발생되지 않도록 위탁사업자 및 해당 운전기사의 관리감독에 더욱 신경 쓰겠다고 회신함

② 미숙한 안내서비스

국가	신고내용	처리내용
대만	◇◇◇ 매표소에서 시설 통합권을 구매할 때 정확한 의사소통을 위해 영문으로 된 안내문을 제시했지만, 직원은 개별 시설 입장권을 주려고 했고 태도가 매우 좋지 않았음	매표소 전체 직원 대상으로 특별 교육을 실시하고 적극적이고 친절한 서비스를 제공하도록 주의를 촉구함

③ 기타

국가	신고내용	처리내용
대만	◇◇◇ 안내소 직원이 길을 잘못 든 여행객에게 반복해서 맹인이라고 욕하는 것을 보고 굴욕감이 들어 신고함	운영관리자가 불편을 끼친 점에 대해 사과하고 안내소를 일원화하여 전문 관광안내 요원이 관광안내 업무를 수행하도록 조치할 것임을 회신함
대한민국	◇◇◇ 공원을 갔으나 직원이 반려견을 동반하면 안 된다고 윽박지르고 언성을 높여 불쾌했음	친절도 향상을 위한 지속적인 교육을 실시하고 반려견 동반 산책 관련 민원을 최소화하기 위한 현수막 설치를 검토 중임을 회신함

07

국내외 시장 동향

관광통계와 같은 정량적인 정보는 아니지만, 지역 관광과 관련된 업무를 하다보면 타 지역의 지자체나 DMO에서 어떤 사업을 진행하고 있는지 항상 파악을 하고 있어야 한다. 이러한 갈증을 해소시켜 주는 정보 소스를 수시로 확인하는 것도 업무 역량을 증진시키는 데 도움이 된다.

먼저 관광지식정보시스템의 정책&연구 카테고리의 관광정책포커스/국내관광정책에서 각 지자체에서 올리는 정보들이 제공되고 있다.

이 내용은 한국관광 데이터랩의 한국관광데이터랩소개/관광라이브러리/국내시장동향에서도 확인 가능하다. 월별로 각 지자체에서 보도자료를 비롯하여 눈에 띌만한 자료들을 올려두는데, 벤치마케팅하기 좋은 내용들이 간간히 있다.

한국관광 데이터랩 Data Lab 지역별 데이터랩 국가별 데이터랩 마이 데이터랩 빅데이터 관광통계/실태조사 데이터랩 소개

관광통계/실태조사 > 관광라이브러리 > 국내시장동향

총 165건 1 / 17

제목 ▾ 검색

번호	권역	구분	제목	첨부파일	등록일자
165	울산	지자체/업계동향	3월 울산광역시 지자체/업계 관광동향		2022.04.05
164	부산	지자체/업계동향	3월 부산광역시 지자체/업계 관광동향		2022.04.05
163	전남	지자체/업계동향	3월 전남 지자체/업계 관광동향		2022.04.04
162	광주	지자체/업계동향	3월 광주 지자체/업계 관광동향		2022.04.04
161	경남	지자체/업계동향	3월 경상남도 지자체/업계 관광동향		2022.04.01
160	충남	지자체/업계동향	3월 충청남도 지자체/업계 관광동향		2022.03.31
159	강원	지자체/업계동향	3월 강원도 지자체/업계 관광동향		2022.03.31

관광지식정보시스템에 게재되는 정보들은 특정사안에 대한 자세한 내용이라면, 한국관광데이터랩의 정보는 복수의 사안들이 간략히 정리되어 있는 형태로 구성되어 있다.

해외관광에 대한 정보도 마찬가지로 제공되고 있다. 먼저 관광지식정보시스템에서는 관광정책포커스/세계관광정책에서 서비스를 제공하는데, UNWTO나 WTTC와 같은 관광 관련 국제기구에서 발표한 내용 중심이다. 보고서를 작성하거나 기고문의 첫 구절을 시작하는 데 도움이 되는 내용들이 풍성하게 제공되고 있다.

이에 반해 한국관광데이터랩에서는 한국관광데이터랩소개/관광라이브러리/해외시장동향에서도 해외관광에 대한 정보를 얻을 수 있다. 관광지식정보시스템이 관광 관련 주요 국제기구의 정보라면, 한국관광 데이터랩의 해외관광 정보는 한국관광공사 해외지사에서 조사한 동향보고 자료들이다. 따라서 전세계 각국의 관광 관련 최신 현지 정보들을 폭넓게 확인할 수 있다. 때로는 COVID-19와 같은 특정 주제에 대해 전세계 해외지사에서 올라오는 정보들을 취합하여 하나의 보고서로 올리는 경우도 있어, 국제관광에서 업무를 하는 경우에는 큰 도움을 받을 수 있다.

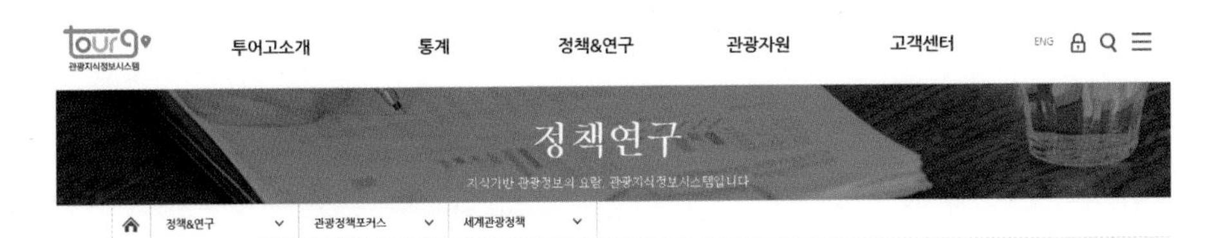

세계관광정책

전체 1611건

제목

제목	출처	등록일
2022년 관광산업 전년대비 4% 성장 예상	UNWTO	2022-01-19
UNWTO, 2022년 경제 회복을 위한 관광의 중요성 강조	UNWTO	2022-01-18
이탈리아 코로나19 상황에 따른 호텔, 레스토랑 공공서비스 이용 규제 강화	Travel ...	2022-01-11
국제크루즈선사협회(CLIA), 크루즈선 여행 경보 최고 4단계로 상향에 대한 성명	Travel ...	2022-01-04
UNWTO와 Asian Development Bank(ADB), 빅 데이터와 관광 회복에 대한 보고서 발표	UNWTO	2021-12-27
올해 중국 여행 및 관광 부문 60% 이상 회복 전망	WTTC	2021-12-21

Data Lab 지역별 데이터랩 국가별 데이터랩 마이 데이터랩 빅데이터 관광통계/실태조사 데이터랩 소개

관광통계/실태조사 > 관광라이브러리 > 해외시장동향

총 13,105건 1 / 1311

제목 ▾ 검색

번호	권역	지사	구분	제목	첨부파일	등록일자
공지	글로벌	관광빅데이터 서비스팀	코로나19동향	코로나19 관련 해외시장 주간 동향(2022.04.12.)		2022.04.13
13104	중화권	베이징지사	관광시장동향	중국 코로나19 격리기간 시범 단축운영		2022.04.14
13103	일본	도쿄지사	관광시장동향	일본여행업협회(JATA), 드디어 해외여행 재개에 총력		2022.04.15
13102	글로벌	관광빅데이터 서비스팀	코로나19동향	코로나19 관련 해외시장 주간 동향(2022.04.05.)		2022.04.06
13101	글로벌	관광빅데이터 서비스팀	코로나19동향	코로나19 관련 해외시장 주간 동향(2022.03.29.)		2022.03.30
13100	글로벌	관광빅데이터 서비스팀	코로나19동향	코로나19 관련 해외시장 주간 동향(2022.03.22.)		2022.03.23

08

연습문제

문제 1

A시에서는 상대적으로 관광 분야의 비수기라고할 수 있는 겨울철에 관광업계를 돕기 위해 프로모션을 준비하고 있습니다. 어느 나라를 대상으로 마케팅을 해야 할까요?

- 12월에 관광객 비중이 상승하는 곳은 말레이시아를 포함한 동남아시아 국가임

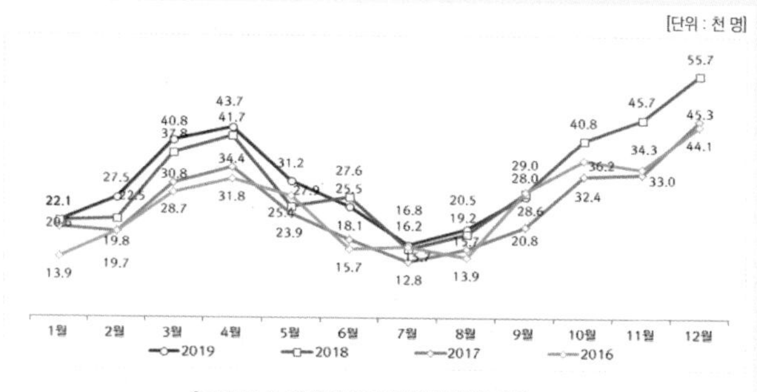

[그림 Ⅲ-7-3] 월별 방한 말레이시아인 현황

* 거의 대부분의 동남아시아 국가의 월별 방한 패턴이 말레이시아와 비슷하나, 필리핀은 다르게 나타남. 그 이유는 필리핀의 경우 대부분이 크루즈 승무원으로 일반적인 휴양 목적의 관광객이 아니기 때문임

정답 동남아시아 국가(필리핀 제외)

A 지자체에서는 3월에 축제를 기획하고 있으며, 이번에는 이 축제를 관광상품으로 기획하고자 합니다. 이 상품은 어느 국가에 가장 적절할까요?

- 3월에 관광객 수요가 급증하는 곳은 일본과 말레이시아를 포함한 동남아시아 국가임

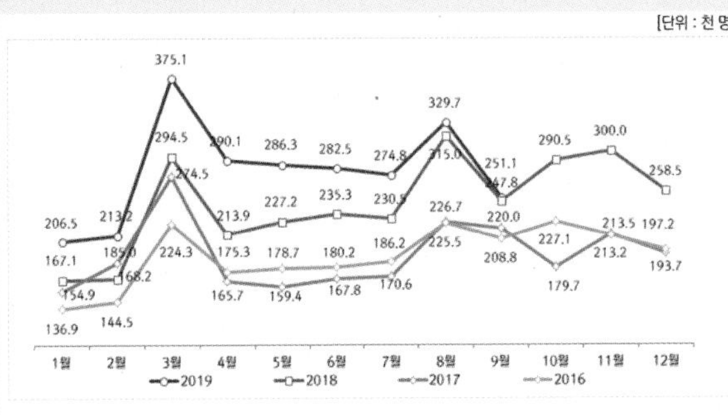

[그림 Ⅲ-1-4] 월별 방한 일본인 현황

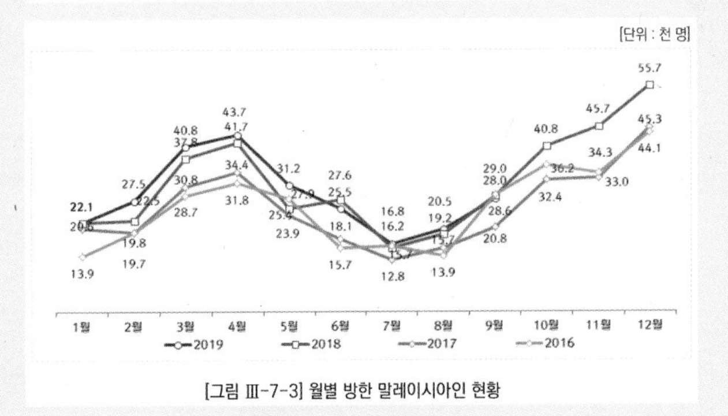

[그림 Ⅲ-7-3] 월별 방한 말레이시아인 현황

정답 일본과 말레이시아를 비롯한 동남아시아 국가(필리핀 제외)

중국과 일본을 대상으로 마케팅을 기획하고 있습니다. 아무래도 가장 비중이 높고, 성장률이 높은 세그먼트를 찾고 있습니다. 자문을 해 주신다면 어떻게 할까요?

- 중국은 20대 여성과 30대 여성의 비중이 타 세그먼트와 현격한 격차를 보임. 단지, 성장률에 있어서는 2017년 한한령에 의한 인위적인 조치로 인해 적용하기에 적절치 않음
- 일본은 20대 여성의 점유율과 상장률이 압도적으로 높은 양상을 보이고 있음

정답 (중국) 20~30대 여성, (일본) 20대 여성

2018년 기준 중국의 해외여행자 수 대비 한국방문 중국인 여행자수는 몇 %인가요?

- 중국인 해외여행자 수: 149,720,000명
- 한국방문 중국인 여행자수: 4,789,512명
- 중국인 해외여행자 중 한국방문 중국인 여행자의 점유율
  = 4,789,512명 ÷ 149,720,000명 = 3.2%

정답 3.2%

문제 2

울산시의 관광 담당자는 해당지역에 호텔이 부족하여 외래관광객을 수용하는데 문제가 있다고 파악하여, 호텔 유치에 힘쓰고 있습니다. 그러나 해당지역의 호텔에서는 지금 오히려 공급과잉이라며 신규 호텔 유치에 대해 반대하고 있다고 합니다. 해당지역의 호텔이 20개에 3,000실이라고 할 때 과잉인지 부족인지 판단해 보세요. (단, 연중 비수기와 성수기가 없이 동일한 손님이 투숙한다고 가정)

(외래관광객 대상)
- 연간 우리나라 전체 방문 외래관광객 수: 17,502,756명
- 외래관광객의 울산 방문 비율: 1.0%
- 연간 울산 방문 외래관광객 수: 17,502,756명 × 1.0% = 175,028명
- 호텔 이용율: 72.2%
- 연간 울산의 호텔 이용 외래관광객 수: 175,028명 × 72.2% = 126,370명
- 하루 울산의 호텔 이용 외래관광객 수: 126,370명 ÷ 365 = 346.22명
- 객실수: 3,000실
- 객실 가동률: 346.22명 ÷ 3,000실 = 11.5%

(국내관광객 대상)
- 울산 국내여행(숙박여행) 여행일수: 5.815,000일
- 울산 국내여행(숙박여행) 여행횟수: 2,381,000회
- 울산 국내여행(숙박여행) 1회당 체류일수: 5.815,000일 ÷ 2,381,000회 = 2.4일
- 울산 국내여행(숙박여행) 숙박수: 5,815,000일 × 1/2.4일 = 3,392,083박
  * 2일을 체류하면 숙박은 1박이 되고, 3일 체류시에는 2박이 되는 원리
- 호텔 이용율: 10.8%
- 1일 숙박객수: 3,392,083박 × 10.8% ÷ 365일 = 1,720.6박
- 객실 가동률: 1,720.6박 ÷ 3,000실 = 68.9%

정답 외래관광객 가동률 11.5% + 국내관광객 가동률 57.4% = 68.9%
☞ 현재 호텔 수는 적정한 수준이나 더 많은 관광객 유치를 위한다면 추가 설치도 고려할만 함

문제 3

부산에 지금까지 없었던 공연장을 설립하여 공연관광을 적극적으로 유치하려고 합니다. 연간 관람할 외래관광객 인원은 대략 몇 명이 될 지 예측해 보세요. (2019년 외래관광객 통계 활용)

- 2019년 외래관광객 수: 17,502,756명
- 부산 방문 비율: 14.1%
- 부산방문 외래관광객: 17,502,756명 × 14.1% = 2,467,889명
- K-POP, 한류스타 관련 활동(공연 포함) 비율: 15.5%
- 연간 공연 관람 인원: 2,467,889명 × 15.5% = 382,523명

정답 382,523명

대전에 초대형 아쿠아리움을 건설하고자 기획하고 있습니다. 과연 외래관광객은 몇 명 정도 오게 되는지 예측해 보세요

- 2019년 외래관광객 수: 17,502,756명
- 대전 방문 비율: 1.5%
- 부산방문 외래관광객: 17,502,756명 × 1.5% = 262,541명
- 테마파크 활동 비율: 22.6%
- 연간 공연 관람 인원: 262,541명 × 22.6% = 59,334명

정답 59,334명

CHAPTER

04

국민 해외여행

관광 분야에 관심 있는 입문자용

관광데이터 활용 실전전략

관광객 통계, 실태조사,
빅데이터 실무에 활용하기

01

국민 해외여행 통계

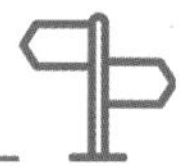

국민 해외여행 통계는 아웃바운드(outbound), 즉 우리나라 국민들이 해외 국가를 방문하는 것과 관련된 통계다. 국민 해외여행 통계는 외래관광객 통계와 마찬가지로 전수조사에 해당되기 때문에, 매우 귀한 통계라고 할 수 있으나, 의외로 그렇게 많이 활용되지는 않고 있다. 그 이유는 2006년 8월부터 내국인 출입국 신고 간소화 조치로 인해 출국 행선지 파악이 불가능해졌기 때문이다. 이전에는 내국인이 출국하는 경우 반드시 출국카드를 작성해야 했고, 카드작성란에 행선지를 적도록 되어 있었지만, 그러한 절차가 없어진 것이다.

하지만 비슷하게 이를 유추해 볼 수 있는 방법도 있다. 출국카드는 없어졌지만, 해외로 나갔던 국민들이 우리나라로 돌아올 때 작성하는 입국카드 제도는 남

	남성			여성			승무원	
	인원	전년동기	증감률	인원	전년동기	증감률	인원	전년동기
202103	25,603	58,609	-56.3	14,051	42,460	-66.9	34,345	42,297
202104	23,796	4,455	434.1	13,108	1,383	847.8	34,398	25,587
202105	24,361	8,833	175.8	15,772	2,585	510.1	35,283	26,384
202106	27,263	14,443	88.8	17,978	6,228	188.7	34,205	27,682
202107	36,661	22,560	62.5	29,479	12,820	129.9	35,823	30,556
202108	52,224	32,444	61.0	49,451	26,033	90.0	36,037	30,411
202109	45,178	26,734	69.0	36,583	19,221	90.3	34,854	30,843
202110	53,125	25,618	107.4	34,924	13,480	159.1	36,350	32,872
202111	67,256	25,282	166.0	44,598	12,317	262.1	36,053	33,087

아 있기 때문이다. 따라서 약간의 시차는 있지만, 행선지별 통계는 입국자 수를 통해 확인하고 있다.

관광지식정보시스템의 경우, 일반적인 출국 데이터는 통계/관광객 통계/출국 관광통계에서 성별, 연령, 교통수단별 출국 데이터를 확인할 수 있으며, 행선지 관련 데이터는 통계/통계게시판에서 확인 가능하다. 여기에는 입국 방한외래객 데이터와 함께 국민 해외관광객 주요 행선지 통계자료가 간간히 보인다. 아쉬운 점은 입국관광통계처럼 시스템 상에서 각종 조건을 걸어가면서 원하는 데이터만 확인하는 것이 아니라는 점이다. 게시판 형태이기 때문에 엑셀 파일을 다운로드하는 것만 가능하다.

한국관광 데이터랩에서는 관광통계/관광통계/국민 해외관광객 카테고리에서 관련 내용을 확인할 수 있다. 좌측 국민 해외관광객 탭에서는 마찬가지로 성별, 연령, 교통수단별 출국 데이터를 확인할 수 있지만, 행선지를 알 수 없는 상태에서 국가별, 성별, 연령별, 교통수단별 교차분석이 지원되지 않기 때문에, 대략적인 흐름만 이해하는 목적으로 활용하면 될 것이다.

우측의 국민 해외관광객(목적지별) 탭에서는 국민 해외관광객 주요 행선지 통계자료를 월별, 연도별로 다운로드 받을 수 있다. 이 역시 시각적인 그래프 효과는 없고, 시기별(대부분이 월별)로 정리된 엑셀 데이터를 다운로드 받는 방식이다.

입국자 통계로부터 유추하는 출국자 통계

국민 해외여행 통계는 국민여행조사 보고서 안에서도 확인이 가능하기 때문에, 보고서상에서 제시된 통계들을 간략히 소개하기로 한다.

2019년 기준으로 국민 출국자 수는 28,714,247명으로 집계되었는데, 우리나라 인구가 약 5천만 명인 점과 1억 2천만 명 인구인 일본의 해외여행자 수도 18,954,000명(2018년 기준)에 불과한 점, 게다가 같은 해 입국한 외래관광객이 17,502,756명임을 감안하면 상당한 규모라는 것을 알 수 있다. 그만큼 우리나라 국민들은 해외여행에 대한 의지가 매우 강한 편이다. 그 이유는 크게 두 가지로 해석할 수 있는데, 첫째는 국민들의 스트레스와 피로도가 높아 일탈에 대한 열망이 강하다는 것이다. 잠시 현실에서 벗어나 쉬고 싶은데, 국내는 어디에 가든 주변 사람들의 시선이 부담된다. 자신이 살고 있는 지역이 아니더라도 아는 사람의 아는 사람과 만날 수도 있다. 자신을 아무도 알아보지 못하는 곳에서 자유와 해방감을 만끽하고 싶을 것이다. 그러기 위해서는, 언어와 문화, 물리적인 건축물과 자연 경관이 다른 환경이어야 한다. 이런 조건을 바로 해외 여행지가 제공하기 때문이다.

두 번째로는 새롭고 앞서가는 유행을 빨리 보고 습득하여 자신의 경쟁력으로 만들고 싶기 때문이다. 어린 시절부터 경쟁사회에서 자라나기 때문에, 남들보다 뒤지고 싶지 않은 경쟁의식이 만연하다. 남들의 대화 주제로 회자되는 것은 자신도 알아야 하고, 직접 경험해 봐야 뒤처진다는 생각이 들지 않는다. 애초에 대중관광의 출발점으로 일컬어지는 영국 귀족 자제들의 그랜드 투어도 사실 이런 욕망으로 인해 확산되었는데, 유독 우리나라는 이런 성향이 강하다.

표 4-1 월별 연령별 출국자수

(단위: 명, %)

구분		계	20세이하	21~30세	31~40세	41~50세	51~60세	61세이상
출국자수	전체	28,714,247	3,544,684	4,841,583	5,415,061	5,214,076	4,734,046	3,170,965
	1월	2,912,331	524,920	500,398	437,866	552,770	474,979	262,816
	2월	2,617,946	422,789	456,804	407,862	489,328	435,113	262,511
	3월	2,334,153	155,306	360,527	448,214	406,905	459,001	350,694
	4월	2,246,417	190,222	328,885	455,133	403,816	405,070	313,687
	5월	2,401,204	251,597	364,551	482,679	436,358	404,105	305,987
	6월	2,495,798	282,244	441,985	502,797	444,954	401,323	271,590
	7월	2,642,585	445,047	507,597	475,553	477,147	366,703	214,692
	8월	2,427,634	353,466	504,018	467,219	416,469	344,087	185,300
	9월	2,049,830	204,392	355,527	440,225	346,968	325,559	235,991
	10월	2,153,847	218,562	323,689	447,065	397,877	369,347	253,277
	11월	2,090,192	191,921	316,204	417,091	399,368	373,363	254,273
	12월	2,342,310	304,218	381,398	433,357	442,116	375,396	260,147

연령별로는 가장 경제적으로 여유가 있는 30~40대가 가장 많았고, 그 다음으로는 50대, 20대, 60대 이상의 순이었다. 시기별로는 방학 시즌인 관계로 1월과 2월, 7월과 8월이 순서대로 높게 나타났다. 특히 이 시기는 20세 이하와 20대의 비중이 많아지는 특징이 있었다. 또 하나의 특이한 점은 출국자 수가 가장 적은 11월에도 2백만 명이 넘는다는 것인데, 전체적으로 1년 내내 안정적인 수요를 보이고 있다.

표 4-2 연도별 교통수단별 출국자수

(단위: 명, %)

구분		2019년	2018년	2017년	61세이상
출국자수	전체	28,714,247	28,695,983	26,496,447	3,170,965
	인천공항	21,307,108	21,132,076	19,724,432	262,816
	김해공항	3,853,804	4,056,259	3,714,190	262,511
	김포공항	1,011,750	1,106,849	1,130,538	350,694
	제주공항	143,890	137,679	93,649	313,687
	부산항	458,732	712,585	708,523	305,987
	인천항	73,312	81,186	76,225	271,590
	기타	1,865,651	1,469,349	1,048,890	214,692
증감률	전체	0.1	8.3	18.4	185,300
	인천공항	0.8	7.1	18.1	235,991
	김해공항	-5.0	9.2	17.5	
	김포공항	-8.6	-2.1	1.2	
	제주공항	4.5	47.0	33.2	
	부산항	-35.6	0.6	18.3	253,277
	인천항	-9.7	6.5	-13.1	254,273
	기타	27.0	40.1	63.6	260,147

교통수단별 출국자 수를 보면, 항공편이 거의 대부분을 차지하는데, 특히 인천공항으로 출국하는 사람들은 2019년 기준 74.2%에 달하고 있다. 방한 외래관광객의 입국에서는 김해공항(1,380,263명)과 김포공항(1,173,054명)이 거의 비슷한 수준이었으나, 출국자 수에 있어서는 김해공항(3,853,804명)이 김포공항(1,011,750명)보다 3배 이상 많은 수치를 나타냈다. 따라서 부산은 인바운드와 아웃바운드의 균형이 잘 맞지 않고 있으며, 여행사를 비롯한 관광 유통망의 경우 아웃바운드에 상당히 의존하고 있음을 알 수 있다. 반면, 제주공항은 출국자 수가 15만 명에도 이르지 못하는데, 이 경우는 국제항공 노선의 부족으로 인천이나 부산을 통해 출국하는 항공 노선의 문제도 관여하고 있을 것이다. 그러나 방한 외래관광객의 제주공항 입국이 2019년 기준으로 1,218,438명인데 비해, 상대적으로 너무 적은 숫자인 것만은 분명하다.

2019년 기준으로 우리나라 사람들이 가장 많이 간 국가는 일본으로 558만 명이었다. No Japan 운동 등 한일 간에 정치적 갈등으로 인해 영향을 받아 상당히 감소했음에도 아웃바운드 목적지로서 1위를 굳건히 지키고 있다. 2017년과 2018년에 이미 7백만 명을 넘어선 바 있으며, 정치적인 문제가 없었다면 8백만 명을 넘어설 기세에 있었는데, 우리나라를 방문한 일본인 관광객이 약 3백만 명이니 2배 이상의 차이가 나고 있어, 역시 균형 있는 교류라는 측면에서는 개선이 필요하다고 할 수 있다.

2위는 베트남인데, 2017년도에 약 242만 명에서 2019년에 429만 명으로 2년만에 77.3% 증가세를 보이는 등 엄청난 인기를 잘 말해주고 있다.

반면 홍콩, 미국, 캐나다, 그리고 유럽, 대양주는 2년 연속으로 감소하였다. 전반적으로 원거리 국가 방문이 감소하고 근거리 국가의 수요가 늘었는데, 많은 아웃바운드 여행사는 아마도 일본과 베트남 상품을 기획하고 판매하면서 상당한 수익을 얻었으며, 항공 노선 역시 이 두 국가를 중심으로 증편되었을 것이라는 것을 유추해 볼 수 있다.

표 4-3 연도별 주요 목적지별 출국자수

(단위: 명, %)

구분		2019년		2018년		2017년	
		출국자수	증감률	출국자수	증감률	출국자수	증감률
아시아	일본	5,584,638	-25.9	7,538,952	5.6	7,140,438	40.3
	중국	-	-	4,193,500	8.5	3,863,800	-19.1
	대만	1,081,931	6.2	1,019,122	-3.3	1,054,380	19.2
	홍콩	1,009,153	-29.0	1,421,411	-4.5	1,487,670	6.8
	태국	1,887,853	5.1	1,796,615	4.6	1,717,867	17.3
	말레이시아	508,080	-17.6	616,783	27.3	484,528	9.0
	싱가포르	645,728	2.6	629,454	-0.3	631,363	11.4
	마카오	743,026	-8.6	812,842	-7.0	874,253	32.0
	필리핀	1,783,357	10.9	1,608,529	0.0	1,607,821	9.0
	인도네시아	322,486	-10.1	358,885	-15.2	423,191	23.1
	베트남	4,290,802	24.9	3,435,406	42.2	2,415,245	56.4
	터키	197,937	24.2	159,354	32.1	120,622	12.8
미주	미국	1,898,158	-14.1	2,210,597	-5.3	2,334,839	17.8
	캐나다	209,365	-17.3	253,236	-16.0	301,476	18.3
유럽	오스트리아	306,738	-4.1	319,932	3.5	309,211	13.1
	영국	147,756	-21.2	187,466	-9.7	207,550	-0.4
대양주	호주	249,200	-13.5	288,000	-4.6	301,800	7.7
	뉴질랜드	76,499	-12.9	87,853	-3.6	91,168	10.7

02

국민 해외여행 조사

국민 해외여행 조사의 조사 시기나 방법 등은 앞선 국민 국내여행에서 설명한 바 있다. 48,000명을 대상으로 하고 있기 때문에, 우리나라 국민의 대표성에서는 상당히 우월한 조사다. 국민 해외여행 조사에 대해서도 조사결과를 인포그래픽으로 정리한 자료를 바탕으로 설명하고자 한다.

그림 4-1 2019 국민 해외여행

역시 2019년 조사결과를 기준으로 보면, 먼저 여행 경험률은 23.2%다. 우리나라 국민들의 해외 출국자 수가 28,714,247명으로 표기되지만, 사실 정확히 표현하자면 28,714,247회가 맞을 것이다. 한 사람이 여러 번 해외여행을 가기 때문인데, 아니나 다를까 실제로 해외여행을 간 사람들은 전체 15세 이상 인구의 23.2%에 불과했다. 우리나라 국민들이 해외여행을 너무 흥청망청 간다고 언론에서 비판적으로 기사를 내지만, 사실은 15세 이상 인구 45,274,471명의 23.2%인 10,503,677명만 이 해외여행을 했던 것이다. 그래도 4명 중에 1명은 일년에 1회 이상 해외여행을 갔다고 보면 이해가 쉬울 것이다. 그런데 10,503,677명이 28,714,247회의 여행을 한 것이니, 한 사람이 1년에 2.7회의 해외여행을 한 셈이다. 해외출장이나 연수와 같이 업무적으로 가는 경우도 있겠지만, 그렇다고 해도 굉장한 숫자다.

그림 4-2 **국민 해외여행 특성**

다음으로 해외여행을 간 사람들은 평균 4.8일간 머물다가 귀국하는 것으로 나타났다. 거의 4박 5일에 해당하는 긴 기간이다. 여행에서 지출하는 비용은 117만 원에 해당하며, 방한 외래관광객이 우리나라에서 지출하는 비용이 1,239$이니 환율 1,200원을 적용하면 148만 원이 되는데, 이 비용과 비교하면 해외여행에서 지출하는 비용은 저렴한 편이다. 아무래도 국민 해외여행의 여행 기간이 외래관광객의 국내여행보다 기간이 짧다는 점과, 물가가 저렴한 동남아시아 국가를 주로 방문하는 특성이 반영되어 있을 것이다.

다음으로 우리나라 국민들이 방문지를 고르는 이유에 대한 응답은 국민 국내여행 조사와 비교하여, 순위나 응답 비율 모두 크게 다르지 않은 것으로 나타났다. 일본이나 베트남이 최근에 급증했던 배경에는 이 곳에 볼거리인 관광 콘텐츠가 풍부하고, 여행지로서의 지명도가 높고, 이동에 많은 시간이 걸리지 않으며, 경비 면에서도 부담이 되지 않는 측면이 있다. 특히 아이들을 동반한 가족과 함께 여행을 하더라도 크게 무리가 없는 수용태세를 갖추거나 가족을 케어할 수 있는 여행 안내 시스템을 갖추고 있기 때문이라고 해석할 수 있다.

그림 4-3 국민 해외여행의 방문지 선택 이유 및 여행정보 획득 경로

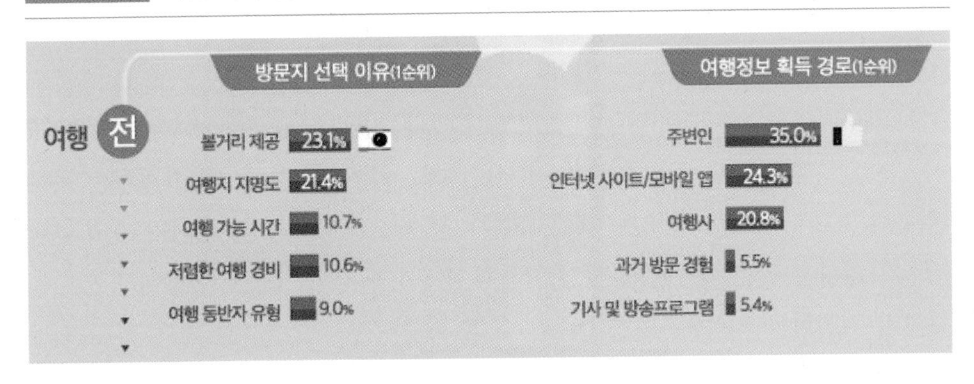

여행정보 획득 경로에 대해서도 국민 국내여행과 크게 다르지 않다. 단지, 국민 국내여행에서는 과거 방문 경험이 2위였으나, 국민 해외여행에서는 4위로 낮아졌고, 여행사가 새롭게 3위에 랭크되어 있다. 대부분의 사람들이 자유여행(FIT)으로 여행을 간다고는 하지만, 아직도 여행사에서 출시하는 패키지 상품 포스터를 오며 가며 많이 참고한다는 얘기다.

한편, 동반자 수 유형의 경우, 국민 국내여행에서는 가족이 55.1%였고, 친구/연인이 38.1%였으나, 국민 해외여행에서는 친구/연인이 전체의 45.3%로 1위로 올라선 것이 주목할만한 점이다. 가족 역시 국민 국내여행의 55.1%에는 미치지 못하나 44.8%로 2위를 차지하고 있는데, 해외여행이 비행기를 타고 가며, 공항에서 호텔로 이동하는 등의 번거로움에 비해서는 생각보다 높은 수치다. 따라서 국민

해외여행 상품은 크게 친구/연인끼리 가는 컨셉과 가족과 가는 컨셉으로 분류하여 이들의 니즈에 부합하는 맞춤형 상품을 기획하는 것에서부터 시작해야 한다는 것을 알 수 있다.

그림 4-4 국민해외여행의 동반자 수 및 유형, 주요 이동수단

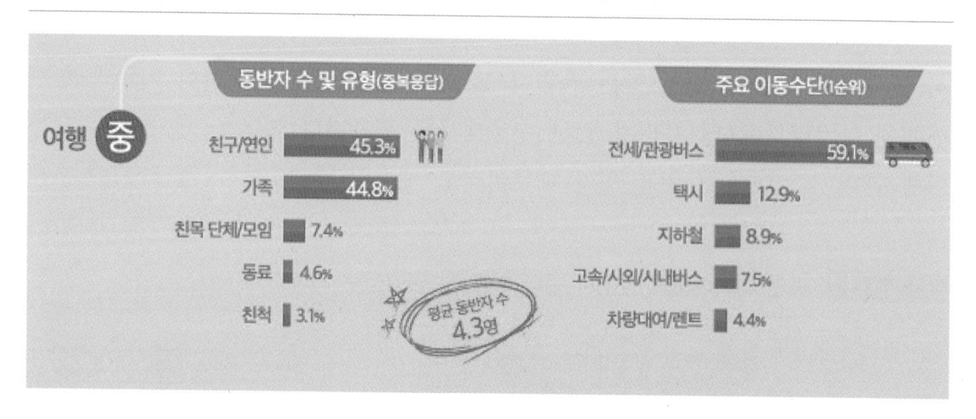

주요 이동수단은 전세/관광버스가 59.1%가 가장 많았으며, 택시(12.9%), 지하철(8.9%), 고속/시외/시내버스(7.5%), 차량대여/렌트(4.4%)의 순이었다. 전세/관광버스가 많다는 것은 대부분의 사람들이 현지에서 패키지 상품을 이용하고 있다는 결과와 일치하고 있다.

이와 관련한 관광통계가 [그림 4-5]에서 보여지는데, 구매 여행 상품에 있어 전체의 83%가 풀 패키지 상품을 구매하고 있었다. 이러한 성향은 연령대가 위로 갈수록 높아지며, 60대 이상에서는 95.5%가 풀 패키지에 의존하고 있었다. 방한외래관광객의 경우 자유여행(FIT)의 비율이 77.1%이고, 패키지 여행이 15.1%인 것에 비하면 우리나라의 해외여행객의 상당수가 패키지 여행을 구매하고 있다는 것은 매우 특이한 현상이다.

최근 들어, KLOOK이나 KKDAY, Viator, GetYourGuide 등 글로벌 여행 플랫폼에 의해 다양한 착지형 관광상품이 제공되고 있으나, 적어도 2019년까지는 20대를 제외하고는 이용율이 높지 않은 것으로 나타났다. 향후에도 전체 패키지 상품의 비중이 유지될 것인지 지켜볼 필요가 있다. 2020년 하나투어에서 제안한 여행 트렌드인 WHITE MOUSE에서는 전체 여행 일정 중 가이드 안내가 굳이 필

그림 4-5 국민 해외여행의 구매 여행 상품 종류

전체

구분		전체 패키지 상품	부분 패키지 상품	숙박시설	교통	차량임대	레저시설	기타
전체		83.0	17.0	83.6	83.3	18.7	12.7	0.7
성별	남자	81.4	18.6	83.3	78.1	18.9	14.7	0.9
	여자	84.6	15.4	84.1	89.6	18.6	10.1	0.4
연령	15~19세	70.3	29.7	100.0	100.0	11.1	-	8.5
	20대	57.8	42.2	87.5	91.9	22.6	8.0	-
	30대	77.1	22.9	71.4	76.0	5.7	20.8	-
	40대	89.8	10.2	90.4	89.8	14.1	22.2	1.2
	50대	93.6	6.4	82.7	56.2	51.7	4.6	-
	60대	95.9	4.1	92.1	52.3	42.1	-	-
	70세 이상	97.8	2.2	100.0	58.1	41.9	-	-

요 없는 곳은 생략하여 고객 스스로 해낼 수 있도록 상품을 설계한다는 내용이 나와 있어, 조금씩 부분 패키지 상품으로 전환하는 트렌드에 있다는 것은 염두해 두어야 한다.

전체 패키지 상품과 관련하여, 실제 여행사의 패키지 상품을 구매한 비율은 76.4%였으며, 20대에서도 63.3%나 되었고 연령대가 높아질수록 오르다가 70세 이상에서는 88.3%의 구매율을 보였다.

참고로 여행상품을 구매하는 시기는 56.3%가 2~3개월 전에 이루어지고 있었기 때문에, 상품 출시 시기는 적어도 목표로 한 시점으로부터 3개월 전에 되어야 한다. 1개월 전에 구매하는 경우도 19.9%였지만, 4~6개월 전에 구매하는 사람들이 15.8%나 되었기 때문에 매우 사전에 상품이 출시되고 있음을 유추해 볼 수 있겠다.

그림 4-6 국민 해외여행의 상품 구매 시기

전체

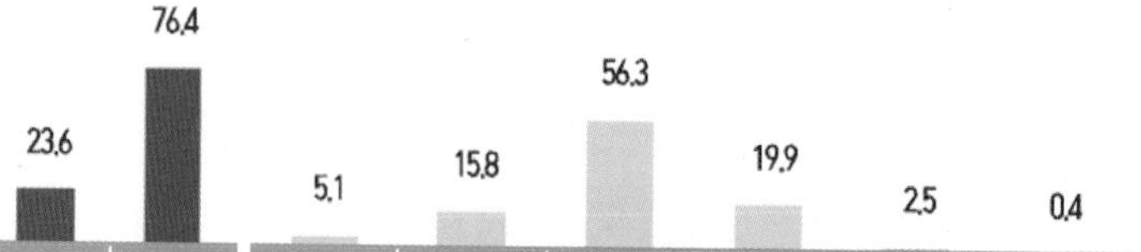

구분		비구매	구매	6개월 이상 전에	4~6개월 전에	2~3개월 전에	1개월 전에	2~3주 전에	4~7일 전에
전체		23.6	76.4	5.1	15.8	56.3	19.9	2.5	0.4
성별	남자	24.3	75.7	4.1	15.6	57.7	19.0	3.1	0.6
	여자	22.9	77.1	6.2	16.1	54.9	20.8	1.8	0.2
연령	15~19세	23.3	76.7	2.2	21.9	43.8	31.3	0.8	-
	20대	36.7	63.3	6.7	12.9	55.1	21.7	3.7	-
	30대	28.0	72.0	5.7	12.4	58.2	19.8	3.6	0.5
	40대	19.1	80.9	5.1	11.4	65.1	16.1	2.3	0.1
	50대	15.4	84.6	4.3	21.1	49.4	22.7	1.3	1.2
	60대	17.2	82.8	5.0	19.3	55.2	18.7	1.7	-
	70세 이상	11.7	88.3	3.7	27.3	53.6	13.2	2.2	-

한편, 해외여행지에서의 활동은 자연 및 풍경감상(81.2%), 휴식/휴양(70.6%), 음식관광(56.5%), 쇼핑(33.6%)의 순서인데, 국민 국내여행과 순위가 거의 비슷하다. 해외여행인 만큼 쇼핑이 4위인 것이 다른데 이것 역시 방한 외래관광객의 활동에서 쇼핑이 1위인 것과 비교하면 적은 비율이라는 차이가 있다. 우리나라 사람들은 여행지에서 자연 및 풍경 감상과 휴식/휴양을 가장 많이 선호하고 있음을 알 수 있다. 앞에서도 언급했듯이 모두 피로하고 상처받아, 푹 쉬면서 힐링하고 싶은 특징이 잘 드러나고 있다.

그림 4-7 국민 해외여행의 주요 활동

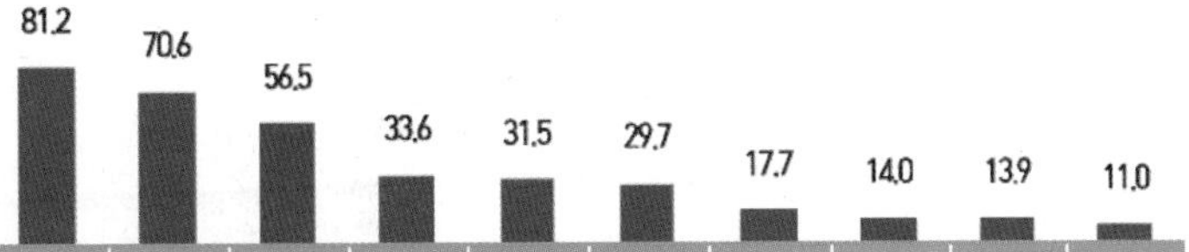

구분		자연 및 풍경 감상	휴식/휴양	음식관광	쇼핑	역사 유적지 방문	시티투어	온천/스파	지역 문화 예술/공연/전시시설 관람	테마파크, 놀이시설, 동/식물원 방문	야외 위락 및 스포츠, 레포츠 활동
전체		81.2	70.6	56.5	33.6	31.5	29.7	17.7	14.0	13.9	11.0
성별	남자	80.1	70.3	57.8	33.1	31.2	28.8	16.3	11.2	12.9	11.3
	여자	82.2	70.9	55.1	34.2	31.8	30.7	19.1	16.9	14.9	10.6
연령	15~19세	82.5	78.9	63.9	40.2	27.8	30.5	12.2	17.0	22.7	5.9
	20대	79.4	62.0	64.0	38.0	32.5	35.7	19.9	14.6	16.8	10.0
	30대	80.3	75.4	59.6	37.8	27.0	31.2	17.4	12.0	14.2	16.8
	40대	79.5	71.7	51.9	29.1	27.8	25.7	17.0	16.1	14.6	12.6
	50대	82.6	71.7	53.2	34.1	35.1	31.1	16.6	13.2	14.2	9.6
	60대	85.3	71.6	49.2	25.0	35.7	23.7	14.1	15.8	5.6	3.1
	70세 이상	85.0	63.9	53.8	25.2	47.8	19.9	31.2	8.2	6.7	4.1

CHAPTER

05

빅데이터 분석 사이트

1. 컨슈머 인사이트
2. 썸트랜드
3. 네이버 데이터랩
4. 빅똑컨: 지역 관광목적지 대상 빅데이터 컨설팅
5. 2022 관광트렌드 분석

01

컨슈머 인사이트

일반적으로 빅데이터라고 하면, 웹상에서 자동적으로 축적되는 셀 수 없이 많은 정보를 말한다. 빅데이터는 양은 방대하지만 약점이 있다면 특정한 의도를 갖고 정교한 설계를 통해 모아진 데이터는 아니라는 점이다. 때로는 양적으로는 적을지 모르지만, 꾸준하게 장기간 같은 항목으로 쌓이는 스몰 데이터가 더 요긴하게 사용되는 경우도 있다.

리서치 전문기관인 컨슈머인사이트에서 제공하는 데이터의 특징은 정기적으로 같은 질문을 장기간에 걸쳐 계속 던지면서 그 결과를 추적하는 데에 있다. 우

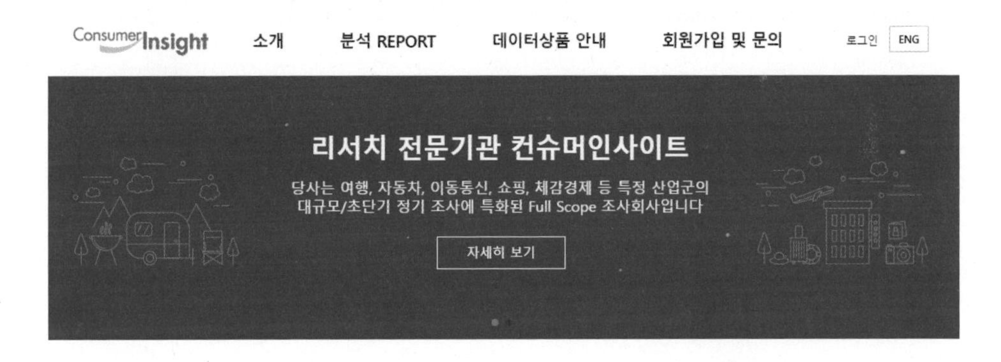

리나라에는 이러한 종단적 데이터가 그리 많지 않다. 대부분이 필요할 때 예산을 받아 1회성으로 조사하고 분석하고 끝나는 경우가 많기 때문이다. 독일이나 미국과 같은 선진국일수록 종단 데이터를 많이 확보하기 때문에 커다란 사건이 발생하거나 환경의 변화가 있을 때, 이에 대한 대응을 모색하는 데 있어 합리적으로 준비될 수 있게 된다.

이번 COVID-19로 인해 컨슈머인사이트의 데이터는 더욱 빛을 발했다. 당장 3개월 후, 6개월 후에 사람들은 해외여행이나 국내여행을 가려고 하는지 궁금한데 정기적으로 조사를 했기 때문에, 수요변화의 파악이 가능한 것이다.

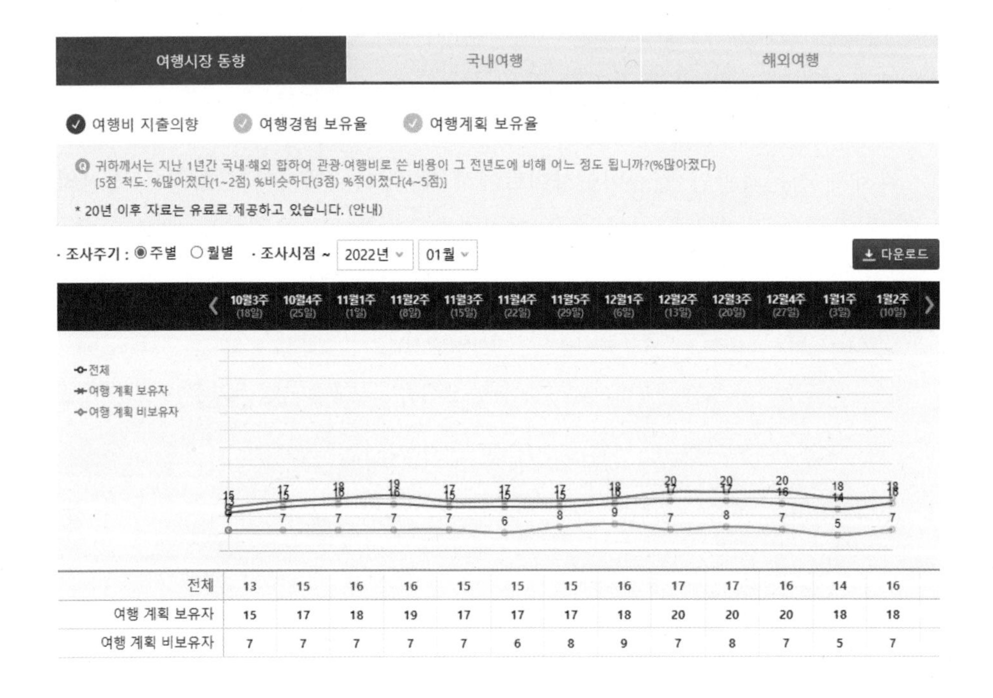

	10월3주 (18일)	10월4주 (25일)	11월1주 (1일)	11월2주 (8일)	11월3주 (15일)	11월4주 (22일)	11월5주 (29일)	12월1주 (6일)	12월2주 (13일)	12월3주 (20일)	12월4주 (27일)	1월1주 (3일)	1월2주 (10일)
전체	13	15	16	16	15	15	15	16	17	17	16	14	16
여행 계획 보유자	15	17	18	19	17	17	17	18	20	20	20	18	18
여행 계획 비보유자	7	7	7	7	7	6	8	9	7	8	7	5	7

유료로 제공되는 데이터도 있지만, 무료로 공개하는 데이터도 있어 요긴하게 활용이 가능하다. 제일 먼저 여행시장 동향의 여행비 지출의향에서는 최근 1년간 사용한 여행 관련 비용이 그 전년도에 비해서 증가했는지를 묻고 있는데, 2020년보다는 증가했음을 알 수 있다. 적어도 국내여행에 있어서는 여행횟수는 별도로 치더라도 지출금액이 더 증가할 것으로 예측할 수 있다.

다음은 여행시장 동향의 여행경험 보유율이다. 최근 3개월 간 1박 이상의 여행을 한 적이 있는지에 관한 질문과 지난 6개월 간 해외여행을 한 경험이 있는지 묻고 있다. 64%가 넘는 사람들이 지난 3개월간 국내여행을 했는데, 최근 3개월 간 국내여행 수요는 큰 변화 없이 비슷한 수준을 유지하고 있다. 해외여행에 대해서는 COVID-19로 인해 큰 의미는 없을 것 같다.

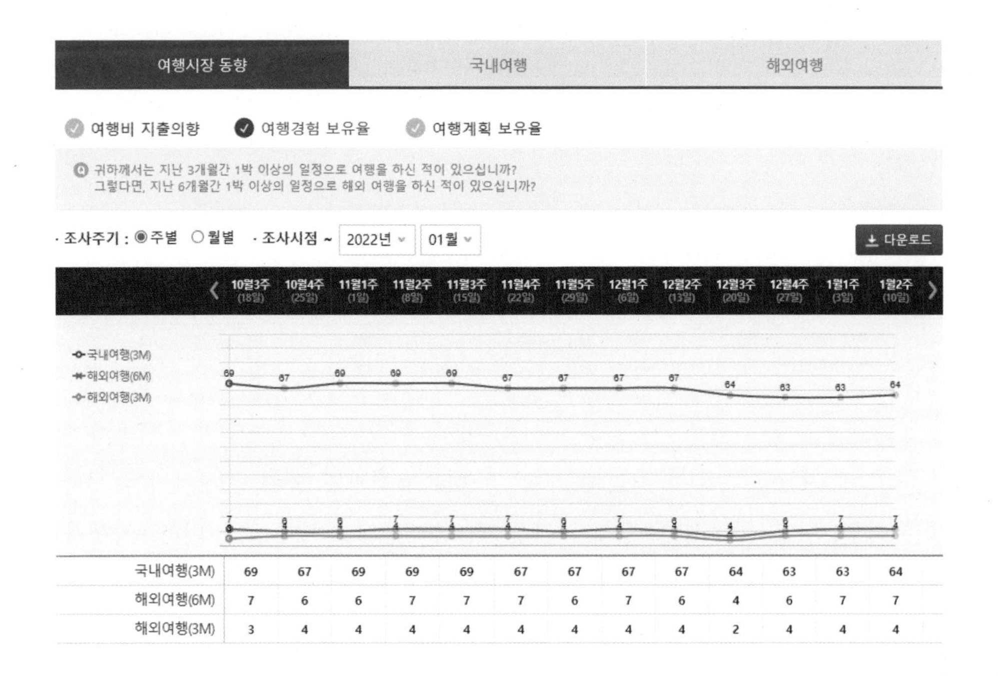

	10월3주 (18일)	10월4주 (25일)	11월1주 (1일)	11월2주 (8일)	11월3주 (15일)	11월4주 (22일)	11월5주 (29일)	12월1주 (6일)	12월2주 (13일)	12월3주 (20일)	12월4주 (27일)	1월1주 (3일)	1월2주 (10일)
국내여행(3M)	69	67	69	69	69	67	67	67	67	64	63	63	64
해외여행(6M)	7	6	6	7	7	7	6	7	6	4	6	7	7
해외여행(3M)	3	4	4	4	4	4	4	4	4	2	4	4	4

다음은 향후의 여행수요와 가장 직결되는 여행계획 보유율이다. 향후 3개월 내에 1박 이상의 일정으로 여행할 계획이 있는지를 묻고 있는데, 12월 3주차부터 소폭 하락하고는 있으나 1월 들어 다시 회복하는 추세에 있음을 알 수 있다. 전체적으로 작년 10월부터 비슷한 여행의향을 보이고 있다.

이에 비해 6개월 이내 1박 이상의 해외여행 의향을 묻고 있는 질문에 대해서는, 유의미한 변동이 보이고 있다. 백신 접종률 80%를 넘어서며 집단면역에 대한 기대로 방역규제가 풀렸던 2021년 11월에는 해외여행 의향이 27%까지 상승하였으나, 2022년 1월에는 피크 시기에 비해 절반 가까이 하락했다.

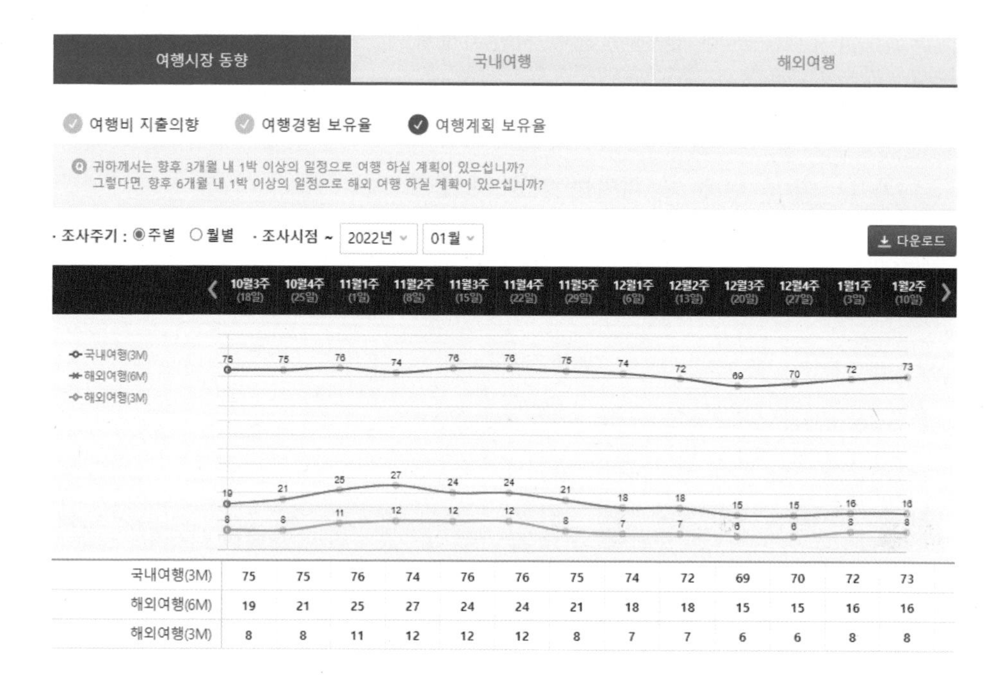

	10월3주 (18일)	10월4주 (25일)	11월1주 (1일)	11월2주 (8일)	11월3주 (15일)	11월4주 (22일)	11월5주 (29일)	12월1주 (6일)	12월2주 (13일)	12월3주 (20일)	12월4주 (27일)	1월1주 (3일)	1월2주 (10일)
국내여행(3M)	75	75	76	74	76	76	75	74	72	69	70	72	73
해외여행(6M)	19	21	25	27	24	24	21	18	18	15	15	16	16
해외여행(3M)	8	8	11	12	12	12	8	7	7	6	6	8	8

추후에 COVID-19의 치료제 개발 등으로 국제관광 환경이 개선되는 시기에 접어든다면, 당장 회복시기 예측이 매우 중요한 문제로 대두될 것이다. 여행사나 항공사가 어느 시점에 어느 정도의 공급 물량을 준비해야 하는지를 파악해야 하는데 그럴 때 이러한 종단적 데이터는 매우 요긴하게 활용될 수 있다.

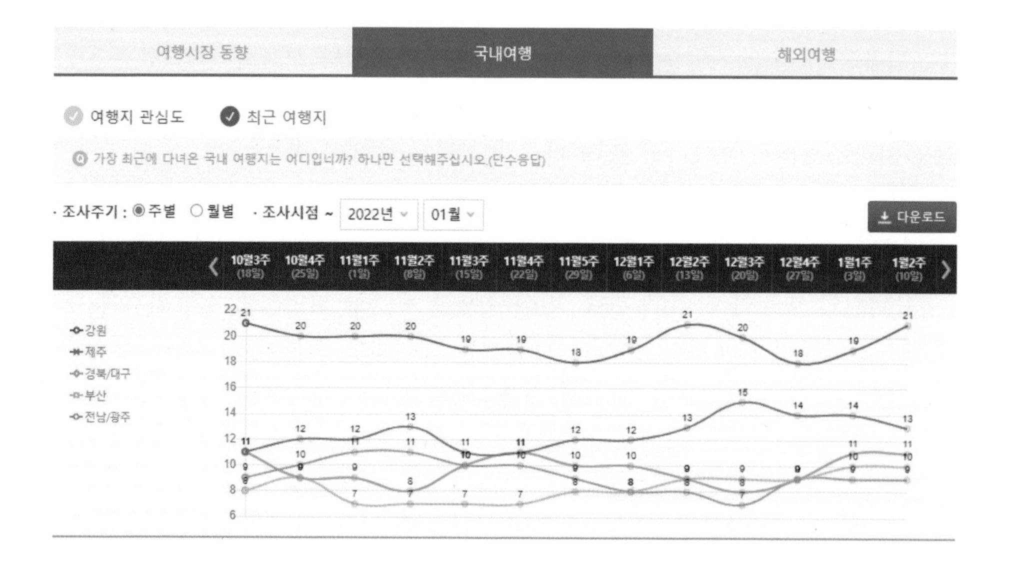

표 5-1 **국내여행 목적지 최근 방문 경험**

강원	21	20	20	20	19	19	18	19	21	20	18	19	21
제주	11	12	12	13	11	11	12	12	13	15	14	14	13
경북/대구	11	9	9	8	10	11	10	10	9	8	9	11	11
부산	8	9	7	7	7	7	8	8	9	9	9	10	10
전남/광주	9	10	11	11	10	10	9	8	8	7	9	9	9
경기/인천	10	8	9	11	11	10	12	13	10	10	10	9	9
경남/울산	11	9	8	10	10	10	10	9	9	10	10	9	8
서울	5	6	6	5	5	6	5	7	7	6	7	6	6
충남/대전	8	7	7	7	7	8	7	6	7	8	7	5	5
전북	3	5	5	4	3	4	4	5	5	5	5	5	5
충북	4	6	6	5	5	5	4	4	3	2	3	3	3

다음은 국내여행에서 구체적인 목적지를 언급하는 카테고리다. 가장 최근에 다녀온 국내 여행지를 단수로 묻고 있는데, 가장 많이 방문한 곳은 강원으로 21%에 달하고 있다. 원래 강원은 국내여행을 가장 많이 가는 곳인데, 이러한 특성이 그래프에 잘 드러나 있다. 그 다음으로 제주는 12월 3주차까지 무려 15%까지 이르고 있다. 겨울철에 들어오면서 경북/대구의 약진이 눈에 띈다. 물론 여기에는 경주, 안동, 영주, 포항 등의 도시가 한꺼번에 포함된 것도 있겠으나 전반적으로 나쁘지 않은 실적이다. 부산은 11월에 가장 낮은 7%를 유지하다가 1월이 되어서야 겨우 10%로 올라서고 있다.

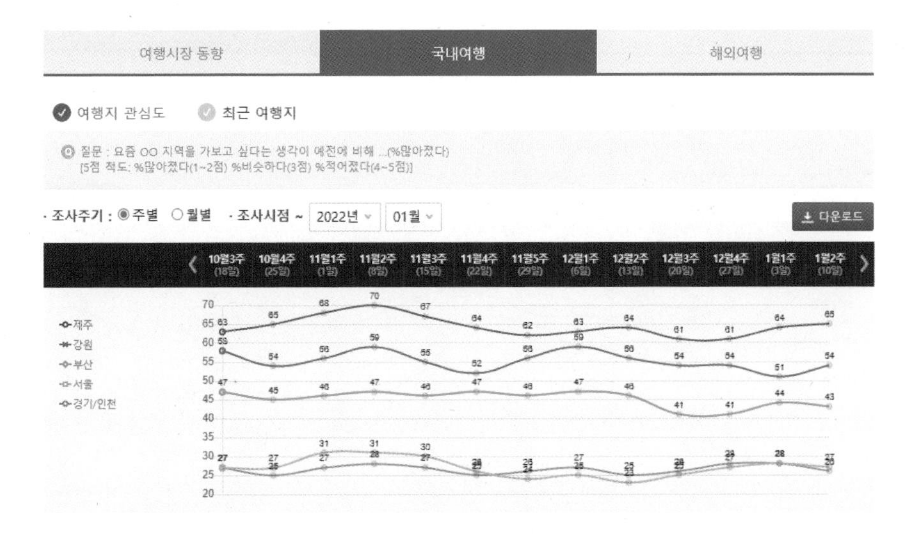

표 5-2 국내여행 목적지 최근 방문 수요

제주	63	65	68	70	67	64	62	63	64	61	61	64	65
강원	58	54	56	59	55	52	56	59	56	54	54	51	54
부산	47	45	46	47	46	47	46	47	46	41	41	44	43
서울	27	27	31	31	30	26	24	25	23	25	27	28	27
경기/인천	27	25	27	28	27	25	26	27	25	26	28	28	26
전남/광주	29	29	33	30	29	30	29	29	29	29	29	27	26
전북	26	25	26	26	26	28	27	25	27	27	24	25	26
경남/울산	27	24	25	27	28	28	27	27	27	25	26	25	25
경북/대구	22	23	24	25	24	23	23	26	24	23	22	21	22
충남/대전	21	21	21	22	21	23	23	24	24	24	23	19	19
충북	20	20	21	21	21	24	23	22	22	20	21	19	18

다음은 여행지에 대한 관심도인데, 이 통계는 향후 3~6개월 후를 전망하는데 요긴하게 활용될 수 있다. 요즘 가보고 싶은 생각이 예전에 비해 많아진 목적지를 묻고 있는데 제주가 1위를 차지하고 있다. 즉, 거리나 비용의 제약이 있어서 실제 방문지로는 2위에 머무르고 있지만 가장 가고 싶은 국내여행지로는 단연 1위에 있다. 2위는 강원이고, 3위는 부산이다.

과거로부터 상승 또는 하락 국면에 있는지를 파악하고, 타 지자체의 움직임과 절대치와 비교를 하는 작업을 통해 해당 지역에 대한 잠재관광객의 이미지를 파악하는 데 도움을 준다.

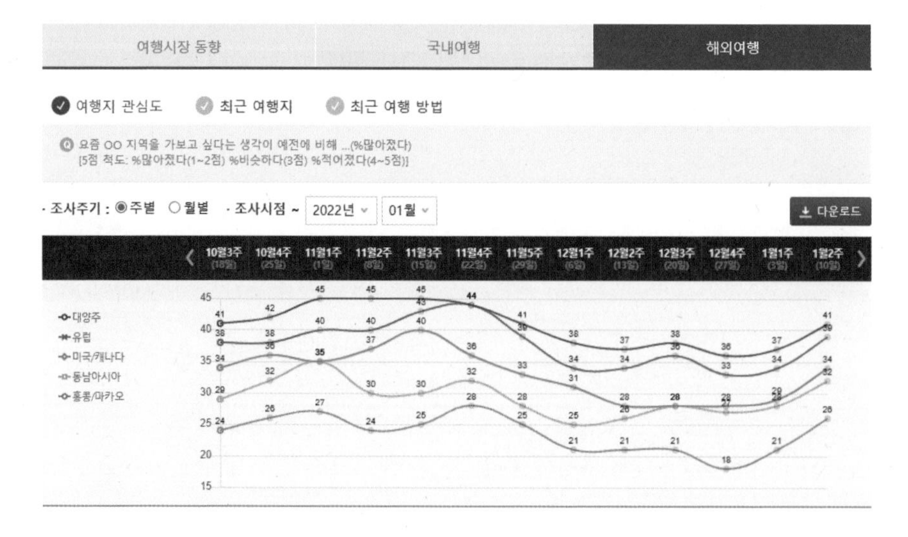

표 5-3 해외여행 목적지 방문 수요

대양주	41	42	45	45	45	44	41	38	37	38	36	37	41
유럽	38	38	40	40	43	44	39	34	34	36	33	34	39
(남유럽)	39	39	41	44	46	43	38	37	36	37	32	33	39
(서유럽/북유럽)	36	35	37	36	40	44	38	32	32	35	34	35	37
(동유럽)	39	39	42	41	43	46	41	33	34	36	34	35	40
미국/캐나다	34	36	35	37	40	36	33	31	28	28	28	29	34
동남아시아	29	32	35	30	30	32	28	25	26	28	27	28	32
홍콩/마카오	24	26	27	24	25	28	25	21	21	21	18	21	26
일본	22	24	23	21	22	25	24	22	21	22	19	19	23
남미/중남미	18	19	17	16	20	20	18	14	14	17	14	16	19
중동/서남아시아	12	13	13	12	15	16	13	11	10	10	12	14	13
중국	10	11	12	10	10	11	10	9	9	8	6	8	10
아프리카	8	9	8	8	8	8	8	7	7	6	5	7	9

다음은 해외여행과 관련된 자료다. 여행지에 대한 관심도는 대양주인 호주와 뉴질랜드가 가장 높은데, COVID-19의 성공적인 방역도 한 몫 했을 것이다. 2위는 유럽으로 COVID-19 대응이 부진한 가운데 기본적인 브랜드 이미지가 건재하다는 것을 잘 보여주고 있다. 다음으로는 미국/캐나다, 동남아시아, 홍콩/마카오, 일본의 순서였다. COVID-19 상황 속에서도 여행지 관심도는 기존의 장소 브랜드의 영향을 아직까지는 받고 있는 것으로 해석된다.

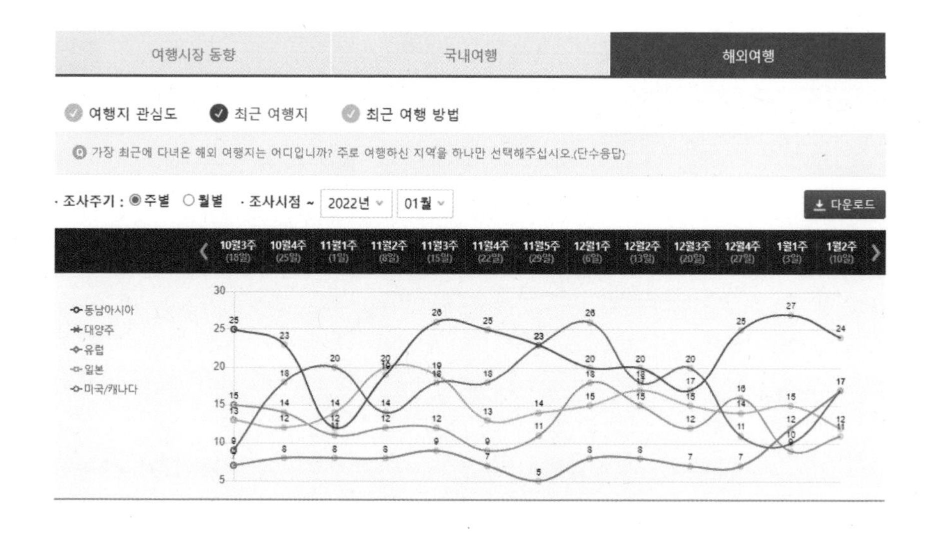

표 5-4 해외여행 목적지 최근 방문 경험

동남아시아	25	23	12	19	26	25	23	20	20	17	25	27	24
대양주	9	18	20	14	18	18	23	26	18	20	11	10	17
유럽	7	8	8	8	9	7	5	8	8	7	7	12	17
일본	13	12	14	20	19	13	14	15	17	15	14	15	12
미국/캐나다	15	14	11	12	12	9	11	18	15	12	16	9	11
홍콩/마카오/대만	13	11	9	7	5	9	7	5	8	12	11	10	6
중국	10	8	5	3	3	7	7	5	3	5	5	4	5
아프리카				3	3						2	3	3
기타	3	3	9	5				3	5	7	9	6	2
남미/중남미			2	3	3	4	4	2	3	2		1	2
아시아 기타	3		2	1	1	3	2						2
중동/서남아시아		3	8	5	1	3	4		2	2		1	2

다음은 가장 최근에 다녀온 해외여행지를 묻고 있는데, 아마도 COVID-19 발생 이전의 국가를 답변한 것이라고 사료된다. 동남아시아가 가장 많았으며, 대양주와 일본 등의 순서였다.

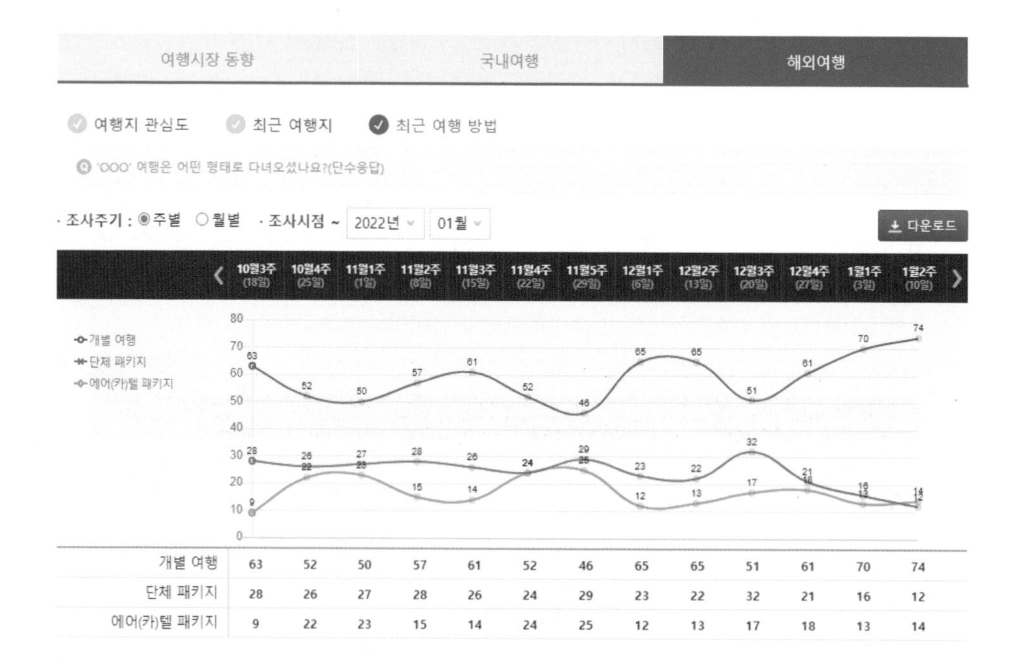

최근 해외여행은 개별여행으로 다녀왔다는 응답이 많았고, 단체 패키지는 26% 전후의 수치를 보이고 있다. 국민 해외여행 조사에서는 대부분이 단체 패키지를 이용한 것으로 보고되었는데, 그 수치와는 어느 정도 차이가 있는 수치이기 때문에 비교적 젊은 층이 패널로 참여하고 있을 것이라는 추측을 해 볼 수 있겠다.

02

썸트렌드

빅데이터라는 특성에 가장 잘 맞는 분석 툴을 제공하는 썸트렌드는 웹상의 풍성한 데이터를 확보하고 여기에 워드 클라우드나 소셜 네트워크 분석을 접목시켜 특정 주제에 대한 일반 고객의 인지도와 선호도를 예측하는 데 도움을 주고 있다. 특히 기존에 충분한 조사나 연구가 진행되지 못한 분야에 대한 이해를 제고하는데 매우 요긴하다.

썸트렌드는 2021년까지는 3개월 이전의 데이터를 무료로 제공하였으나, 이제는 1개월 이전의 데이터만 무료로 제공하고 있어, 장기간의 분석을 하려면 유료로 비용을 지불해야 한다.

썸트렌드의 소스는 커뮤니티 사이트, 인스타그램, 블로그, 뉴스, 트위터의 내용에 기반하고 있다. 사용법을 이해하기 위해 먼저 '대전 여행'이라는 키워드를 입력해 보았다. 소셜 분석에서 가장 위에 있는 언급량 분석이 있는데, 분석 결과 1월 9일에 가장 많이 언급되었고, 인스타그램에서 가장 많이 회자되었는데, 지역 목적지나 관광지 시설을 마케팅을 하는 경우에는 이러한 모니터링을 꾸준히 하면서, 어느 매체에서 어떠한 이슈로 사람들에게 언급되고 있는지를 파악하는데 도움을 준다.

아래 화면에는 보이지 않지만 그 우측에는 언급된 블로그나 트위터의 실제 내용까지도 확인할 수 있어 어떠한 의도의 콘텐츠들이 만들어지고 있는지까지 확인할 수 있다.

그 다음으로는 연관어 분석이다. 대전 여행이라는 키워드를 SNS 상에서 기입한 사람들이 어떠한 단어를 함께 적고 있는지를 파악한 것인데, 성심당, 빵, 튀김소보로, 빵집, 신세계백화점이 있는 것으로 보아 대전 여행을 하는 사람들이 꼭 들르는 곳으로 성심당이 가장 많이 언급되는 것을 알 수 있다. 또한 데이트, 카페 등이 함께 있는 것으로 보아 연인들이 SNS를 통해 대전 여행에 관한 언급이 있었음을 짐작해 볼 수 있다.

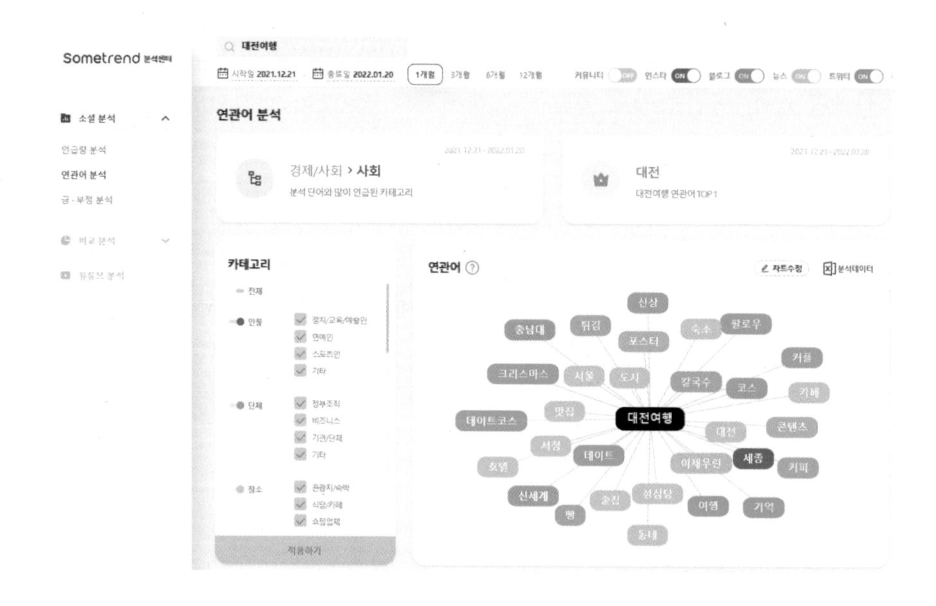

그 하단에는 연관어의 순위가 주차별로 표기되어 있다. 데이트와 성심당이 가장 눈에 띄는데, 아쉬운 점은 그 이외에는 특별한 관광 어트랙션이 눈에 띄지 않는다는 점이다.

연관어 순위 변화

주별 월별 분석데이터

01월 1주차 (2022.01.03~2022.01.09)			01월 2주차 (2022.01.10~2022.01.16)			01월 3주차 (2022.01.17~2022.01.20)		
연관어	건수	순위등/하락	연관어	건수	순위등/하락	연관어	건수	순위등/하락
대전	235	-	대전	225	-	대전	125	-
포스터	63	NEW	맛집	90	▲ 2	여행	46	▲ 2
이제우린	63	NEW	카페	69	▲ 5	맛집	44	▼ 1
맛집	58	▼ 2	여행	60	▲ 1	카페	36	▼ 1
여행	52	▼ 1	데이트	48	▲ 1	데이트	30	-
데이트	46	▼ 3	성심당	45	▲ 1	충남대	16	▲ 2
성심당	35	-	신세계	29	NEW	팔로우	16	▲ 2
카페	34	▼ 3	충남대	24	▲ 1	술집	14	▲ 2
충남대	27	▼ 3	팔로우	20	▲ 4	국내여행	14	NEW
코스	24	▲ 3	술집	19	▲ 4	성심당	12	▼ 4
세종	23	▼ 3	빵	19	NEW	서점	11	NEW
신상	23	▼ 2	신상	19	-	세종	11	NEW
팔로우	22	NEW	1박	17	NEW	신상	11	▼ 1
술집	21	▼ 3	코스	17	▼ 4	동네	8	NEW
데이트코스	16	NEW	포스터	17	▼ 13	코스	8	▼ 1

그 다음으로는 감성 분석에 해당하는 긍부정 분석이다. 대전 여행과 함께 작성된 문장에 등장하는 형용사가 긍정적인 감정을 나타내는지 부정적인 감정을 나타내는지를 파악한 것이다. 전체적으로 72%가 긍정적인 형용사를 사용하고 있었으며, 이러한 용어는 블로그에서 가장 많이 언급되었다고 한다.

긍정 형용사로 가장 많이 사용된 단어는 좋다, 맛있다, 유명하다, 예쁘다, 가고싶다가 있었고, 부정적인 단어는 춥다, 아쉽다, 아프다, 피곤하다가 있었다. 중요한 것은 객관적으로 해당 지역의 수용태세나 서비스로 인해 불편함이 있는지를 파악하는 일인데, 위에서 제기된 4개의 부정적 단어는 그런 의미는 포함되지 않았다.

긍정, 부정 단어의 주차별 순위에서도 역시 크게 문제점은 보이지 않았다. 사실 감성 분석이 여러 논문에서도 등장하고 있는데, 감성 분석의 결과만으로 해당 지역의 수용태세나 서비스를 한눈에 파악한다는 것은 거의 불가능에 가깝다. 따라서 섣부른 해석보다는 객관적인 데이터를 더 많이 모아서 추론을 하는 것이 신중함이 필요하다.

긍·부정 단어 순위 변화 주별 월별 분석데이터

01월 1주차 (2022.01.03~2022.01.09)

단어	긍·부정	건수	순위등/하락
신상	긍정	23	-
예쁘다	긍정	10	NEW
좋다	긍정	7	-
마음에들다	긍정	6	NEW
가고싶다	긍정	5	NEW
재밌다	긍정	5	NEW
행복하다	긍정	5	NEW
짜다	중립	4	NEW
맵다	중립	4	NEW
유명하다	긍정	4	▼ 4
맛있다	긍정	4	▼ 9
신나다	긍정	3	NEW
귀엽다	긍정	3	NEW
만족스럽다	긍정	3	NEW
커피 맛있다	긍정	3	NEW

01월 2주차 (2022.01.10~2022.01.16)

단어	긍·부정	건수	순위등/하락
좋다	긍정	30	▲ 2
신상	긍정	19	▼ 1
맛있다	긍정	18	▲ 8
귀엽다	긍정	7	▲ 9
기대	긍정	7	NEW
아쉽다	부정	7	NEW
춥다	부정	6	NEW
유명하다	긍정	6	▲ 2
가고싶다	긍정	5	▼ 4
사람 많다	긍정	5	NEW
즐기다	긍정	5	NEW
기대하다	긍정	5	NEW
조용하다	긍정	4	NEW
먹고싶다	긍정	4	NEW
잘나오다	긍정	4	NEW

01월 3주차 (2022.01.17~2022.01.20)

단어	긍·부정	건수	순위등/하락
신상	긍정	11	▲ 1
맛있다	긍정	7	▲ 1
좋다	긍정	6	▼ 2
즐겁다	긍정	5	NEW
가고싶다	긍정	3	▲ 4
사람 많다	긍정	3	▲ 4
설레다	긍정	3	NEW
아프다	부정	3	NEW
귀엽다	긍정	2	▼ 5
많은 관심	긍정	2	NEW
낮은 수준	부정	2	NEW
즐거움	긍정	2	NEW
필수	긍정	2	NEW
재미있다	긍정	2	NEW
따뜻하다	긍정	2	NEW

전체 순위 2021.12.21~2022.01.20

순위	단어	긍·부정	건수
1	신상	긍정	93
2	좋다	긍정	61
3	맛있다	긍정	49
4	유명하다	긍정	18
5	예쁘다	긍정	17
6	가고싶다	긍정	16
7	가능하다	중립	15
8	귀엽다	긍정	15
9	춥다	부정	15
10	즐겁다	긍정	15
11	사람 많다	긍정	13
12	짜다	중립	12
13	조용하다	긍정	11
14	이쁘다	긍정	10
15	아쉽다	부정	10

긍·부정 추이 건수 비율 일별 주별 월별 분석데이터

긍정 851건 부정 223건

긍·부정 비율 2021.12.21 ~ 2022.01.20

중립 8.8%
부정 18.9%
긍정 72.3%

다음은 비교분석 카테고리의 서비스다. 대전 여행 옆에 부산여행을 추가해 보았다. 확실히 대전 여행과 부산 여행은 언급량에 있어 큰 차이를 보인다. 양적으로도 격차가 있지만 부산의 경우 특정 시점에는 평상시의 3배가 넘는 언급량을 보이는 등 특별한 화제성을 갖는다는 특징이 있었다. 이에 비해 대전여행의 언급량은 적은 것도 있지만 상당히 안정적으로 비슷한 수준을 유지하고 있다는 것을 알 수 있다.

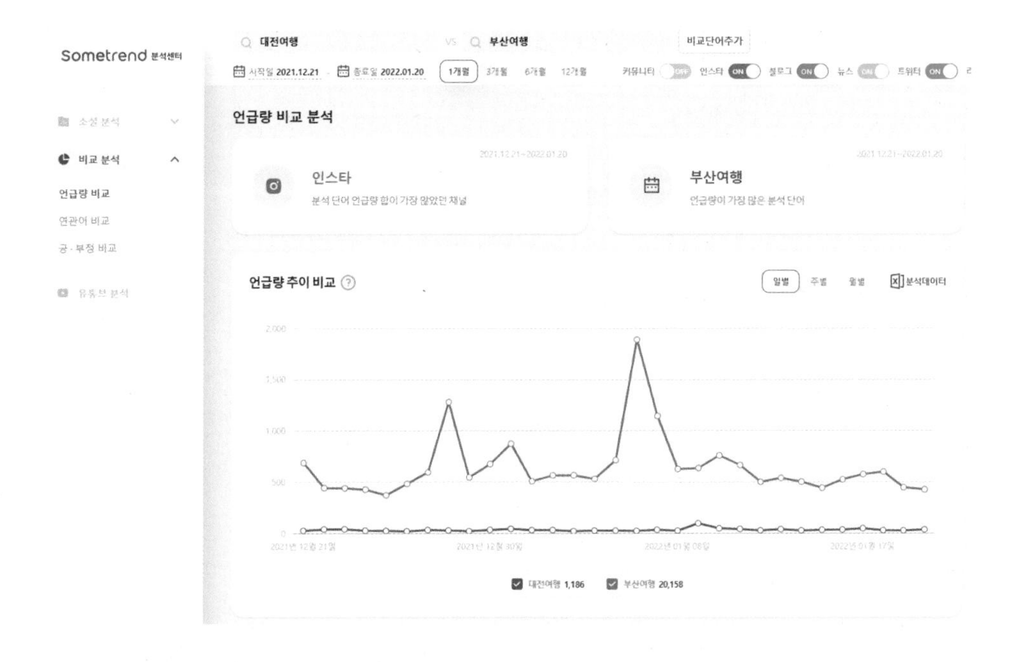

비교분석에서의 긍정, 부정 비교한 결과는 아래와 같이 나타났는데, 긍정 단어는 부산이 82%인 반면, 대전은 70%로 나타났다. 함께 사용된 형용사에서는 두 곳이 비슷한 양상을 보였다. 긍정적인 단어는 대전여행의 경우 좋다, 맛있다, 유명하다가 많았고, 부산여행은 좋다, 맛있다, 예쁘다, 가고싶다의 순이었다.

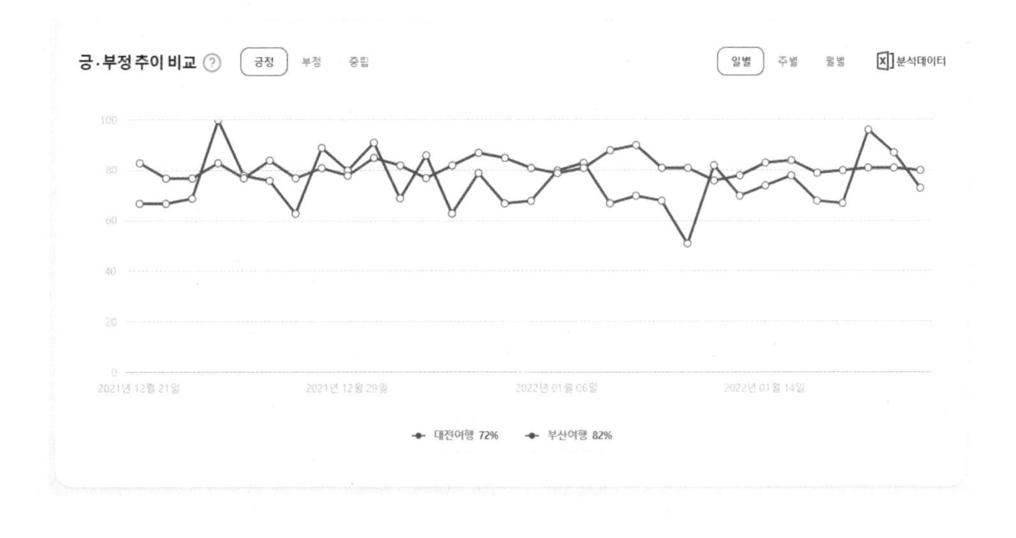

여행과 관련된 감성분석은 평상시에는 시사점을 얻기가 쉽지 않다. 단지, 관광 목적지에서 특정한 변화나 사건이 일어났을 때, 일반인들의 부정적인 감정의 지속 여부를 파악하는 데는 도움이 된다.

특정 지역 이외의 여행 테마에 대해서도 일반인들의 인식 정도를 파악해 볼 수도 있다. 최근 들어 주목을 받고 있는 즉흥 여행에 대해 조사해 보기로 하자. 먼저 즉흥 여행이라는 주제에 대해 사람들이 SNS상에서 어느 정도 언급을 하는지 언급량을 조사해 볼 필요가 있다. 여기서 중요한 것은 시간의 흐름에 따라 성장하고 있는가, 즉 우상향하고 있는지 여부다. 3개월 정도밖에 데이터가 없다는 점은 아쉽지만, 조금씩 증가하는 것으로 보인다.

다음은 즉흥 여행과 관련된 감성분석을 한 결과이다. 긍정적인 형용사로는 설레다, 좋다 등이 있었는데 전체의 24%에 불과하다. 떠나다와 새로운과 같은 중립적인 형용사가 전체의 45%였으며, 오히려 부정적인 형용사인 무섭다, 떨다와 같은 단어가 30%를 차지하고 있다. 부정적인 단어가 긍정적인 단어보다 많기는 하지만, 그리 나쁜 결과라고 볼 수도 없다. 원래 즉흥 여행이 유행하는 이유가 여행자를 좀 더 긴장시키고 여행지에서 만나는 대상에 더 집중할 수 있도록 하는 데 있다. 부정적인 단어로 분류된 떨다, 무섭다는 오히려 여행자의 뇌를 활성화시키고 상황에 집중하도록 만들기 때문에, 그리 나쁠 것도 없다. 중립적인 단어였던

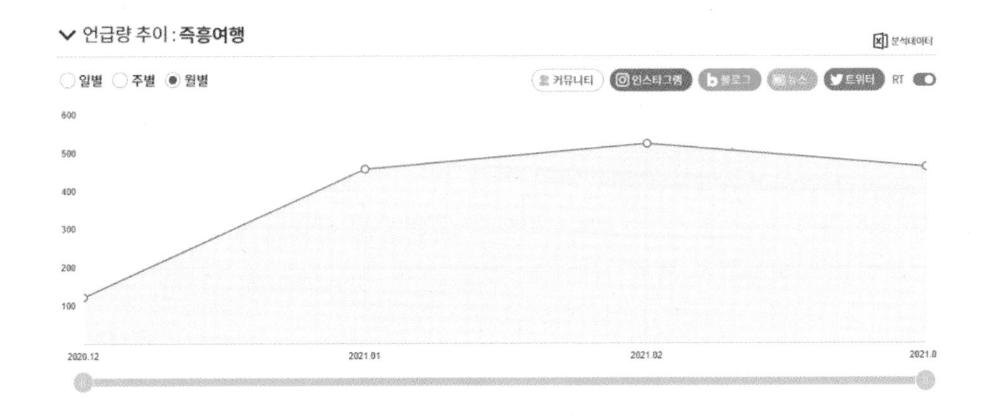

떠나다, 새로운 등은 오히려 여행동기에서 가장 중요한 일탈을 야기하는 신기성의 내용을 담고 있어, 결과적으로 매우 긍정적인 역할을 할 수 있다. 그러므로 감성 분석에서 등장한 형용사들은 사실은 긍정적으로 해석할 수도 있는 것이다. 앞서 설명했듯이, 빅데이터 분석은 인과관계를 검증하는 수리통계가 아니기 때문에, 'A는 B이다'라고 규정할 수가 없고, 전체적인 추이를 해석하는 기술통계라는 것은 다시 한번 명심해야 할 것이다.

다음으로 소셜 네트워크 분석인 연관검색어를 보면, 생일이나 날씨와 같은 이벤트나 상황에 영향을 받아, 계획 없이 무작정 여행을 떠나며, 주로 가는 곳으로는 부산, 제주, 경기도, 강원도, 강릉이 등장한다. 즉흥적으로 간다는 것은 아래에 등장하는 키워드처럼 호텔, 카페, 커피, 맛집과 같은 여행 인프라가 잘 갖춰진 곳이어야 한다는 것을 알 수 있다. 의외로 태교여행, 태교도 등장하는데 일상에서의 부담을 벗어버리기 위해 시도되는 것도 추측 가능하다.

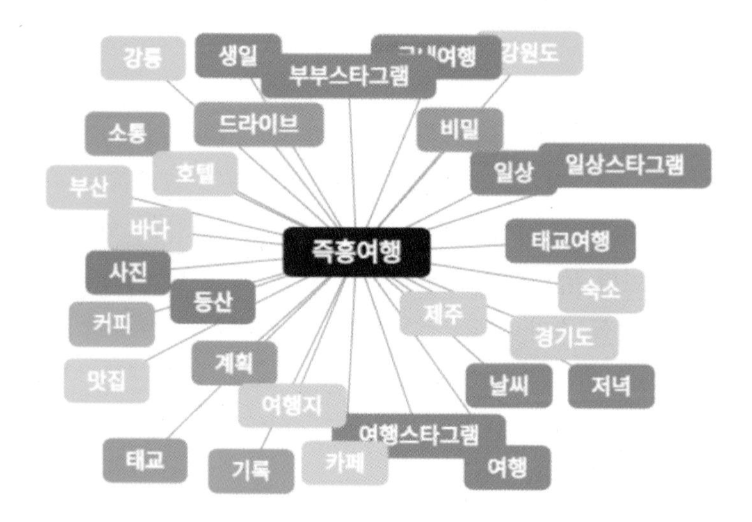

03

네이버 데이터랩

네이버 데이터랩에서는 네이버를 통해 검색된 키워드의 빈도를 다양한 조건을 통해 제공하고 있는데, 이 역시 새롭게 유행할 테마를 선별하고, 특정 지역에 대한 수요를 예측하는 데 시사점을 제공한다. 두 번째 카테고리인 검색어 트렌드에는 최대 5개의 키워드와 세부 키워드를 입력할 수 있으며, 동시에 결과를 시각적으로 비교하며 볼 수 있도록 되어 있다.

NAVER DataLab.

데이터랩 홈 검색어트렌드 쇼핑인사이트 지역통계 댓글통계

검색어트렌드 네이버통합검색에서 특정 검색어가 얼마나 많이 검색되었는지 확인해보세요. 검색어를 기간별/연령별/성별로 조회할 수 있습니다.

궁금한 주제어를 설정하고, 하위 주제어에 해당하는 검색어를 콤마(,)로 구분입력해 주세요. 입력한 단어의 추이를 하나로 합산하여 해당 주제가 네이버에서 얼마나 검색되는지 조회할 수 있습니다. 예) 주제어 캠핑 : 캠핑, Camping, 캠핑용품, 겨울캠핑, 캠핑장, 글램핑, 오토캠핑, 캠핑카, 텐트, 캠핑요리

주제어1 주제어 1 입력 주제어 1에 해당하는 모든 검색어를 컴마(,)로 구분하여 최대 20개까지 입력

주제어2 주제어 2 입력 주제어 2에 해당하는 모든 검색어를 컴마(,)로 구분하여 최대 20개까지 입력

주제어3 주제어 3 입력 주제어 3에 해당하는 모든 검색어를 컴마(,)로 구분하여 최대 20개까지 입력

주제어4 주제어 4 입력 주제어 4에 해당하는 모든 검색어를 컴마(,)로 구분하여 최대 20개까지 입력

주제어5 주제어 5 입력 주제어 5에 해당하는 모든 검색어를 컴마(,)로 구분하여 최대 20개까지 입력

기간 전체 1개월 3개월 1년 직접입력 일간

2021 01 22 – 2022 01 22

· 2016년 1월 이후 조회할 수 있습니다.

범위 전체 모바일 PC

성별 전체 여성 남성

연령선택 전체

~12 13~18 19~24 25~29 30~34 35~39 40~44 45~49 50~54 55~60 60~

또한 하단에는 검색하는 기간을 설정할 수 있고, 어느 기기를 통해 검색했는지 모바일을 통한 검색과 PC를 통한 검색을 구분해서 그 추이를 파악할 수 있다. 성별과 연령대 역시 선택할 수 있기 때문에, 타겟을 설정한 세그멘트의 반응을 골라서 볼 수 있다는 장점이 있다.

장림포구 사례

먼저 부산의 잠재관광지로서 인기를 얻고 있는 장림포구의 사례를 살펴보자.

전반적으로 데스크탑보다는 모바일을 통한 검색이 더 많으며, 모바일의 경우 보도자료에 의한 PR 활동에 대해 즉각적인 반응이 나타나고 있지만, 데스크탑은 큰 변화가 없다는 점이 특징이다. 또한 남성들은 데스크탑을 통해 검색하지만 여행 소비를 주도하는 여성의 경우에는 데스크탑보다 모바일을 더 많이 이용하고 있었다. 연령대에서는 경제력을 갖고 있는 30~40대에서 검색이 가장 많았는데, 30대는 모바일을 선호했고, 40대는 데스크탑을 선호하고 있는 현상이 목격된다

그림 5-1 장림포구 키워드 검색추이(2018. 7월~2019년 6월)

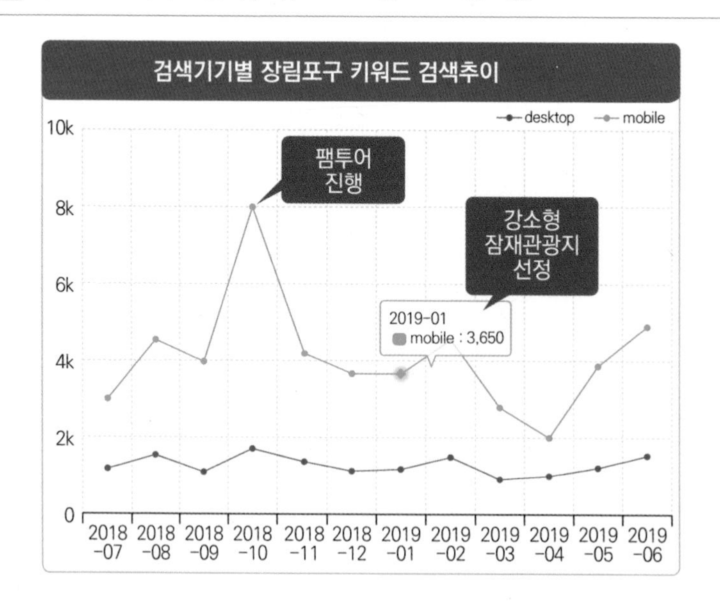

그림 5-2 **월간 성별 및 연령별 사용자 통계**

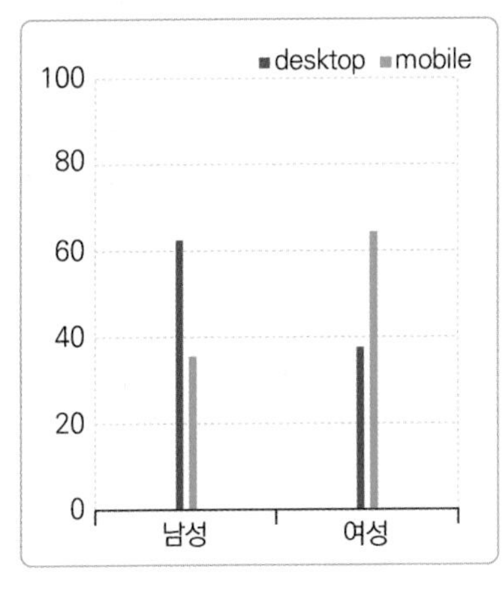

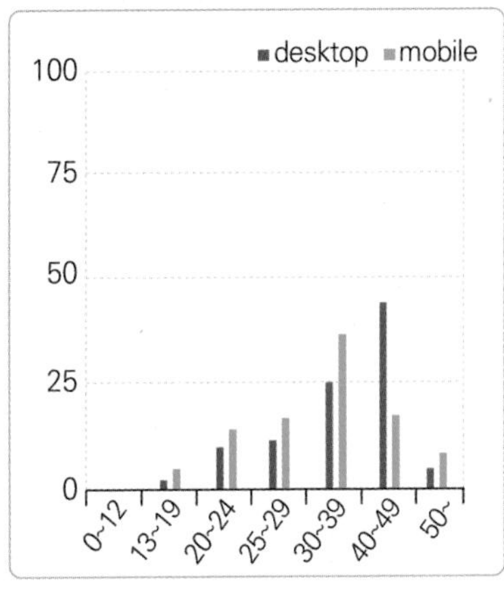

- 남성의 경우 PC 검색에서의 높았으나 모바일 사용은 여성이 더 높게 나타남
- 연령대별로는 PC와 모바일 모두 30대가 가장 높았으며, 20대, 40대 순서로 높음
- 모바일에 의한 홍보에 반응하는 것은 20~30대 여성이라는 것을 잘 나타내고 있음

또한 장림포구는 이탈리아의 베네치아와 비슷하다고 하여 부네치아로 불리우고 있는 곳이다. 장림포구는 1년간 2차례 정도 화제가 되었지만, 부네치아는 여러 차례에 걸쳐 검색량이 급증하는 시점이 다수 존재한다는 것을 알 수 있다. 이러한 몇 개의 데이터와 그래프를 통해 홍보 매체나 타겟, 브랜드 네이밍 등을 설정하는 데 큰 도움을 얻을 수 있다.

그림 5-3 **장림포구 & 부네치아 키워드 검색추이(2018년 4월 ~ 2019년 6월)**

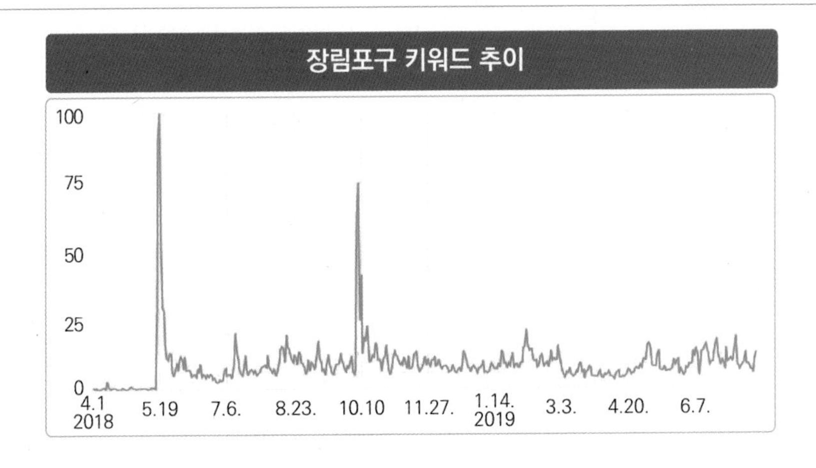

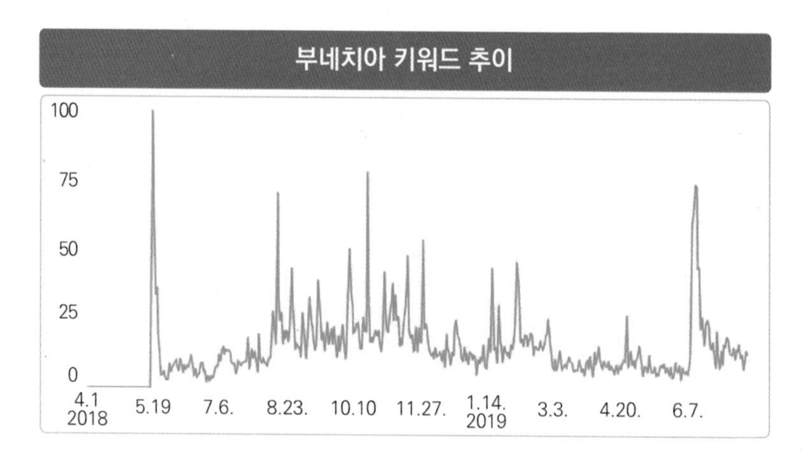

그림 5-4 검색기기별 장림포구 키워드 검색 추이

시기 구분		모바일(명)	PC(명)	합계(명)
'18년	7월	2,904	1,170	4,074
	8월	4,530	1,530	6,060
	9월	3,950	1,080	5,030
	10월	7,910	1,700	9,610
	11월	4,160	1,340	5,500
	12월	3,630	1,100	4,730
'19년	1월	3,650	1,170	4,820
	2월	4,470	1,430	5,900
	3월	2,720	880	3,600
	4월	1,990	990	2,980
	5월	3,830	1,200	5,030
	6월	4,880	1,490	6,370
합계		48,624 (76.3%)	15,080 (23.7%)	63,704 (100.0%)

* 출처: 네이버 키워드 분석(2018년 7월~2019년 6월 기준)

광안리 해수욕장 SUP

다음은 부산의 광안리 해수욕장에서 육성하고자 하는 패들보드의 경쟁력을 진단하기 위해서 네이버 데이터랩을 활용한 사례이다. 먼저 부산과 제주, 양양, 강릉과 해양을 결합하여 검색량을 비교해 보았는데, 연두색인 '부산 해양' 키워드에서 가장 많은 검색량을 보이고 있다. 해양 도시로서의 상당한 인지도와 경쟁력을 갖추고 있다고 추론해 볼 수 있다. 다음은 패들보드의 약자인 SUP(Stand-Up paddle)와 경쟁 도시를 결합하여 비교해 보니, 제주나 양양에 비해 부산 SUP의 검색량은 상대적으로 저조하다는 것을 시각적으로 확인할 수 있다. 즉, 해양레저 전반에 있어서 부산은 경쟁력이 있지만, SUP에 있어서는 인지도가 상대적으로 약한 상황이라는 것을 알 수 있다.

그림 5-5 검색 키워드 기반 빅데이터 분석: 전국 지역별 해양 및 SUP 검색결과

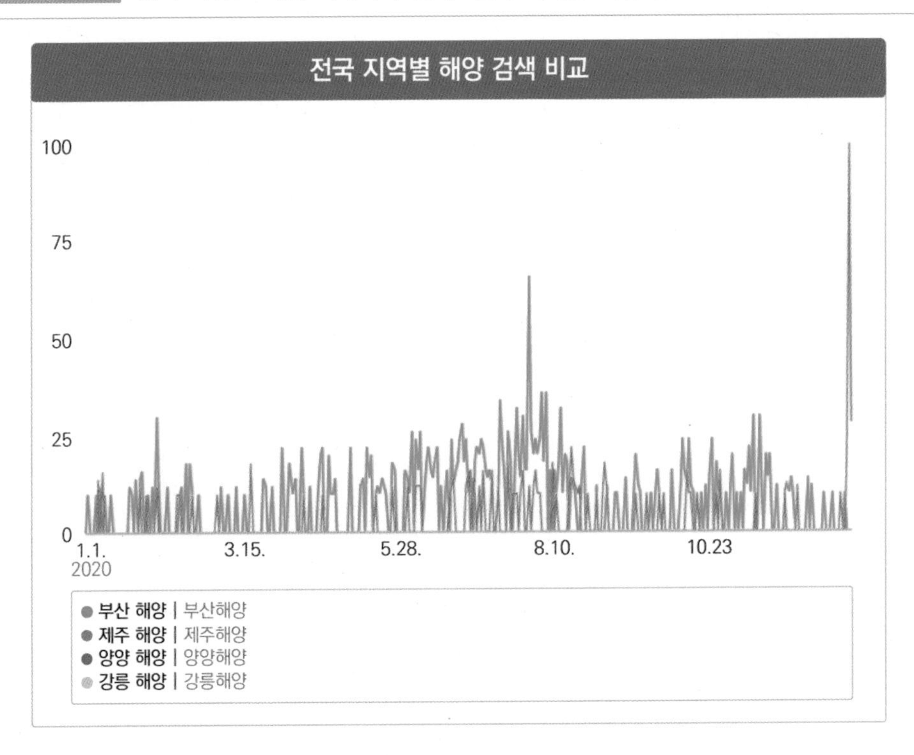

그림 5-6 관광객통계와 실태조사

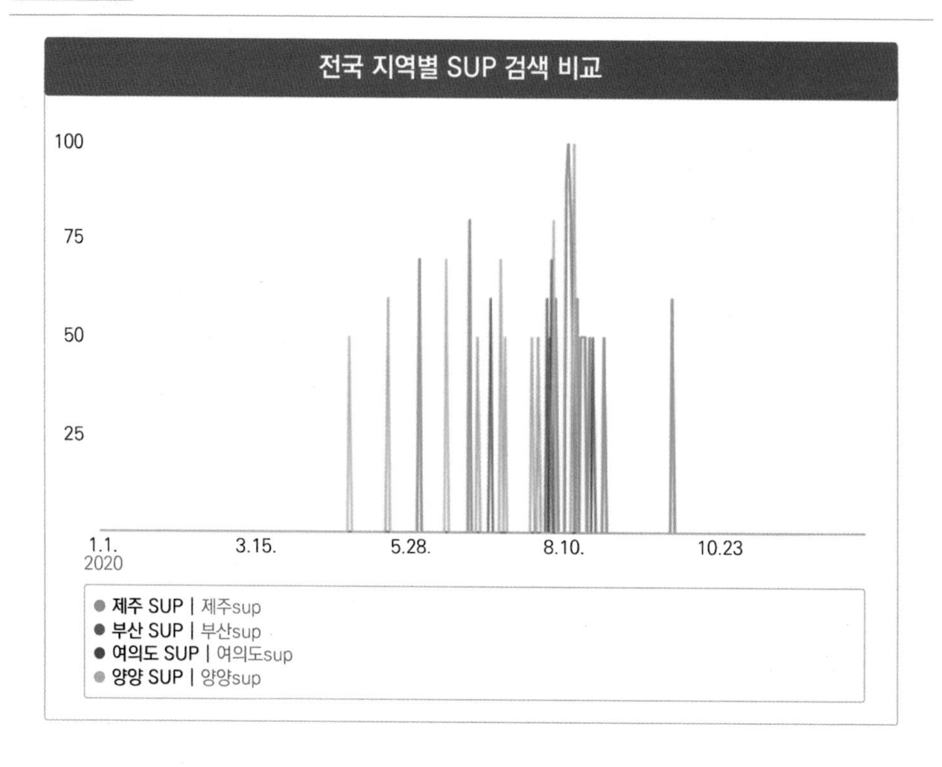

다음으로는 부산 내에 존재하는 경쟁 해수욕장과의 비교를 위해, 광안리 SUP 이외에 다대포, 송정, 송정과 SUP를 결합하여 비교를 해 보았다. SUP에 있어 부산의 해수욕장 중에서는 광안리가 가장 많은 검색량을 보였다. 타 경쟁 도시에 비해서는 부족하지만 그래도 부산 내에서는 광안리의 인지도가 높다는 것을 알 수 있다.

또한 광안리 내에서 SUP의 수준을 진단하기 위해, 광안리 서핑, 광안리 SUP, 광안리 카약, 광안리 해수욕을 비교해 보았다. 그 결과 광안리 서핑이 압도적으로 높은 검색량을 보였으며, 광안리 SUP는 매우 낮았다. 아직도 광안리 하면 떠오르는 해양레저 스포츠는 서핑 중심에 치중되어 있기 때문에, SUP에 대한 좀 더 많은 홍보가 절실히 필요하다는 것을 제안할 수 있다.

그림 5-7 검색 키워드 기반 빅데이터 분석: 부산 해수욕장 SUP 및 광안리 수상레저 검색결과

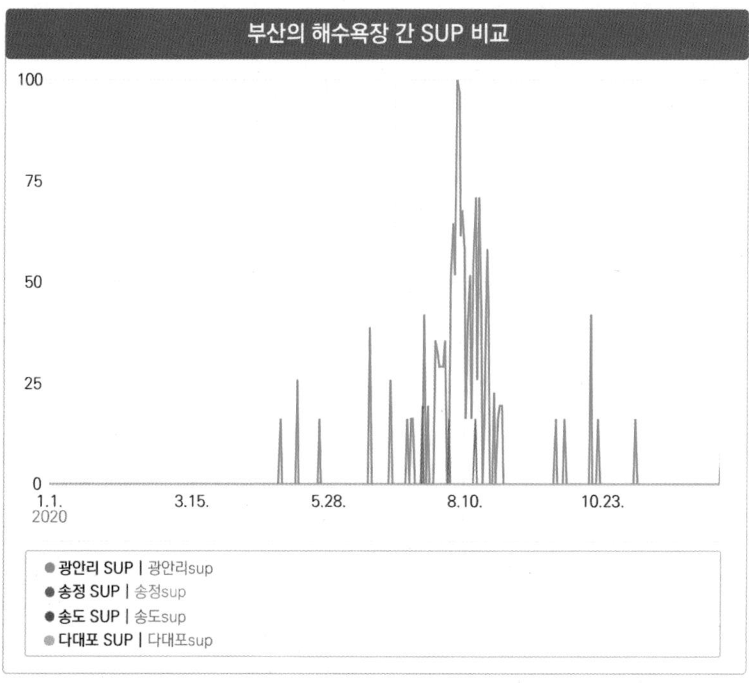

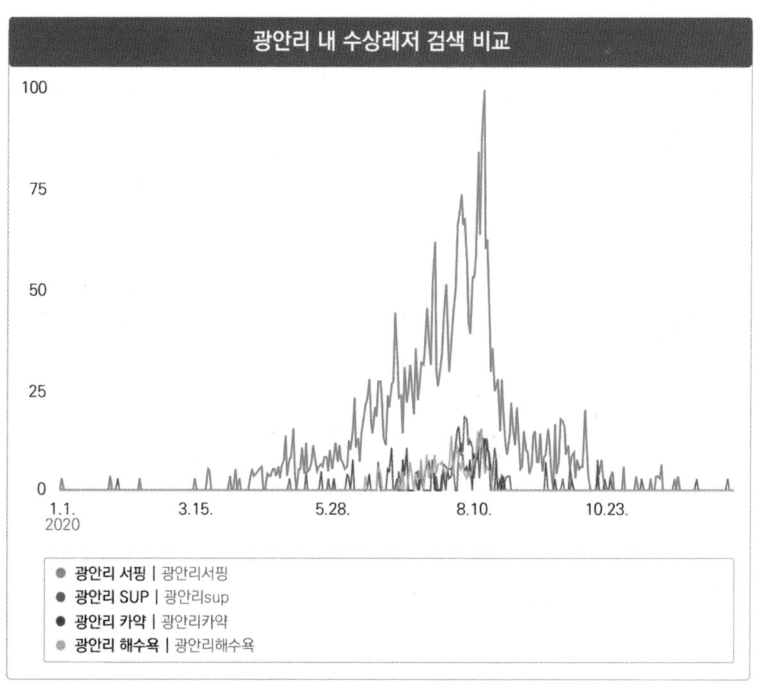

울산대교 전망대

울산대교 전망대는 울산 동구에 있는 전망대로서 서쪽과 북쪽으로는 도심과 공장이 보이고, 동쪽으로는 바다가 보이는 곳에 위치하고 있어, 낮과 밤 모두 수려한 경관을 감상할 수 있는 곳이다. 전반적으로 1~2달에 한 번씩 검색량이 급격히 증가하고 있어, 관광지로서의 이슈몰이를 하고 있음을 알 수 있다. 검색은 모바일을 통해서 더 많이 이루어지며, 월별 편차는 크지 않았다. 단지 아쉬운 점은 1년 간의 검색량이 우상향으로 증가하지는 않고 비슷한 수준을 유지하는 경향을 보이고 있다는 점이며, 이를 위해서는 잠재 관광객에게 매력적으로 어필할 킬러 콘텐츠이 개발이 필요하다는 것을 제안할 수 있다.

그림 5-8 울산대교 전망대 키워드 검색추이(2018년 7월 ~ 2019년 6월)

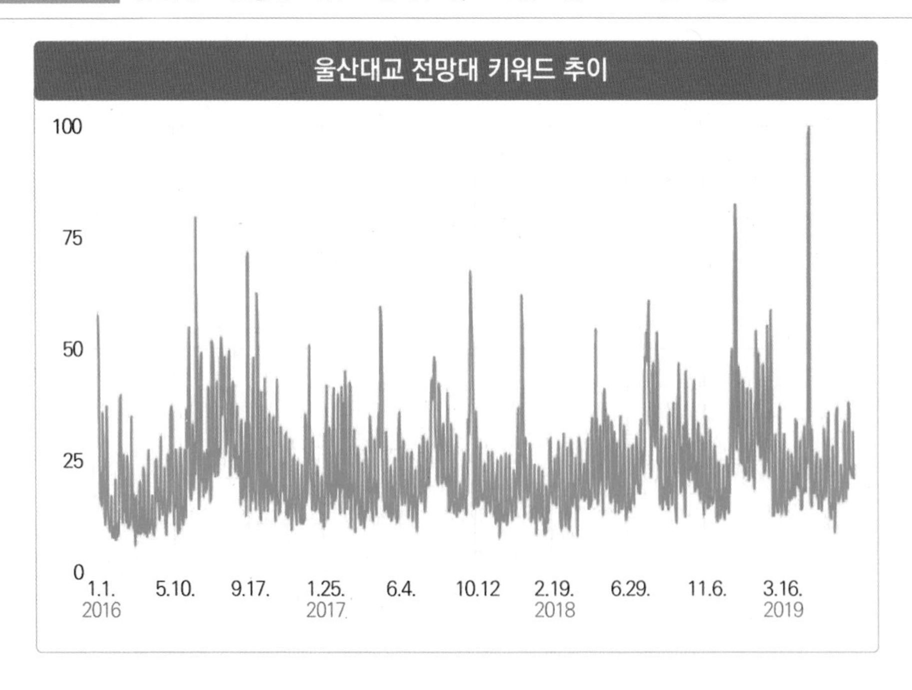

표 5-5 울산대교 전망대 키워드 검색추이(2018년 7월 ~ 2019년 6월)

시기 구분		모바일(명)	PC(명)	합계(명)
'18년	7월	3,540	670	4,210
	8월	4,570	750	5,320
	9월	3,250	3,860	5,030
	10월	3,420	750	4,170
	11월	2,560	620	3,180
	12월	3,700	580	4,280
'19년	1월	4,490	590	5,080
	2월	4,490	580	5,070
	3월	3,180	460	3,640
	4월	2,760	590	3,350
	5월	3,750	690	4,440
	6월	2,790	540	3,330

N사 포털 사이트 : 최근 1년간 총 49,930명 검색
- 모바일 검색량 : 42,500명(85.1%)
- PC 검색량 : 7,430명(14.9%)

앞선 장림포구와 마찬가지로 데스크탑보다는 모바일에서 홍보 PR에 대한 반응이 즉각적으로 나타나고 있었다. 미디어 파사드 설치나 AR, VR 체험존의 조성 발표, 한국관광공사의 강소형 잠재관광지로 선정되는 기사가 나온 시기와 검색량의 증가가 일치하고 있어, 홍보로 인한 인지도 증가의 가능성을 엿볼 수 있는 대목이라 하겠다.

또한 연령 역시 남성은 데스크탑, 여성은 모바일의 성향이 강했고, 연령대에서도 30대가 가장 많았다. 확인 매체에 있어서는 30대까지는 모바일, 40대 이후로는 데스크탑을 선호하는 특성이 나타났다.

그림 5-9 울산대교 전망대 키워드 검색추이(2018년 7월~2019년 6월)

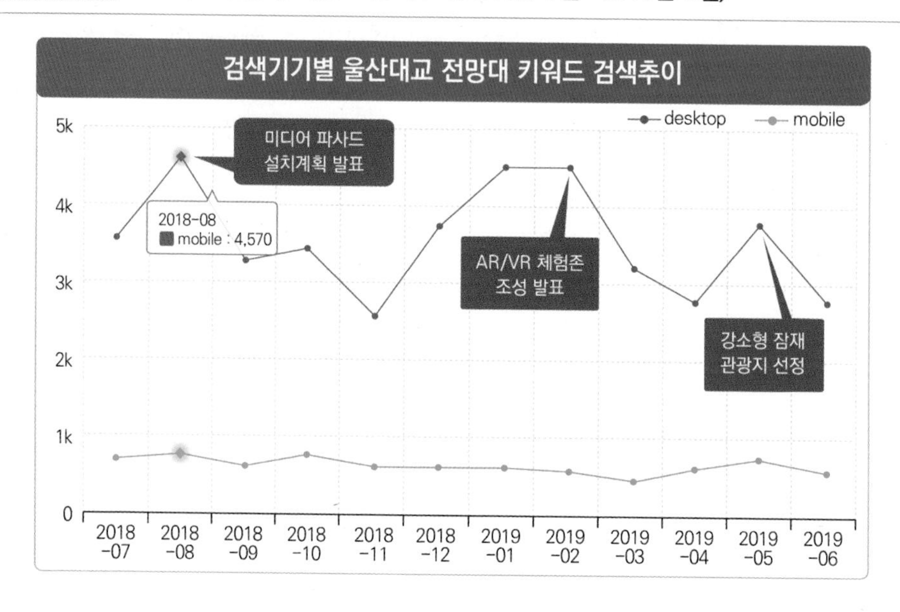

트렌드 점검

최근 관광 트렌드로 부상하고 있는 주제가 있다면 주저 없이 네이버 데이터랩에서 확인해 보는 것도 좋다. 반려견 여행과 즉흥 여행, 나홀로 여행에 대해 어느 정도 검색량을 보이는지 시험해 보았는데, 나홀로 여행에 대한 검색량이 가장 많았다. 나홀로 여행이 제안되기 시작했던 것도 이미 10여 년이 흘렀다. 한동안 반응이 없었으나 이제는 다른 주제와 비교가 안 될 정도로 높은 검색량을 보이고 있다.

여행 트렌드가 수시로 바뀌는 것 같지만, 큰 물량의 수요로 전환되기까지는 어느 정도 시간을 요한다. 따라서 각종 보고서에서 트렌드라고 오르내리는 테마에 대해서는 수시로 파악하면서 사업을 준비해 두는 것이 좋다. 나머지 즉흥 여행과 반려견 여행도 곧 3~4년 내에 급증할 가능성이 얼마든지 있다. 이를 내다보고 서서히 준비한 관광 목적지는 반드시 그 효과를 얻게 된다.

준비 시기와 경쟁 도시의 움직임을 파악하는 데 있어서도 네이버 데이터랩은 부담 없이 수시로 들어가서 분석해 본다면 트렌드를 읽는 식견을 쌓는 데 도움이 될 것이다.

그림 5-10 여행 관련 주요 키워드의 검색량 비교

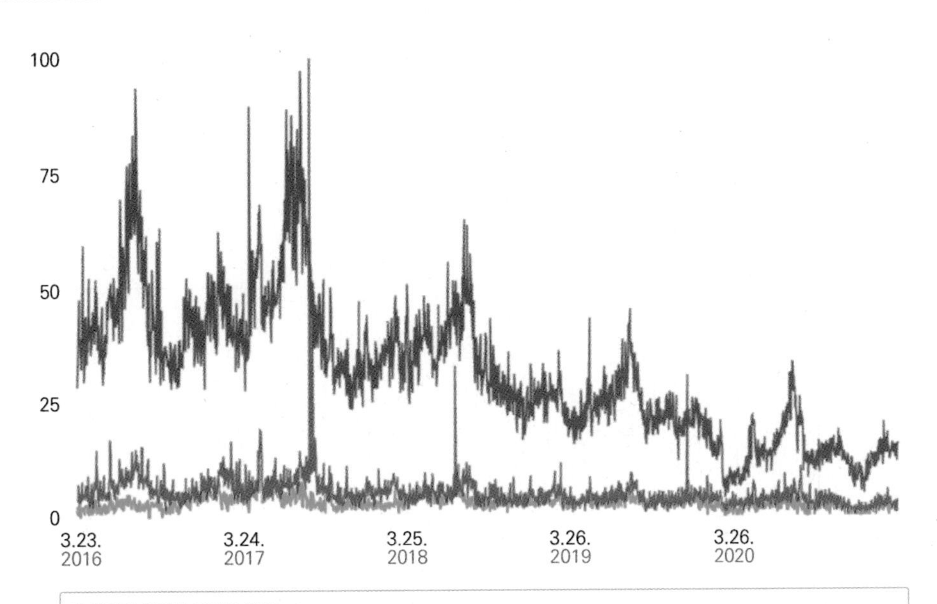

04

빅똑컨: 지역 관광목적지 대상 빅데이터 컨설팅

지금까지는 한국문화관광연구원이나 한국관광공사에서 발간한 보고서나 관광지식정보시스템 또는 한국관광 데이터랩에서 제공하는 분석 툴, 그리고 빅데이터 분석이 가능한 사이트를 활용하는 방법에 대해 학습했다. 하지만 이것들은 모두 무료로 제공되는 서비스들이다. 이것과는 달리 빅데이터 전문 업체나 컨설팅 기관에 의뢰하면, 유료의 데이터를 바탕으로 더 깊이 있는 분석을 제공하기도 한다.

한국관광공사에서는 지역관광 활성화를 위해 유료 빅데이터에 기반한 컨설팅을 지역 관광목적지를 대상으로 제공하는 사업(빅똑컨)을 2020년부터 진행하고 있다. 컨설팅에 활용되는 소스는 대부분 통신 빅데이터, 카드 빅데이터, 내비게이션 빅데이터, 소셜 데이터 등이다. 유료로 데이터를 구입하고 빅데이터 전문 컨설팅 기관이 참여하니 분석이 세련되고, 난이도가 높다. 따라서, 한국관광공사의 빅똑컨 보고서를 참고하면 빅데이터를 통해 어떻게 분석을 해야 하는지 감을 잡을 수 있다.

부산광역시의 영도구를 대상으로 한 보고서를 살펴 보자. 좌측 하단에는 동반유형 분류, 월별 체류시간, 유입 시간대가 나란히 보인다. 이러한 세 가지 데이터를 통해 누가 언제 얼마나 머물다 가는지를 설명할 수 있다. 지금까지 학습해 온 내용과 크게 다르지 않다. 그 오른쪽에는 영도구의 태종대와 관련된 뉴스에 나오는 키워드를 중심으로 연관 검색어를 추출하고, 이어 워드 클라우드 분석을 한 결과가 보인다. 현재 태종대와 관련해서 이슈가 되고 있는 것이 무엇인지 짐작할 수 있다.

그런데 이 장표의 백미는 역시 혼잡도를 시각적으로 표기한 그림이다. 영도구 내에서 구체적으로 어디로 사람들이 이동하고 머무르는지를 지도 위에 나타내고 있다보니 셔틀버스의 노선이나 수용태세 개선의 우선순위를 정하는데 있어 직관적인 판단을 가능하게 한다.

그림 5-11 부산시 영도구 - 빅데이터 공간 분석(대상지 데이터 지도)

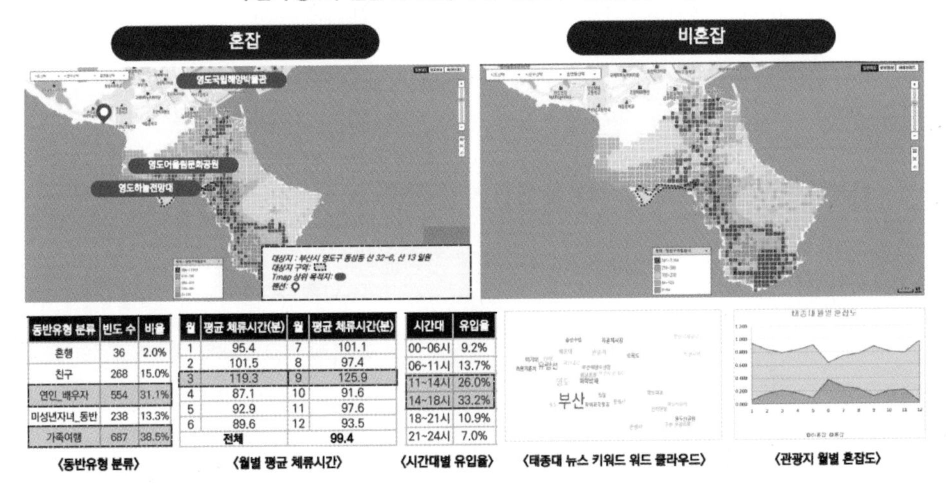

동반유형 분류	빈도 수	비율
혼행	36	2.0%
친구	268	15.0%
연인_배우자	554	31.1%
미성년자녀_동반	238	13.3%
가족여행	687	38.5%

월	평균 체류시간(분)	월	평균 체류시간(분)
1	95.4	7	101.1
2	101.5	8	97.4
3	119.3	9	125.9
4	87.1	10	91.6
5	92.9	11	97.6
6	89.6	12	93.5
전체		99.4	

시간대	유입율
00~06시	9.2%
06~11시	13.7%
11~14시	26.0%
14~18시	33.2%
18~21시	10.9%
21~24시	7.0%

자료: 한국관광공사

이 한 장에 5가지의 빅데이터가 다뤄지다보니, 이 한 장만으로도 영도라는 곳에서 어떻게 관광객이 이동하는지 이해를 할 수 있다. 각각의 데이터를 어떻게 조합하여 스토리를 연결하느냐가 빅데이터 분석의 중요한 묘미라고 하겠다.

방문객 분석

다음은 위 장표의 '누가'에 해당하는 영역을 보다 세밀하게 접근한 내용이다. 우측 하단을 보면 어느 지역에서 영도로 놀러왔는지 알 수 있는데, 1위부터 5위까지가 모두 부산의 타지역에서 온 사람들이다. 아무래도 관광은 거리와 시간에 반비례한다는 것을 여기서도 확인할 수 있다. 단, 여기서 말하는 유입인구는 반드시 관광객이라고 단정할 수는 없다. 일반적으로 통신 데이터는 2~4시간 정도의 체류를 조건으로 하기 때문에, 관광으로 온 것인지 출장으로 온 것인지, 아니면 일을 하러 온 것인지 알 수가 없다. 우측 하단에는 영도구에 존재하는 호텔 이외의 숙박업소가 표기되어 있는데, 가족펜션 5개와 게스트하우스 5개가 보인다. 이것은 빅데이터는 아니지만 관광 객체의 차원에서 해당 지역을 이해하는 데 도움을 준다. 이처럼 빅데이터와 일반 스몰데이터는 함께 나열해서 보면 그 맥락을 이해하는 데 더 큰 효과가 있다는 점도 잊어서는 안 된다.

그림 5-12 부산시 영도구 - 빅데이터 공간 분석(광역 데이터 지도)

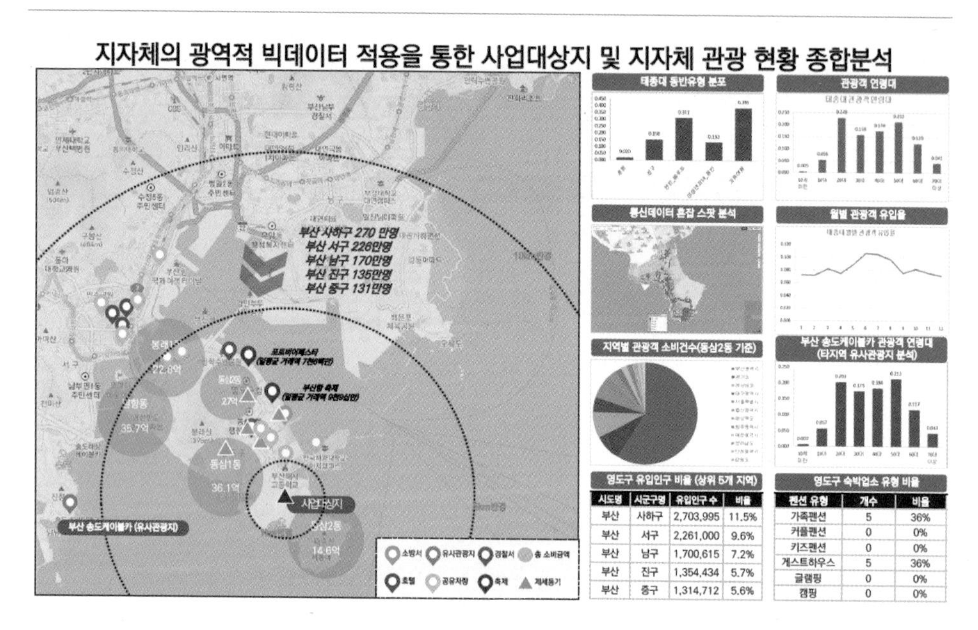

시도명	시군구명	유입인구 수	비율
부산	사하구	2,703,995	11.5%
부산	서구	2,261,000	9.6%
부산	남구	1,700,615	7.2%
부산	진구	1,354,434	5.7%
부산	중구	1,314,712	5.6%

펜션 유형	개수	비율
가족펜션	5	36%
커플펜션	0	0%
키즈펜션	0	0%
게스트하우스	5	36%
글램핑	0	0%
캠핑	0	0%

자료: 한국관광공사

또한 우측의 첫 번째와 세 번째 그래프는 각각 태종대의 방문객 연령대와 인근 지역에 위치한 송도 케이블카 방문객 연령대다. 20대와 50대가 가장 많으며 연령별로 큰 차이가 없다. 이 장표에서는 카드 데이터가 가미되어 있는데 좌측의 가장 큰 그림은 영도구 내의 동별 카드 소비액을 표기하여 실질적인 상권이 어디에 위치해 있는지 이해 가능하며, 특히 태종대가 위치한 동삼2동의 분야별 소비 건수를 자세히 알 수 있다.

음식 경쟁력 분석

그림 5-13 부산시 영도구 - 음식 관광 부문

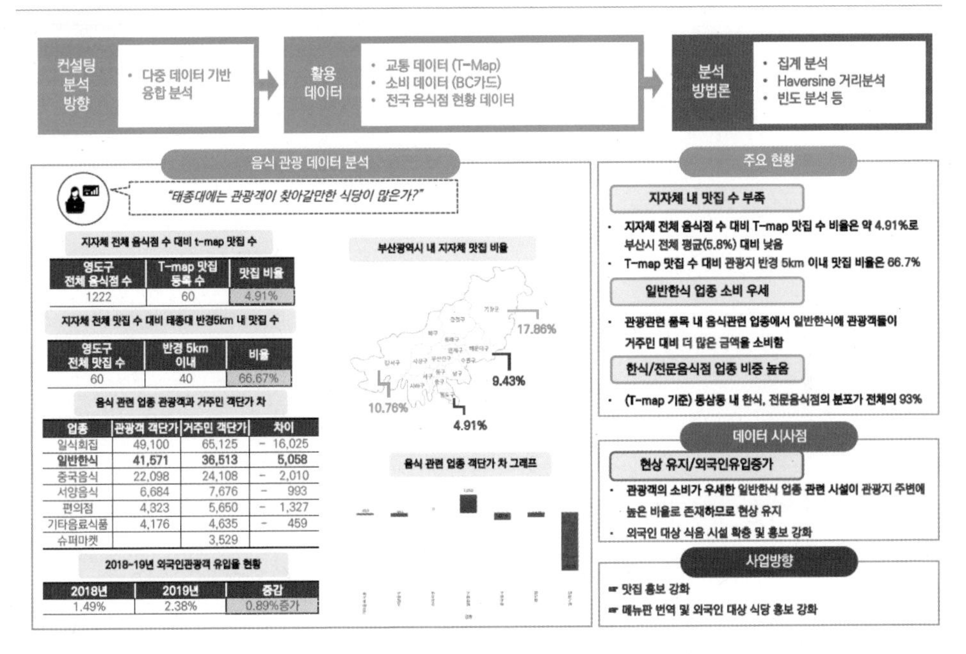

자료: 한국관광공사

다음은 주로 수용태세 개선에 관한 의사결정에 도움을 줄 빅데이터 분석 결과인데, 먼저 음식에 관한 데이터부터 살펴보도록 하자. 테마는 음식이지만 음식 관광을 이해하기 위해 아래 장표에서는 교통 데이터와 카드 데이터, 전국 음식점 현황 데이터의 3가지를 융합하여 집계분석, Haversine 거리분석, 빈도분석을 수행하였다.

이 장표에서 인상적인 것은 먼저 음식 관련 데이터를 분석하기 전에, 분석의 주제와 목표를 정한 것이다. "태종대에는 관광객이 찾아갈 만한 식당이 많은가?" 처럼, 누구의 입장에서 무엇을 알고 싶은 것인지 명확하게 질문을 던지고, 이어서 우측에는 데이터로부터 추론된 시사점을 정리하고, 구체적인 사업에 어떻게 반영을 시킬 것인지를 제시하고 있다. 사실 너무 많은 데이터를 다루고 잔뜩 보고서에 제시하다 보면 무엇을 얘기하고 싶은건지, 명확하지 않은 경우가 종종 있다. 그러나 이 장표에서는 고객의 입장에서 궁금해 할 명제를 질문으로 명확히 설정하고, 데이터를 통해 질문에 관한 답과 시사점을 제시하고 있다는 점은 본받아야 할 부분이다.

영도구 내에 전체 음식점 수는 1,222개인데 그 중에서 T-map 맛집 등록 수는 60개로서 전체의 약 4.91%에 해당된다. 부산시 전체의 평균이 5.8%이며, 관광지로 유명한 해운대구가 9.43%, 최근에 급부상하는 지역인 기장군은 무려 17.86%에 이르고 있는데 비해서는 매우 낮은 편이다. 특히 영도구에는 맛집이 많은 것으로 유명함에도 불구하고, 평균에도 미치지 못하는 것은 아쉬운 부분이다. 그만큼 주차장을 완비한 음식점이 부족하기 때문이라는 추론을 할 수 있으며, 이러한 생각은 영도에 주차장이 전반적으로 충분한가에 대한 수용태세에 대한 의구심으로 연결된다.

그 아래에는 음식점 업종별 객단가가 있는데, 일반 한식을 제외하면 관광객이 지출하는 객단가가 오히려 거주민들의 객단가보다도 낮다. 일반적으로 관광객들은 평소의 씀씀이보다도 더 많은 비용을 지출하기 때문에 당연히 지역 주민보다 더 많은 음식비를 소진하기 마련인데, 정반대로 되어 있다는 것은 관광객의 유입이 지역경제에 미치는 경제적 효과가 매우 적다는 것을 시사한다.

이 원인은 우측의 주요 현황에도 나와 있듯이, 음식점 업종이 지나치게 한식 위주(93%)로만 구성되어 있기 때문으로 해석할 수 있다. 즉, 한식에서는 강점을 보이지만, 그 이외의 다양한 음식 풀을 확보하지 못하고 있으며, 질적으로도 수준이 높지 않다는 것을 추론해 볼 수 있다. 장기적으로 외래관광객이 찾는 영도를 만들기 위해서는 보다 다양한 종류의 음식점의 확충이 필요한 상황이다.

숙박 경쟁력 분석

다음 장표는 수용태세 중 숙박에 관한 내용이다. 관광지 동반 유형 행태지표(소셜 데이터)와 숙박업 리스트 및 유형 정보 데이터, 교통 데이터를 활용하여 집계분석, 빈도분석, Haversine 거리분석, GIS 공간 분석이 수행되었다.

숙박업소는 관광객 동반자에 따라서 그 패턴이 결정되기 때문에, 동반 유형에 대한 비율을 점검하였고, 숙박업소는 호텔 1개, 민박/펜션 7개이며 가족펜션 5

개, 게스트하우스 5개였다. 관광객들이 영도 내의 숙소로서 검색하는 것은 거의 대부분이 호텔이었으나 실제 영도 내에 호텔은 1개에 불과해 수요와 공급이 맞지 않고 있는 현실을 잘 드러내고 있다. 그 아래의 그림에서는 영도 주변인 부산역 근처에 상당히 많은 호텔이 밀집해 있어 많은 사람들이 영도를 잠시 들렀다가 숙박은 부산역 근처에서 할 수 있다는 것을 시사한다.

또한, 연인 및 배우자 동반유형이 전체의 31%로 두 번째로 많은데도 불구하고, 커플펜션이 한 곳도 존재하지 않는 문제점이 지적되었다.

그림 5-14 부산시 영도구 – 숙박 경쟁력 분석 예시

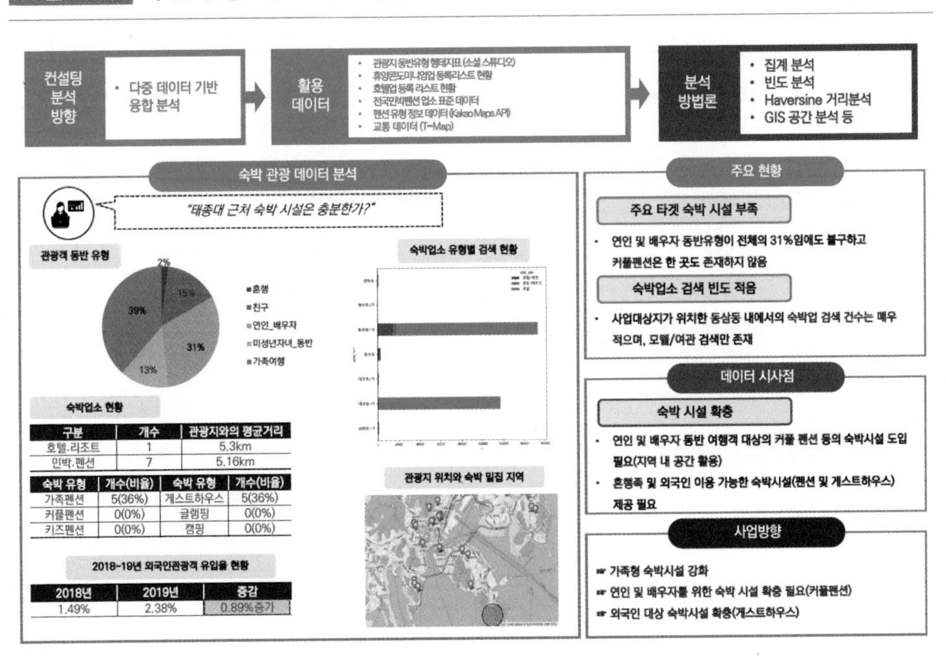

방문시기 및 안내 경쟁력 분석

다음 장표는 관광객이 언제 방문하는가에 관한 내용이다. 통신 데이터와 교통 데이터, 대중교통 거점 정보 데이터가 활용되어, 집계분석, 빈도분석, Haversine 거리분석, GIS 공간 분석이 수행되었다.

주요 질문은 "관광객들은 태종대에 언제 방문하는가?"이다. 주로 초여름인 6월, 7월 방문이 많으며, 시간대별로는 14~18시와 11~14시 사이가 많았다. 그리고 태종대를 방문한 관광객은 국립해양박물관을 검색했고, 편차가 있기는 하지만 어울림문화공원이나 하늘 전망대에도 관심을 보였다. 이렇게 소셜 데이터와도 접목하면 해당 관광지의 혼잡 시간대와 이동 동선까지도 파악할 수 있다.

그림 5-15 부산시 영도구 - 관광 교통 부문(1/2)

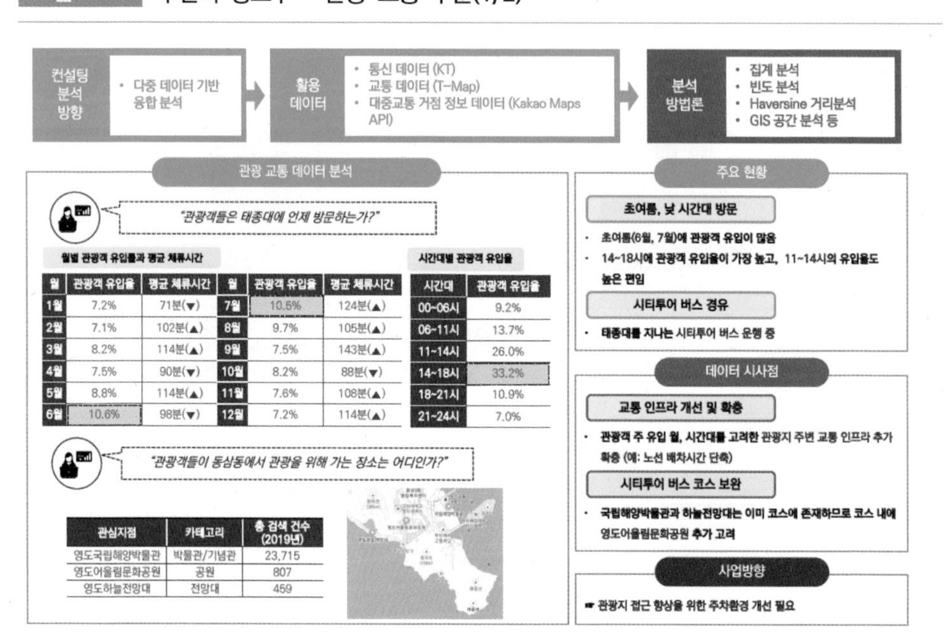

월	관광객 유입율	평균 체류시간	월	관광객 유입율	평균 체류시간
1월	7.2%	71분(▼)	7월	10.5%	124분(▲)
2월	7.1%	102분(▲)	8월	9.7%	105분(▲)
3월	8.2%	114분(▲)	9월	7.5%	143분(▲)
4월	7.5%	90분(▼)	10월	8.2%	88분(▼)
5월	8.8%	114분(▲)	11월	7.6%	108분(▲)
6월	10.6%	98분(▼)	12월	7.2%	114분(▲)

시간대	관광객 유입율
00~06시	9.2%
06~11시	13.7%
11~14시	26.0%
14~18시	33.2%
18~21시	10.9%
21~24시	7.0%

관심지점	카테고리	총 검색 건수 (2019년)
영도국립해양박물관	박물관/기념관	23,715
영도어울림문화공원	공원	807
영도하늘전망대	전망대	459

자료: 한국관광공사

교통 경쟁력 분석

다음으로 "대중교통을 통해 태종대에 방문하는 방법은?"이라는 질문에 응답하기 위하여 대중교통 거점과의 거리와 이동시간을 파악해 보면, 부산역이 가장 가깝고 편리하며, 그 이외에는 대중교통을 이용할 경우 자가용의 2배 이상 소요되는 것으로 계산되었다. 대중교통의 접근성 향상을 위한 보조이동 수단에 대한 검토가 필요하다는 것을 알 수 있다.

그림 5-16 부산시 영도구 - 관광 교통 부문(2/2)

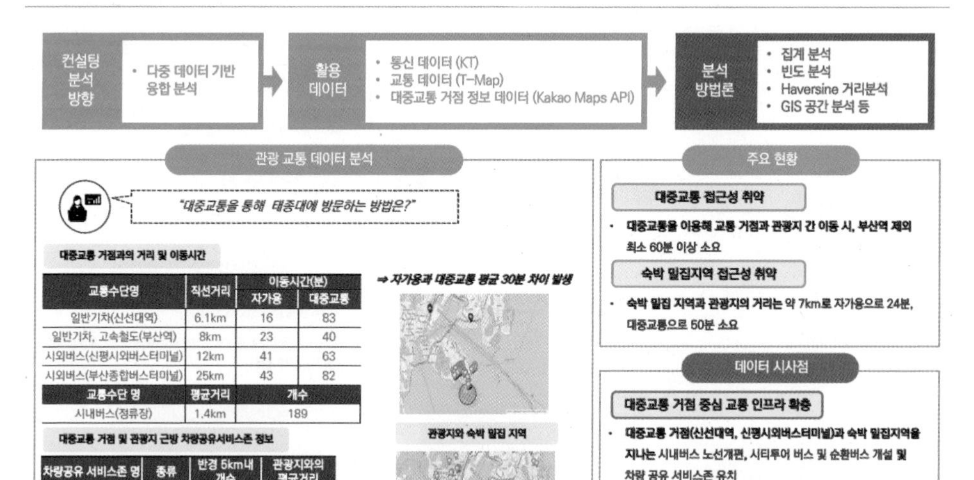

교통수단명	직선거리	이동시간(분)	
		자가용	대중교통
일반기차(신선대역)	6.1km	16	83
일반기차, 고속철도(부산역)	8km	23	40
시외버스(신평시외버스터미널)	12km	41	63
시외버스(부산종합버스터미널)	25km	43	82
교통수단 명	**평균거리**	**개수**	
시내버스(정류장)	1.4km	189	

차량공유 서비스존 명	종류	반경 5km내 개수	관광지와의 평균거리
태종대	쏘카	4	3.04km
	그린카	6	2.83km
차량공유 서비스존 명	**종류**	**반경 1km내 개수**	**관광지와의 평균거리**
부산역	쏘카	5	0.33km
	그린카	4	0.27km
부산종합버스터미널	쏘카	1	0.1km
	그린카	0	-

숙박밀집지역	직선거리	이동시간(분)	
		자가용	대중교통
중앙역(지하철) 근방	7km	24	50

자료: 한국관광공사

체험활동 경쟁력 분석

다음 장표는 "무엇을"에 해당하는 체험활동을 다루고 있다. 주로 소셜데이터에 기반한 텍스트 마이닝 기법을 수행했는데, 태종대의 경우 낚시가 가장 많았고, 자연경관 감상, 사진과 영상(브이로그) 촬영이 많았다. 이를 토대로 가족들이 함께 즐길 수 있는 레저를 도출해 볼 수 있는데, 전체적으로 영도에서 하는 활동에 있어 다양성이 매우 부족하다는 것을 알 수 있다.

그림 5-17 부산시 영도구 - 체험활동 경쟁력 분석 예시

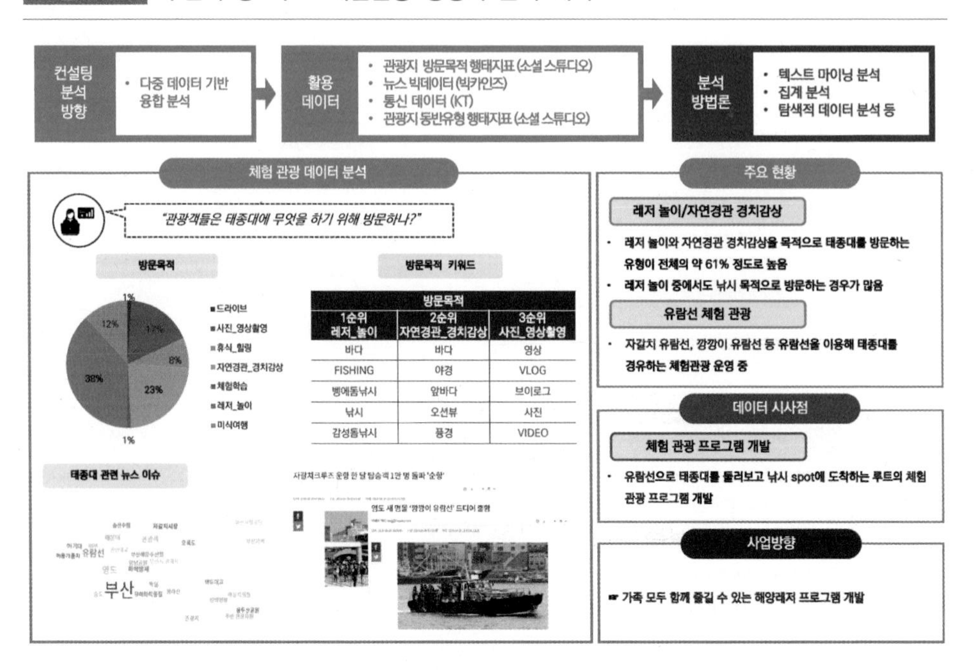

축제 및 이벤트 경쟁력 분석

다음은 축제와 이벤트에 관한 내용이다. 아무래도 영도로 사람들을 모으는 데 중요한 계기는 빅이벤트다. 축제와 이벤트의 경제적 효과는 카드 데이터에서 도움을 받을 수 있다. 부산항 축제와 포트비어페스타가 인근 지역에서 개최된 바 있는데, 당시의 관광객당 객단가가 평소보다 더 높은 것으로 나타난 데이터를 제시하며, 축제와 연계한 확산 프로그램 도입을 제안하였다. 앞서 언급한 것처럼 좀 더 세부적으로는 어느 지역에서 사람들이 와서 얼마를 썼는지까지 파악한다면 외지인에 의한 경제적 효과까지 분석할 수 있었을 것이다.

그림 5-18 부산시 영도구 - 축제 및 이벤트 부문

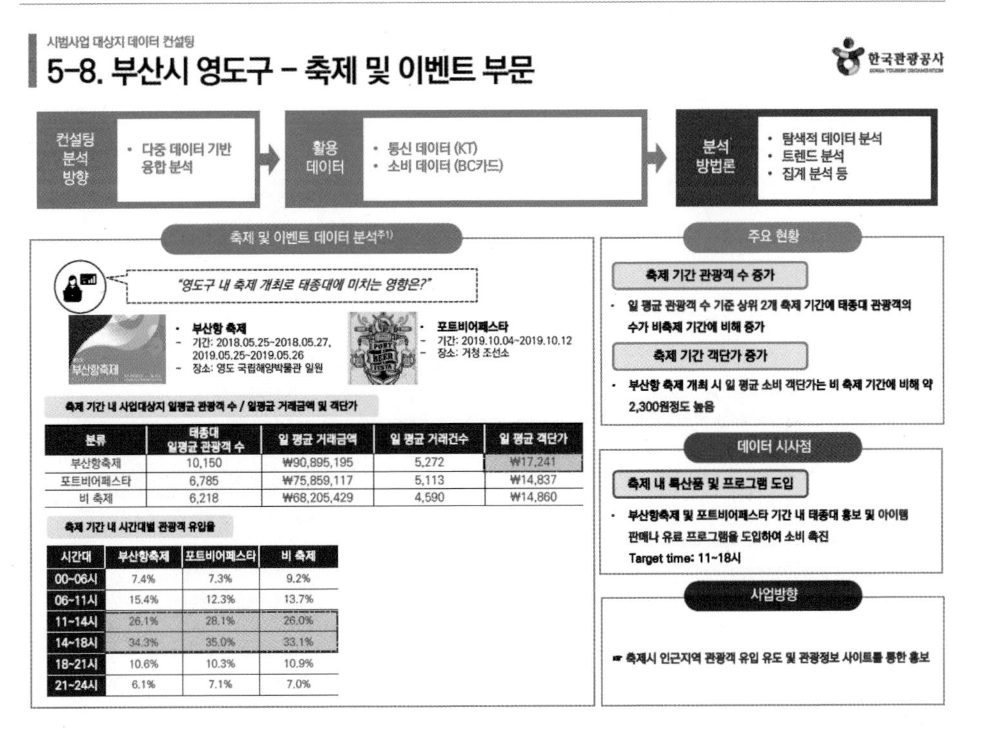

분류	태종대 일평균 관광객 수	일 평균 거래금액	일 평균 거래건수	일 평균 객단가
부산항축제	10,150	₩90,895,195	5,272	₩17,241
포트비어페스타	6,785	₩75,859,117	5,113	₩14,837
비 축제	6,218	₩68,205,429	4,590	₩14,860

시간대	부산항축제	포트비어페스타	비 축제
00~06시	7.4%	7.3%	9.2%
06~11시	15.4%	12.3%	13.7%
11~14시	26.1%	28.1%	26.0%
14~18시	34.3%	35.0%	33.1%
18~21시	10.6%	10.3%	10.9%
21~24시	6.1%	7.1%	7.0%

자료: 한국관광공사

홍보 경쟁력 분석

다음은 홍보에 관련된 장표인데, 태종대에 관한 언급은 어느 SNS 채널에서 가장 활발하게 전개되고 있을까를 이해하기 위함이다. 해당 구청에서 운영하는 채널 중에서는 네이버 블로그에서 가장 많고 빈번한 게시물이 게재되고 있었고, 고객 검색 등 고객 반응률이 높은 채널은 트위터였으며, 구독자 수가 많았던 채널은 페이스북이었다. 전체적으로 게시물 주기의 간격이 넓어 보다 빈번한 게시물 업로드가 필요하다는 것을 알 수 있다.

그 다음으로는 해당 구청의 홈페이지에서의 접속량을 분석한 자료인데, 관광명소와 관광 가이드의 순이었다. 일단 영도의 어디가 직관적으로 유명한지를 찾고, 해당 장소가 맘에 들 경우 장소에 얽힌 스토리나 구체적 시설을 찾는 순으로

움직이고 있었다.

그림 5-19 부산시 영도구 - 안내 및 홍보 부문(2/2)

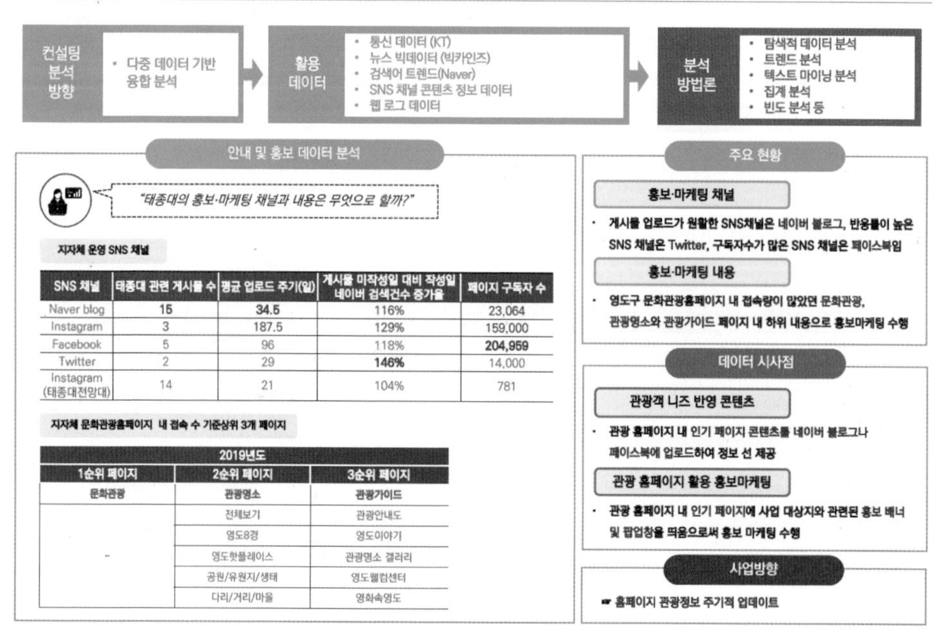

자료: 한국관광공사

안전 경쟁력 분석

최근 관광 영역에서도 가장 중요한 이슈로 떠오른 안전성에 관한 장표다. "관광 중 아프거나 사고가 발생하였을 때, 신속하게 해결할 수 있는가?"라는 질문으로 시작했다. 이 질문에 대한 답변을 위해서는 병원을 포함한 소방서, 경찰서가 근거리에 위치하는지 파악하고 가장 빠른 응급처치를 할 수 있는 지역을 확보하는 것이다. 본 자료의 주석에는 소방 차량의 골든 타임이 7분, 경찰출동의 골든 타임을 5~6분으로 보고 있는데, 태종대를 기준으로 할 경우 해당 범위를 초과하게 되므로 관광지 내에서 응급처치를 할 수 있는 수용태세를 마련할 것으로 제안하고 있다.

그림 5-20 부산시 영도구 - 안전 경쟁력 분석 예시

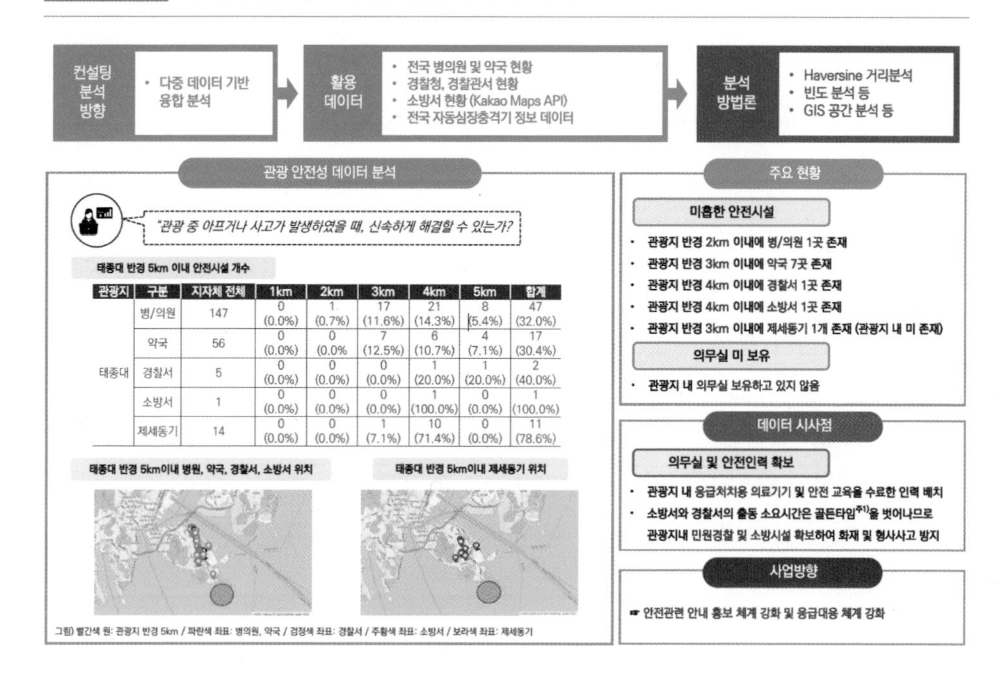

관광지	구분	지자체 전체	1km	2km	3km	4km	5km	합계
태종대	병/의원	147	0 (0.0%)	1 (0.7%)	17 (11.6%)	21 (14.3%)	8 (5.4%)	47 (32.0%)
	약국	56	0 (0.0%)	0 (0.0%	7 (12.5%)	6 (10.7%)	4 (7.1%)	17 (30.4%)
	경찰서	5	0 (0.0%)	0 (0.0%)	0 (0.0%)	1 (20.0%)	1 (20.0%)	2 (40.0%)
	소방서	1	0 (0.0%)	0 (0.0%)	0 (0.0%)	1 (100.0%)	0 (0.0%)	1 (100.0%)
	제세동기	14	0 (0.0%)	0 (0.0%)	1 (7.1%)	10 (71.4%)	0 (0.0%)	11 (78.6%)

05

2022 관광트렌드 분석

종단적 분석

아래 표는 한국관광공사에서 발행한 빅데이터 활용 2022년 관광트렌드 보고서의 한 장표다. 코로나 이전과 이후, 그리고 백신접종 진행된 시기로 크게 3단계로 분류하여 당시에 여행과 연관된 키워드의 언급량을 순위로 표기되어 있다. 코로나 이전과 비교하여 카페, 집, 캠핑, 펜션, 산책, 공원과 같은 키워드의 순위가 상승한 반면, 사진이나 맛집은 비슷한 수준을 유지하고, 공항과 비행기의 순위가 하락했다. 이처럼 빅데이터에서 뽑을 수 있는 각종 언급량을 어떠한 기준으로 비교하느냐에 따라서 다양한 시사점을 도출할 수 있는 것이다.

그림 5-21 기간별 여행 연관어 TOP30 변화

No.	코로나 이전	언급량	No.	코로나 이후	언급량	No.	백신 접종 이후	언급량
1	사진	5,262,206	1	사진	1,451,394	1	사진	475,823
2	가족	4,720,846	2	맛집	1,348,668	2	맛집	371,375
3	맛집	4,560,790	3	가족	1,145,620	3	카페	364,407
4	일상	4,277,482	4	카페	1,115,562	4	가족	296,240
5	여행스타그램	3,639,048	5	일상	921,865	5	바다	248,866
6	카페	3,506,872	6	코로나	871,098	6	일상	233,858
7	바다	2,648,011	7	바다	793,887	7	코로나	230,543
8	호텔	1,657,268	8	여행스타그램	568,193	8	집	203,700
9	숙소	1,482,208	9	숙소	439,440	9	친구	187,166
10	해외	1,453,743	10	힐링	403,363	10	숙소	176,851
11	힐링	1,431,735	11	집	395,390	11	풍경	120,477
12	풍경	1,220,897	12	가고싶다	369,893	12	호텔	119,195
13	친구	1,183,715	13	해외	366,826	13	해외	111,770
14	공항	1,066,583	14	호텔	360,122	14	엄마	100,385
15	데이트	917,075	15	풍경	349,730	15	힐링	99,546
16	야경	915,399	16	친구	303,787	16	분위기	98,129
17	비행기	849,099	17	데이트	284,848	17	가고싶다	90,676
18	커플	837,587	18	국내	282,033	18	아빠	85,923
19	분위기	837,118	19	분위기	252,715	19	데이트	84,837
20	부부	793,351	20	캠핑	244,879	20	여행스타그램	81,478
21	셀카	790,694	21	펜션	241,096	21	국내	78,063
22	집	774,367	22	아빠	231,556	22	캠핑	76,697
23	가고싶다	772,052	23	커플	207,647	23	펜션	68,889
24	버스	769,325	24	공항	199,597	24	산책	68,189
25	리조트	759,988	25	비행기	191,123	25	주차장	67,068
26	아빠	733,269	26	산책	178,890	26	체험	65,337
27	자유여행	712,543	27	체험	178,585	27	버스	63,362
28	먹방	703,585	28	공원	173,954	28	블로그	63,322
29	행복	673,064	29	부부	164,601	29	비행기	62,371
30	펜션	663,869	30	버스	160,207	30	공원	60,107

'여행' 연관어 주요 변화

상승	카페, 코로나, 집, 캠핑, 펜션, 산책, 체험, 공원…
유지	사진, 맛집, 숙소…
하락	공항, 비행기…

'집, 캠핑' 등 비대면으로 즐길 수 있는 여행 행태에 대한 관심 증가

'산책, 공원' 등 일상에서 가볍게 즐기던 행위들이 여행으로 인식됨

'체험' 등 여행 콘텐츠 중요해짐

이번에는 여행에서 한 단계 더 들어가, 스테이케이션과 같은 당일치기 여행의 연관어를 종단적으로 비교해 보고 있다. 점차 카페, 집, 차, 주차장, 근교의 연관어가 상승하고 있는 반면, 축제나 기차와 같이 혼잡하여 사람들과 접촉이 발생할 수 있는 장소나 교통수단을 회피하고 있다.

그림 5-22 기간별 당일치기여행 연관어 변화

No.	코로나 이전	언급량	No.	코로나 이후	언급량	No.	백신 접종 이후	언급량
1	바다	43,760	1	바다	19,092	1	바다	6,515
2	사진	34,251	2	사진	12,789	2	사진	6,483
3	주말	27,199	3	카페	12,547	3	카페	5,307
4	가족	26,327	4	가족	11,214	4	주말	3,842
5	카페	25,954	5	주말	9,905	5	집	3,533
6	버스	19,462	6	맛집	9,400	6	친구	3,455
7	친구	18,434	7	캠핑	9,368	7	가족	3,394
8	일상	17,339	8	일상	6,848	8	맛집	3,137
9	기차	16,177	9	드라이브	6,135	9	차	2,987
10	맛집	15,883	10	친구	5,403	10	캠핑	2,620
11	데이트	13,670	11	힐링	4,911	11	드라이브	1,952
12	힐링	13,508	12	집	4,674	12	계곡	1,864
13	드라이브	10,066	13	차	4,484	13	주차장	1,652
14	계곡	9,921	14	버스	4,424	14	버스	1,607
15	국내여행	9,690	15	데이트	4,369	15	일상	1,501
16	추억	9,435	16	국내여행	3,674	16	식당	1,454
17	물놀이	9,197	17	계곡	3,161	17	물놀이	1,361
18	풍경	9,029	18	풍경	3,119	18	풍경	1,347
19	집	7,790	19	추억	3,087	19	근교	1,247
20	축제	7,592	20	기차	3,050	20	기차	1,215

'당일치기여행' 상승 연관어

카페, 집, 차, 주차장, 근교···

'당일치기여행' 유지 연관어

바다, 사진, 풍경···

'당일치기여행' 하락 연관어

축제, 기차···

그림 5-23 당일치기여행 장소 언급량 변화

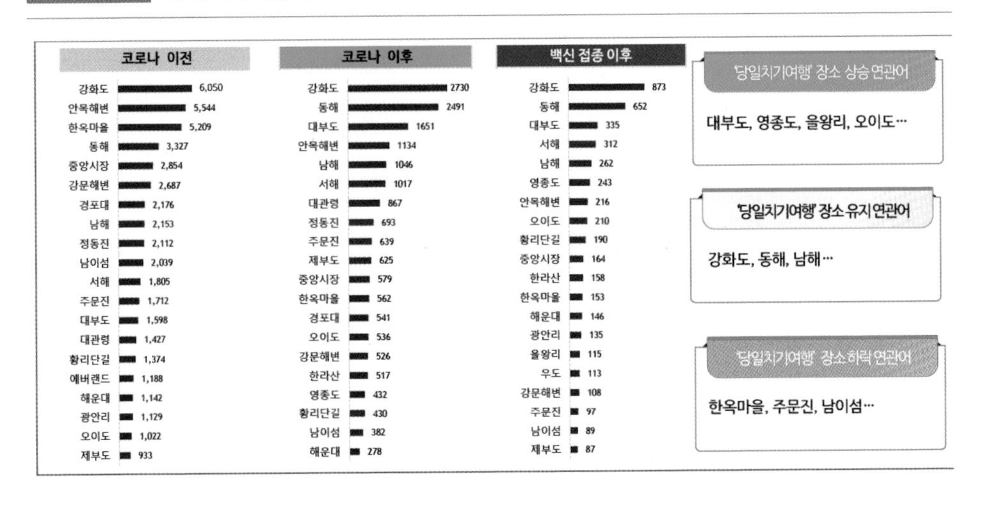

[그림 5-23]에는 당일치기여행의 장소와 관련된 연관어가 아닌 언급량을 기준으로 종단적인 비교를 하고 있는데, 강화도가 점차 줄고는 있지만 1위를 기록하고 있다. 그 외에도 대부도, 영종도, 을왕리, 오이도 등 모두 수도권에서 가까운 곳들로 구성되어 있다. 인구 5천만 명 중 2천만 명이 몰려 사는 수도권은 우리나라 국내여행의 가장 큰 시장이며, 이곳에서 당일치기, 또는 1박 2일로 다녀올 수 있는 곳이면서 혼잡도가 낮은 특성을 갖는 곳들의 언급량이 상승하고 있는 것이다.

감성 분석

그림 5-24 백신 접종 이후 긍부정 인식 분석

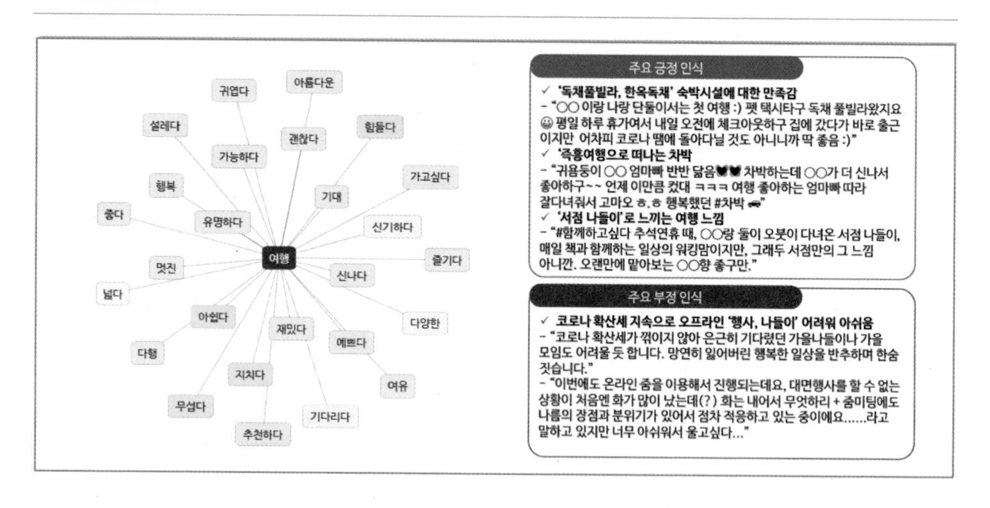

백신 접종 이후 긍정과 부정의 인식을 분석한 장표에서는 긍정 감성을 이끌어 낸 여행 관련 연관 검색어를 정리하고 있다. 자연스럽게 타인과의 접촉을 최소화한 독채풀빌라, 한옥독채에 대한 선호가 보이거나, 즉흥 여행으로 떠나는 여행 등이 함께 언급되었다. 반면, 행사나 나들이에 대해서는 아직도 가능하지 않다는 점을 어쩔 수 없이 인정하며 아쉽다는 표현이 나타났다. 이렇게 감성분석을 통해 좋다, 나쁘다의 비중만 보고 판단할 것이 아니라 해당 표현이 어떠한 연관 검색어와 함께 나타나고 있는지를 유심히 지켜보며, 이를 주기별로 체크하여 비교해 보는 것도 좋은 방법이다.

소셜 네트워크 분석

이번에는 당일치기와는 정반대의 한달살이와 관련된 연관어를 중심으로 소셜 네트워크 분석을 한 결과다. 당일치기와 한달살이 모두 제주도와 강원도가 선호되고 있는 점은 매우 특이하다. 다양한 속성의 관광시설 인프라가 충실히 갖추어져 있다는 의미기도 하다. 또한 해변이나 카페, 식당, 풍경은 당일치기와 한달살이에서 공통으로 나타난 키워드라는 것도 시사하는 바가 크다.

당일치기 여행에서는 목적지와 거리, 근처, 근교 등이 중요한 키워드였다면, 한달살이 여행에서는 숙소(펜션, 독채민박)나 사무공간(작업실), 길(숲길, 올레길)에 대한 연관어가 많은 것으로 나타났다. 삶의 변화를 추구하다보니 도시에서 하기 어려운 산책, 성찰, 자연 등이 언급되며, 라이프 스타일의 변화를 꿈꾸고 있음이 잘 나타나 있다.

그림 5-25 백신 접종 이후 당일치기여행 및 한달살이여행 연관어 비교

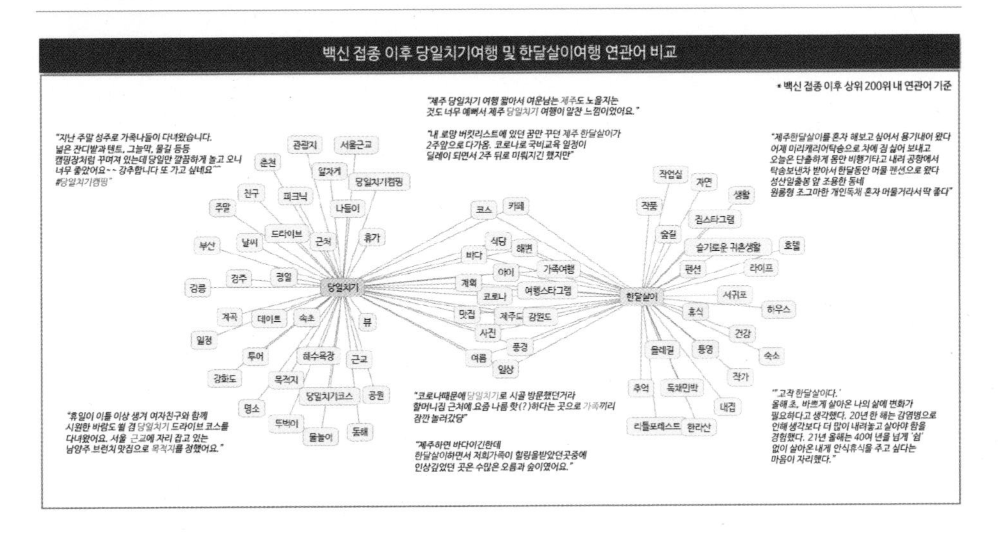

신조어 분석

지금까지 살펴본 키워드는 일반인 모두를 대상으로 한 것이었다. 그러나 여행을 특별히 좋아하고 자주 행하는 사람들은 얼리 어댑터로서 앞서 가는 특징이 있기 때문에, 트렌드를 도출할 때는 여행 커뮤니티만을 별도로 뽑아내어 그 곳에서 새롭게 등장하는 키워드를 분석하는 것도 의미가 있을 것이다.

코로나 이후 물멍, 바다멍 등 비교적 혼잡도가 낮은 곳에서 경험 가능한 활동들이 증가하였으며, 최근 백신 접종 이후에는 펫캉스(반여동물여행)나 플로깅과 같은 키워드가 급격히 증가하고 있음을 알 수 있다. 앞으로 새로운 여행의 트렌드로 올라설 가능성이 농후하다. 텍스트의 언급을 중심으로 한 자료에 기반하고 있는데, 매트릭스 상에서 어떤 기준으로 표현하느냐에 따라서 키워드의 의미를 새롭게 음미할 수 있게 되는 것이다.

그림 5-26 COVID-19 이후 신조어 증감률 현황

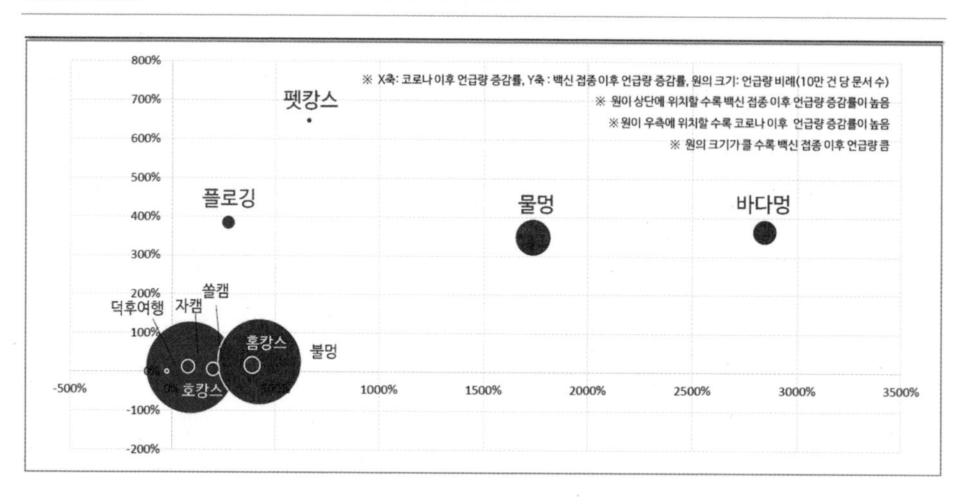

교차 분석

종단적 분석 역시 연령을 기준으로 교차분석을 한 후 비교가 가능하다. 빅데이터나 관광통계나 그 분석의 기본적인 원리는 비슷하다. 코로나 이전과 이후, 백신접종 이후 다시 급등하는 모습은 보이지 않지만, 그나마 20대에서 우상향의 기미가 조금 보이는 듯 하다. 원래 20대는 국내여행을 잘 하지 않고 해외여행만을 선호하던 계층이었다. 코로나를 통해 국내여행에 관심을 갖기 시작했고, 새로운 트렌드에 민감하게 반응하고 또 지출소비도 크게 일어나면서 재미를 느끼기 시작한 것이다. 코로나 이후 가장 먼저 반등할 계층으로 평가할 수 있을 것이다.

그림 5-27 연령대별 건당 결제액 변화

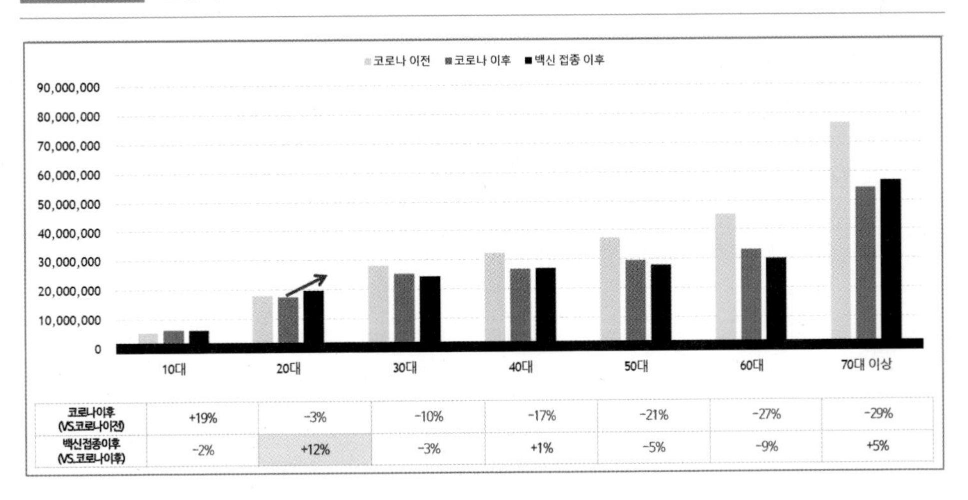

	10대	20대	30대	40대	50대	60대	70대 이상
코로나이후 (VS.코로나이전)	+19%	-3%	-10%	-17%	-21%	-27%	-29%
백신접종이후 (VS.코로나이후)	-2%	+12%	-3%	+1%	-5%	-9%	+5%

저자약력

권장욱

전 한국관광공사 일본팀, 브랜드마케팅팀
현 동서대학교 관광경영·컨벤션학과 교수
한양대학교 관광학 박사

관광데이터 활용 실전전략

초판발행 2022년 6월 15일

지은이 권장욱
펴낸이 안종만 · 안상준

편 집 김윤정
기획/마케팅 정성혁
표지디자인 BENSTORY
제 작 고철민 · 조영환

펴낸곳 (주) 박영사
서울특별시 금천구 가산디지털2로 53, 210호(가산동, 한라시그마밸리)
등록 1959. 3. 11. 제300-1959-1호(倫)
전 화 02)733-6771
f a x 02)736-4818
e-mail pys@pybook.co.kr
homepage www.pybook.co.kr
ISBN 979-11-303-1565-2 93310

정 가 22,000원